高等专科教育自动化类专业系列教材

单片机原理及应用

第2版

主　编　佟云峰　杨　宇
副主编　许　玲　李志平　杨　青
参　编　陈　震　周　涛　张　帆　曾谢华

机　械　工　业　出　版　社

本书以目前应用最广的51内核8位增强型（如AT系列、STC系列、LPC900系列）单片机为主线，分7章详细介绍了单片机的基础知识、单片机的基本结构、单片机指令系统、汇编程序设计、单片机内部功能块应用、单片机接口技术及单片机的系统设计。本书的特点是以实际应用案例介绍单片机的各种内部集成功能块的应用、单片机控制系统开发工具的应用及系统设计与开发的方法等，内容新颖、实用，叙述清晰、精炼，系统性强。

本书可作为高职高专院校和成人教育学院自动化类专业教材，也可作为其他专业学生和相关工程技术人员的参考用书。

为方便教学，本书配有免费电子课件、习题详解、2套模拟试卷及答案，凡选用本书作为授课教材的学校，均可登录www.cmpedu.com免费下载或来电咨询，咨询电话：010-88379375。

图书在版编目（CIP）数据

单片机原理及应用/佟云峰，杨宇主编. —2版. —北京：机械工业出版社，2019.8（2025.7重印）

高等专科教育自动化类专业系列教材

ISBN 978-7-111-62890-3

Ⅰ. ①单…　Ⅱ. ①佟…②杨…　Ⅲ. ①单片微型计算机-高等职业教育-教材　Ⅳ. ①TP368.1

中国版本图书馆CIP数据核字（2019）第103720号

机械工业出版社（北京市百万庄大街22号　邮政编码100037）
策划编辑：于　宁　责任编辑：于　宁　高亚云
责任校对：梁　倩　封面设计：鞠　杨
责任印制：邓　博
北京中科印刷有限公司印刷
2025年7月第2版第6次印刷
184mm×260mm · 13.5印张 · 329千字
标准书号：ISBN 978-7-111-62890-3
定价：39.80元

电话服务	网络服务
客服电话：010-88361066	机　工　官　网：www.cmpbook.com
010-88379833	机　工　官　博：weibo.com/cmp1952
010-68326294	金　　书　　网：www.golden-book.com
封底无防伪标均为盗版	机工教育服务网：www.cmpedu.com

前　言

随着信息化、智能化、网络化的发展，单片机（或微控制器，MCU）的发展方向也日渐清晰，8 位单片机主要占据了面向对象系统控制的领域，业界模糊地定义为低端应用；32 位单片机主要用于具有海量数据处理的网络、通信和多媒体等领域（即所谓高端应用）；而 16 位单片机的发展空间已经被不断提升性能的 8 位和 32 位单片机所侵占。因此，今后很长一段时间内单片机的发展将会维持以 32 位和 8 位单片机同步发展和进步的高低搭配格局。学习 8 位单片机的相关知识，掌握其开发及应用方法不仅可以解决低端应用领域的技术问题，同时也是通往高端应用的基础和桥梁。

本书就是在上述背景下，专门为高职高专院校自动化类专业而编写的。本书以目前高职高专院校自动化类专业教材普遍采用的、国内市场占有率较高的 51 系列单片机为主，详细介绍单片机的基本概念、内部结构、指令系统、内部功能块应用、单片机接口技术以及单片机系统设计与开发的必要知识等。针对高职高专以高技能应用型人才为培养目标，本书在保留必要基础理论的同时，强调实践性和应用性，通过大量的实用实例，使学生能够进入“边学边实践”的学习状态，有利于提高学生学习该课程的积极性。另外，选用应用较广的单片机作为教材的主讲内容，基础内容以 AT89××系列单片机为主，应用部分兼顾 AT89××、STC89××和 P89LPC900 三大系列，使学生通过该课程的训练后不仅掌握单片机的基本原理，而且对单片机系统开发过程及相关开发工具的使用也有较深的了解。

本书由佟云峰和杨宇担任主编，佟云峰负责全书的规划、内容安排、大纲拟定、部分书稿的修改以及附录的编写；杨宇负责书稿的整理和修改以及第 7 章和部分实训项目的编写。杨青编写了第 1 章和第 2 章，许玲编写了第 3 章，李志平编写了第 4 章，周涛编写了第 5 章，陈震编写了第 6 章，张帆和曾谢华参与了部分实训项目的编写。

由于编者的水平有限，书中难免有疏忽和错误的地方，恳请各位读者、老师和同行批评指正。

编　者

目　录

第1章　单片机的基础知识

知识要点

1）了解单片机的基础知识。

2）掌握单片机中的数和编码方式。

3）掌握单片机最小控制系统和程序样式。

能力训练

1）会辨别常用的电子元器件。

2）了解如何建立一个工程来对单片机进行编程。

3）学习绘制简单的电路原理图。

1.1　概述

自第一台电子数字积分计算机（ENIAC）研制出以来，计算机技术发展迅猛，先后经历了电子管计算机时代、晶体管计算机时代、集成电路计算机时代和大规模集成计算机时代，计算机从“庞然大物”发展到了现在的微型计算机。

单片机作为微型计算机的一个重要分支，满足了人们小型和便携的需求，得到了迅速发展。它具有集成度高、结构简单、功能强大、性能稳定等优点，在工业自动化控制、家用电器、电力电子、智能仪器仪表及航空航天等各个领域都得到了广泛应用。

1.1.1　单片机的概念

单片机是单片微型计算机（Single Chip Micro Computer）的简称，是将中央处理器（CPU）、只读存储器（ROM）、随机存取存储器（RAM）、定时器/计数器及输入/输出（I/O）接口等部件集成在一块芯片上的微型计算机。随着单片机技术的不断发展，单片机的控制功能不断得到扩充，在控制领域得到广泛应用，“单片机”已无法确切表达其内涵，因此其名逐渐被“微控制器”（Micro Controller Unit，MCU）取代，但是“单片机”的叫法沿用已久，是广大工程技术人员的习惯称呼，所以，目前仍然采用单片机这一名称，但应将单片机理解为微控制器，而不是普通的单片微型计算机，它是专门为控制而设计的。

1.1.2　单片机的特点

单片机的特殊结构及性能，使其拥有了其他电子产品无法比拟的优势，它有以下几个方面的特点：

1. 高集成度和高可靠性

单片机的各功能部件都集成在一块晶体芯片上，集成度很高。芯片本身是按工业测控环境要求设计的，内部布线很短，拥有较好的抗工业噪声性能，而且单片机的程序指令、常数及表格等都固化在 ROM 中，不易破坏，因此，单片机具有较高的可靠性。

2. 控制功能强

单片机采用面向控制的指令系统，内部资源丰富，有很强的逻辑控制能力，特别是位处理能力较强。

3. 低电压和低功耗

单片机内的工作电压很低，通常只有几伏，而工作电流仅为数百微安，能够满足便携式设计的需要。

4. 易扩展

片内具有计算机正常运行所必需的部件。芯片外部有许多供扩展用的三总线及并行、串行输入/输出引脚，很容易构成各种规模的计算机应用系统。

5. 优异的性能价格比

高性能和低价格是单片机的显著特点。单片机的功能强大、性能稳定、运行效率高，价格却很低廉。

1.1.3 单片机的应用

单片机比专用处理器更适合应用于嵌入式系统，因此它得到了广泛的应用。现在人们生活中所用的很多电子和机械产品中都会集成有单片机。

1. 工业控制中的应用

单片机的实时数据处理能力和 I/O 口扩展通信能力，可以使系统运行在最佳工作状态，提高了工业系统的工作效率和稳定性。单片机在工业控制领域应用广泛，如在航空航天领域、工业测控领域、机器人领域，很多都是以单片机作为控制器的。

2. 智能仪器仪表中的应用

单片机广泛地应用于各种智能仪器仪表中，它大大降低了传统仪器仪表的电路复杂程度，使得仪器仪表数字化、智能化、微型化，且价格低廉、功能更强大。

3. 机电一体化中的应用

集机械技术、微电子技术以及计算机技术于一体的机电一体化技术是当今机械工业的发展方向。机电一体化产品具有智能化特征，如数控车床、钻床、电梯等。单片机利用其高集成度、高可靠性和强大控制功能，能方便地作为机械产品中的控制器，提高了机器的自动化和智能化程度。

4. 信息和通信产品中的应用

单片机的参与，使得信息和通信产品的自动化和智能化提高。比如自动化办公设备（传真机和复印机等）和计算机的外围设备（打印机和键盘等），都有单片机的身影。

5. 日常生活中的应用

单片机广泛地应用于人们的日常生活，空调、洗衣机、电饭煲、饮水机等家电产品，都离不开单片机的控制。单片机的使用，使得电器智能化程度提高，方便了人们的日常生活。

1.1.4　单片机的发展

单片机自诞生以来，经历了4个发展阶段，从最初的低性能的4位单片机发展到了现在的高性能64位单片机。

1）第一阶段：4位单片机时代。这时的单片机结构简单、功能少，是单片机的初始阶段。

2）第二阶段：低中档8位单片机时代。Intel公司的MCS－4系列单片机是其中重要的代表产品。这时的单片机仍处于初级阶段，功能还比较少，没有集成串行接口，中断操作也比较简单。

3）第三阶段：高档8位单片机时代，以Intel公司的MCS－51系列为典型代表。此时的单片机性能比前一代产品有明显提高，其内部增加了串行通信接口，具备多级中断处理系统，将定时器/计数器扩展为16位，并且扩大了RAM和ROM的容量等。这类单片机功能强，应用范围极广，至今仍有一定的应用市场。

4）第四阶段：增强型单片机时代及16位单片机时代。这一阶段，单片机全面发展，新型单片机产品拥有更高速度、更强运算能力、更广寻址范围。随着ARM单片机的出现，32位单片机迅速发展。另外有些集成电路厂商还推出了64位单片机，其功能越来越强大。

目前，单片机正朝着大容量化、高性能化、多功能化和低功耗化等几个方面发展。

1.1.5　单片机的封装

单片机的封装指包裹于单片机外层的物质。它不仅起着安放、固定、密封、保护芯片和增强电热性能的作用，而且还是沟通芯片内部世界与外部电路的桥梁。最常见的封装形式有DIP（Dual In-line Package）、QFP（Plastic Quad Flat Package）、PLCC（Plastic LCC）封装、TSOP（Thin Small Outline Package）等，以及后来的芯片尺寸封装（Chip Scale Package，CSP）和板上芯片（COB）封装，其中以DIP最为常见和普及。早期的单片机（包括中、小集成芯片）设计均以DIP的方式封装。随着制造工艺和焊接技术的不断进步，芯片引脚数增多、功耗降低、体积向小型化发展，芯片的封装技术和形式都有较大的发展。以下对单片机常用的封装形式进行简要介绍。

1. DIP（双列直插式封装）

DIP是指采用双列直插形式封装，如图1-1和图1-2所示；SDIP（Shrink DIP）指紧缩双列直插式封装，比常规DIP针脚密度高；PDIP（Plastic DIP）指塑料双列直插式封装，两引脚间距比常规DIP小，俗称廋型DIP。DIP的特点：适合在PCB（印制电路板）上穿孔焊接、操作方便、芯片面积与封装面积的比值较大。此种封装芯片的引脚数一般不会太多。

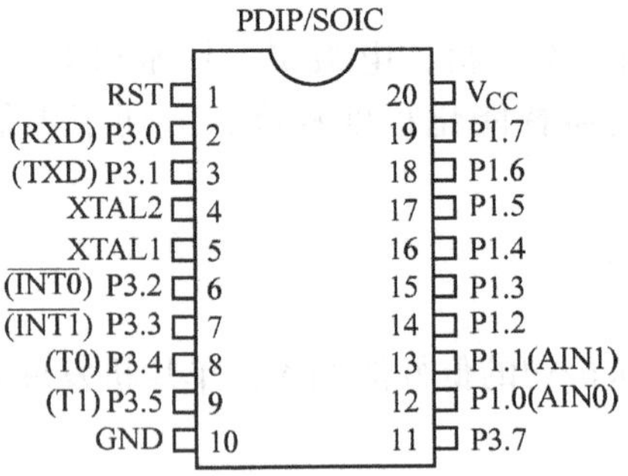

图1-1　DIP引脚排列图

图1-2　DIP实物示意图

2. QFP（塑料方型扁平式封装）和PFP（塑料扁平组件式封装）

QFP的芯片引脚之间距离很小，引脚很细，其引脚数一般在100个以上，如图1-3和图1-4所示。LQFP（Little QFP）指小型QFP，对引脚数进行精简，运用于有限空间；TQFP（Thin QFP）指微型扁平封装，可有效利用空间，缩小高度；CQFP（Ceramic QFP）指陶瓷四边扁平封装，引脚从内部向四周平行散开；VQFP（Very thin QFP）指超微型QFP；HQFP（Heatsink QFP）指带散热QFP；PQFP（Plastic QFP）指塑料QFP。PFP（Plastic

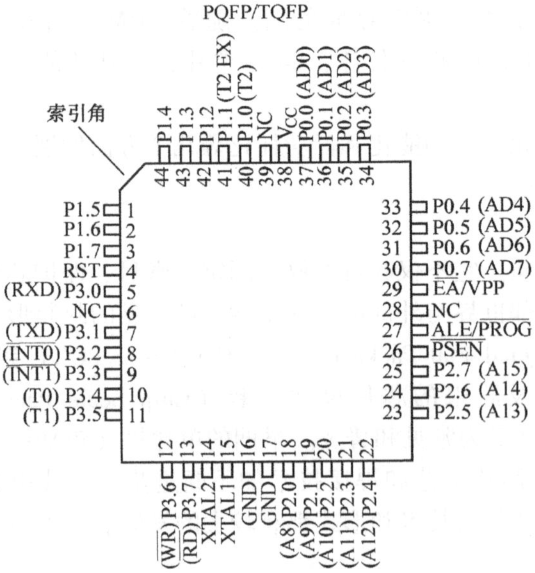

图1-3　QFP引脚排列图

图1-4　QFP实物示意图

Flat Package）的芯片与 QFP 基本相同。唯一的区别是 QFP 一般为正方形，而 PFP 既可以是正方形，也可以是长方形。

QFP/PFP 具有适用于 SMD（表面贴装器件）在 PCB 上安装布线、适合高频使用、操作方便、可靠性高、芯片面积与封装面积之间的比值较小的特点。用这种形式封装的芯片必须采用 SMT（表面贴装技术）将芯片与主板焊接起来。采用 SMT 安装的芯片不必在 PCB 上打孔，一般在主板表面上有设计好的相应引脚的焊点。将芯片各脚对准相应的焊点，即可实现与主板的焊接。用这种方法焊上去的芯片，如果不用专用工具是很难拆卸下来的。

3. PLCC（塑封有引线芯片载体）封装

PLCC（Plastic Leaded Chip Carrier）封装外形呈正方形或矩形，四周有 J 形短引脚，外形尺寸比 DIP 小得多，典型引脚中心间距为 1.27mm，如图 1-5 和图 1-6 所示。PLCC 封装适合用 SMT（表面安装技术）在 PCB 上安装布线，具有外形尺寸小、可靠性高、寄生参数小的优点。

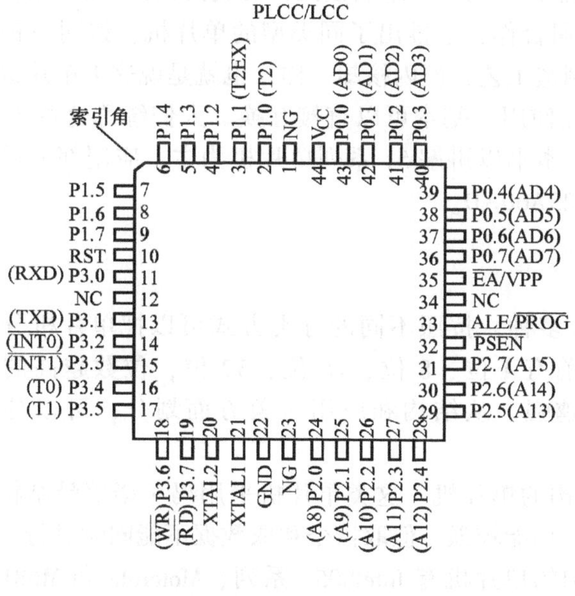

图 1-5　PLCC 封装引脚排列图

图 1-6　PLCC 封装实物示意图

4. SOP（小外形封装）

SOP（Small Outline Package）为 Philips 公司于 1968 年开发的小外形封装，如图 1-7 和图 1-8 所示。以后逐渐派生出 SOJ（J 形引脚小外形封装）、TSOP（薄小外形封装）、VSOP（甚小外形封装）、SSOP（缩小型 SOP）、TSSOP（薄的缩小型 SOP）等。SOP 适用于芯片引脚数小于 40、封装成本要求较低的场合。

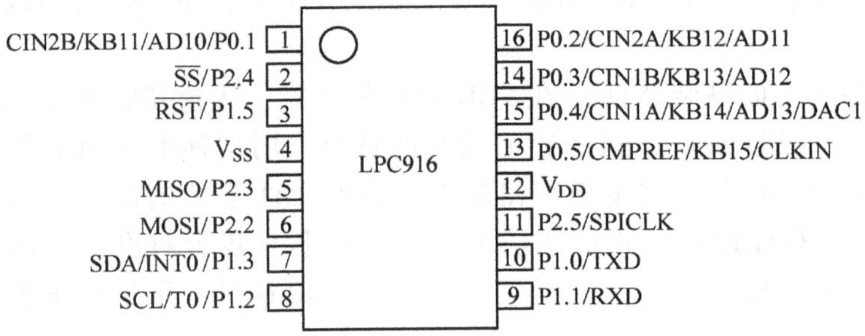

图 1-7　SOP 引脚排列图

图 1-8　SOP 实物示意图

1.2　51 系列单片机

单片机的品牌种类繁多，有 51 系列单片机、AVR 单片机、PIC 单片机等多种类型。8031、8051、8751 是 Intel 公司早期的产品，应用早，影响很大，已成为世界上的工业标准。后来很多芯片厂商以各种方式与 Intel 公司合作，也推出了同类型的单片机，如同一种单片机的多个版本一样，虽都在不断地改良制造工艺，但内核却一样，也就是说这类单片机指令系统完全兼容，绝大多数引脚也兼容，在使用上基本可以直接互换。人们统称这些与 8051 内核相同的单片机为“51 系列单片机”。本书以讲解 51 系列单片机为主，应用部分采用国内宏晶公司的增强型 80C51 单片机 STC125A60AD。

1.2.1　单片机的分类

迄今为止，单片机的品种已达 500 多种。按照不同的分类方式可以把单片机分成不同的几类。按 CPU 的处理能力分类目前有 4 位、8 位、16 位、32 位，位数越高的单片机在数据处理能力和指令系统方面就越强。从结构和应用对象方面划分，可以分为以下 4 类：

（1）CISC（复杂指令集计算机）结构的单片机　这类单片机采用冯・诺伊曼结构，数据线和指令线分时复用，它的指令丰富，功能较强，但取指令和取数据不能同时进行，速度受限，价格也相对较高。属于 CISC 结构的单片机有 Intel8051 系列、Motorola 和 M68HC 系列、Atmel 的 AT89 系列、Philips 的 PCF80C51 系列等。

（2）RISC（精简指令集计算机）结构的单片机　这类单片机采用哈佛结构，数据线和指令线分离。这使得取指令和取数据可同时进行，且由于一般指令线宽于数据线，使其指令较同类 CISC 结构的单片机指令包含更多的处理信息，执行效率更高，速度也更快。同时，这种单片机指令多为单字节，程序存储器的空间利用率大大提高，有利于实现超小型化。属于 RISC 结构的单片机有 Microchip 的 PIC 系列、Zilog 的 Z86 系列、Atmel 的 AT90S 系列、三星的 KS57C 系列 4 位单片机等。

（3）基于 ARM 核心的 32 位单片机　ARM 可以理解为一种高级单片机，它的应用领域更广，处理功能更强大，主要是指以 ARM 公司设计为核心的 32 位嵌入式 CPU 芯片的单片机。常见的有 ARM7、ARM9、ARM10 系列。

（4）数字信号处理器　数字信号处理器（DSP）是一种具有高速运算能力的单片机，专门用作数字信号处理。DSP 具有更高的集成度，更快的 CPU，更大容量的存储器。

1.2.2　著名单片机厂商

单片机一经推出，就受到了广泛的关注，单片机产品也是不断推陈出新。比较著名的单片机厂商有：

（1）Intel 公司　MCS 是 Intel 公司的注册商标，它先后推出了 80C31、80C51、87C51 等产品，这些产品在内核上兼容，市场认可度极高，长期以来一直是市场上的主流产品。

（2）Atmel 公司　Atmel 公司的单片机与 MCS－51 系列单片机兼容，同时还吸收了 Flash 技术。Atmel 公司推出的 AT89C 系列，在保持了与 C51 指令兼容的前提下，其产品的性能得到了进一步的提高，特别是在抗干扰、电磁兼容和通信控制总线功能上独树一帜，其产品常用于工作环境恶劣的场合。

（3）Motorola 公司　美国 Motorola 公司是全球最大的单片机生产商之一，其产品从应用角度可以分为两类：高性能的通用型单片机和面向家用消费领域的专用型单片机。最具有代表性的产品是 M68HC 系列单片机，它的特点是在同样的速度下，时钟频率比 Intel 低，因此高频时，噪声较低，抗干扰能力强，比较适合工业控制领域。

（4）Microchip 公司　美国 Microchip 公司单片机的主要产品是 PIC16C 系列单片机，CPU 采用 RISC 结构，仅 33 条指令，运行速度快，价格低廉，适合用量大、档次较低的产品。

1.2.3　常用 51 系列单片机介绍

51 系列单片机目前已有多种型号，这里就应用比较广、影响比较大的几种 51 系列单片机进行介绍。

（1）Intel 公司的 MCS－51 系列单片机　MCS－51 系列单片机是美国 Intel 公司于 1980 年推出的产品，是最早最简单的单片机，但是开发得非常成功，一直到现在，MCS－51 系列或其兼容的单片机仍然是应用的主流产品。MCS－51 系列单片机主要包括 51 系列和 52 系列。经典单片机的参数见表 1-1。

表 1-1　MCS－51 系列单片机的参数

型　　号		程序存储器	RAM/B	I/O 口线	定时器/计数器	中断源	晶振/MHz
8051	8051AH	4KB ROM	128	12	2	5	2~12
	8751AH	4KB EPROM	128	32	2	5	2~12
8052	8052AH	8KB ROM	256	32	3	6	2~12
	8752AH	8KB EPROM	256	32	3	6	2~12
80C51	80C51BH	4KB ROM	128	32	2	5	2~12
	87C51BH	4KB EPROM	128	32	2	5	2~12
80C52		8KB ROM	256	32	3	6	2~12
80C54	80C54	16KB ROM	256	32	3	6	2~20
	87C54	16KB ROM	256	32	3	6	2~20
87C58		32KB ROM	256	32	3	6	2~20

（2）Atmel公司生产的CMOS型51系列单片机　该系列单片机具有MCS－51内核，用Flash ROM代替ROM作为程序存储器，可擦除1000次以上，具有价格低、编程方便等优点，是当今最流行的单片机。表1-2为常用Atmel单片机的参数。

表1-2　常用Atmel单片机的参数

型　　号	程序存储器（Flash ROM）/KB	数据存储器/B	定时器/计数器	工作频率/MHz	工作电压/V
AT89C51	4	128	2	33	4.0～6.0
AT89C52	8	256	3	33	4.0～6.0
AT89S51	4	128	2	24	4.0～6.0
AT89S52	8	256	3	24	4.0～6.0
AT89S53	12	256	3	24	4.0～6.0
AT89LS51	4	128	2	16	2.7～6.0
AT89LS52	8	256	3	12	2.7～6.0
AT89LS53	12	256	3	12	2.7～6.0
AT89C51ED2	64	256	3	40	2.7～6.0

（3）宏晶公司的STC89系列单片机　国内宏晶公司的STC89系列单片机兼容51内核，价格低廉，支持串口ISP（In-System Programming，在线系统编程），可通过232接口和计算机的串口连接，在线下载程序，开发过程简单，不需要仿真器，具有A－D转换、D－A转换功能，在国内占有很大市场，其DIP－40封装系列与80C51完全兼容。STC89系列单片机的主要参数见表1-3。

表1-3　STC89系列单片机的主要参数

型　　号	程序存储器（Flash）/KB	数据存储器/B	定时器/计数器	工作频率/MHz	看门狗	串口
STC89C51RC	4	512	3	80	✓	1
STC89C52RC	8	512	3	80	✓	1
STC89C53RC	13	512	3	80	✓	1
STC89C54RD＋	16	1280	3	80	✓	1
STC89C55RD＋	20	1280	3	80	✓	1
STC89LE51RC	4	512	3	80	✓	1
STC89LE53RC	13	512	3	80	✓	1
STC89LE516RD＋	63	1280	3	80	✓	1
STC89LE516AD	64	512	3	90	—	1

1.3　单片机中的数及编码

在单片机中，常用的数制有二进制、十进制和十六进制。二进制是单片机中的基本数据形式，所有数据在单片机中都以二进制数形式进行存储和运算。由于不同数制间的特性不同，常常需要将一个数转换为十进制数来理解数值大小，将一个数转换为十六进制数来编写程序，将一个数转换为二进制数来理解对应数据在计算机中的含义。

单片机只能识别用二进制数表示的信息，所以在单片机中，需要进行处理的数字、符号都必须进行二进制编码。在本节中，将介绍补码、BCD 码和 ASCII 码。

1.3.1　二进制数与十进制数

二进制数（数后加字母“B”表示）转换成十进制数（数后加字母“D”表示），只需要将二进制数的各个数位的数码与位权相乘累加即可。例如：

$$
\begin{aligned}
01100101B &= 0\times2^7+1\times2^6+1\times2^5+0\times2^4+0\times2^3+1\times2^2+0\times2^1+1\times2^0\\
&=101
\end{aligned}
$$

将十进制数转换成二进制数，通常采用“整数部分除 2 取余，小数部分乘 2 取整”的方法。我们以十进制数 23.625D 为例说明十进制数如何转换成二进制数。

23.13D 的整数部分是 23，需要将 23 不断地除以 2，直到商为 0，然后将所有的余数逆向整合，就得到了整数部分的二进制表示。

除数	被除数/商	余数	
2	23		低位
2	11	1	↑
2	5	1	
2	2	1	
2	1	0	
	0	1	高位

可以得到，23D = 10111B。

要将小数部分 0.625 转换成二进制数，需要把 0.625 不断地乘以 2，直到乘积为 1，最后将所有结果的整数部分依次整合，就能得到小数部分的二进制表示。

$0.625\times2=1.25$	整数部分为1	高位
$0.25\times2=0.5$	整数部分为0	↓
$0.5\times2=1$	整数部分为1	低位

将结果的整数部分顺序组合，就能得到 0.625D = 0.101B。因此 23.625D = 10111.101B。

1.3.2　二进制数与十六进制数

十六进制数的基是 16，是二进制数基 2 的 4 次方。二进制数转换为十六进制数（数后加字母“H”表示）时，以小数点为界，整数部分从右到左，小数部分从左到右，每 4 位二进制数表示 1 位十六进制数；不足 4 位的，在不影响数值大小的情况下补 0 直至达到 4 位。十六进制数转换成二进制数，只需从右至左将各位上的数以二进制数表示出来即可。表 1-4 是 0～15 的十进制数、二进制数、十六进制数的转换表。

表 1-4　不同数制的数据转换表

十进制 D	二进制 B	十六进制 H	十进制 D	二进制 B	十六进制 H
0	0000	0	8	1000	8
1	0001	1	9	1001	9
2	0010	2	10	1010	A
3	0011	3	11	1011	B
4	0100	4	12	1100	C
5	0101	5	13	1101	D
6	0110	6	14	1110	E
7	0111	7	15	1111	F

例如，101001B = 0010 1001B = 29H；B3H = 1011 0011B。

1.3.3　十六进制数与十进制数

将十六进制数的各个数位的数码与位权相乘累加就转换成了十进制数。例如：

$$C4BH = 12 \times 16^2 + 4 \times 16^1 + 11 \times 16^0 = 3147$$

将十进制数转换成十六进制数，可以采用类似十进制数转换成二进制数的方法，整数部分除 16 取余，小数部分乘 16 取整。十六进制与二进制之间的转换十分简单，在十进制数转换成十六进制数时，通常先将十六进制数转换成二进制数，再将二进制数转换成十进制数。

1.3.4　补码及其表示

单片机中引入补码是为了表示带符号数，其目的是为了变减法运算为加法运算，另外可使符号位能与有效值一起参与运算，从而简化 CPU 中运算器的线路设计。

为了弄清什么是补码，先了解一下原码和反码。这里声明一点，本书讲述的是 80C51 系列单片机（即 8 位单片机），因此，数的表示是以 8 位二进制数（即一个字节）为基本单位的，见表 1-5。

表 1-5　8 位二进制位数表

位	D7	D6	D5	D4	D3	D2	D1	D0
数	×	×	×	×	×	×	×	×

表中，D7 位是最高位，D0 位是最低位。

原码：最高位（D7）用作符号位，且用“0”表示正、用“1”表示负。其余位（D0 ~ D6）用作数值（有效）位。这样获得的一个带符号数编码，就叫原码。

反码：正数的反码与原码相同；负数的反码在原码的基础上符号位不变，数值位按位取反。

补码：正数的补码与原码、反码相同；负数的补码在反码的基础上符号位不变，在最低位（D0）加 1。

对一个 8 位二进制数而言，补码就是最高位（D7）用作符号位，且用“0”表示正、用

"1"表示负，数值（有效）位（D0～D6）按位取反后在最低位（D0）再加1，所获得的一个带符号数编码。其表示的数值范围是：-128～+127。例如：

$[+127]_{补}=01111111$　　$[-127]_{补}=10000000+1=10000001$

$[+0]_{补}=00000000$　　$[-0]_{补}=11111111+1=00000000$

采用补码进行加减运算十分方便。通过对负数的编码处理，允许符号位和数值一起参与运算，可以把减法运算转化为加法运算。不论求和求差，也不论操作数为正为负，运算时一律只做加法，从而大大简化运算器的设计，加快了运算速度。

例如，(-9)+(-5)的运算如下：

$[-9]_{补}=11110111$

$[-5]_{补}=11111011$

$$\begin{array}{r} 11110111 \\ +\ \ 11111011 \\ \hline \boxed{1}11110010 \end{array}$$

因为机器字长的限制，丢失高位1，运算结果机器数为11110010，是-14的补码形式。

补码的概念来源于数学上的"模"和补数。例如，将钟表的时针顺时针拨快5h和逆时针拨慢7h，最后指示的位置相同，则称5和-7互为模12情况下的补数。对于8位单片机系统而言，模是2^8。时钟超过了一周的最大数值12，就会产生数据丢失，同样，单片机中，补码超过了模2^8，也将产生数据位的丢失。

当两个有符号数进行加减运算时，如果运算结果大小超出了单片机所能表示的有符号数的范围，则产生"溢出"，使计算结果产生错误。显然，只有两个同符号数相加或两个异号数相减时，才会产生溢出。8位单片机系统的补码数值范围是-128～+127，一旦运算时发生结果超出此范围的情况，就产生溢出。

1.3.5　BCD码及其表示

BCD码是一种用二进制数对十进制数进行编码的一种方法。最常用的是8421BCD码，它用4位二进制数对十进制数的0～9进行编码（8421代表二进制中4个数字的权值）。8421BCD码与十进制数的转换非常方便，只要将十进制数的各位数字依次转换成8421BCD码就可以。8421BCD编码表见表1-6。

表1-6　8421BCD编码表

BCD码（8421）	十进制符号	BCD码（8421）	十进制符号
0000	0	0101	5
0001	1	0110	6
0010	2	0111	7
0011	3	1000	8
0100	4	1001	9

若BCD码要转换成其他进制的数，需先将BCD码先转换成十进制数，然后再转换成所希望的数制，比如二进制、十六进制。

1.3.6　ASCII码及其表示

ASCII码把字符编码成计算机能识别的二进制形式，是目前最流行的字符编码方式，是由美国国家标准学会制定的美国标准信息交换码。

ASCII 码用 8 位二进制数表示一个特定的字符。其中，低 7 位是字符信息，最高位是奇偶校验位。ASCII 码有 $2^7=128$ 个不同的字符，在这些字符当中，96 个是图形字符，可以显示和打印，包括 10 个十进制数、52 个大小写英文字母和 34 个其他字符；32 个是控制字符，不能用于显示和打印，包括换行符、回车符和退格符等。ASCII 码表见表 1-7。

表 1-7　ASCII 码表

高位 低位	0000	0001	0010	0011	0100	0101	0110	0111
0000	NUL	DLE	SP	0	@	P	`	p
0001	SOH	DC_1	!	1	A	Q	a	q
0010	STX	DC_2	“	2	B	R	b	r
0011	ETX	DC_3	#	3	C	S	c	s
0100	EOT	DC_4	$	4	D	T	d	t
0101	ENQ	NAK	%	5	E	U	e	u
0110	ACK	SYN	&	6	F	V	f	v
0111	BEL	ETB	’	7	G	W	g	w
1000	BS	CAN	(	8	H	X	h	x
1001	HT	EM	)	9	I	Y	i	y
1010	LF	SUB	*	:	J	Z	j	z
1011	VT	ESC	+	;	K	[	k	{
1100	FF	FS	,	<	L	\	l	|
1101	CR	GS	–	=	M	]	m	}
1110	SO	RS	.	>	N	^	n	~
1111	SI	US	/	?	O	_	o	DEL

1.4　单片机最小系统

单片机最小系统是单片机能够正常工作的最简单硬件组合。对于内部带有程序存储器的 51 系列单片机，若上电工作时所需要的电源、复位电路和晶体振荡电路齐全，即可构成完整的单片机最小系统；若再连接上外部设备，就可以对其进行检测和控制了。

1.4.1　单片机系统硬件构成

对于 51 系列单片机及其兼容型号，其电路的最小系统大致相同。典型 51 系列单片机的最小系统电路如图 1-9 所示，由供电电源、时钟电路、复位电路和控制对象组成。

1. 供电电源

单片机的工作电压一般是 +5V，引脚 V_{CC} 接 +5V 电源，引脚 GND 接地线。通常，会在 V_{CC} 与地线之间加上一个 0.1μF 的瓷片电容和一个 10μF 的电解电容，以提高电路的抗干扰能力。

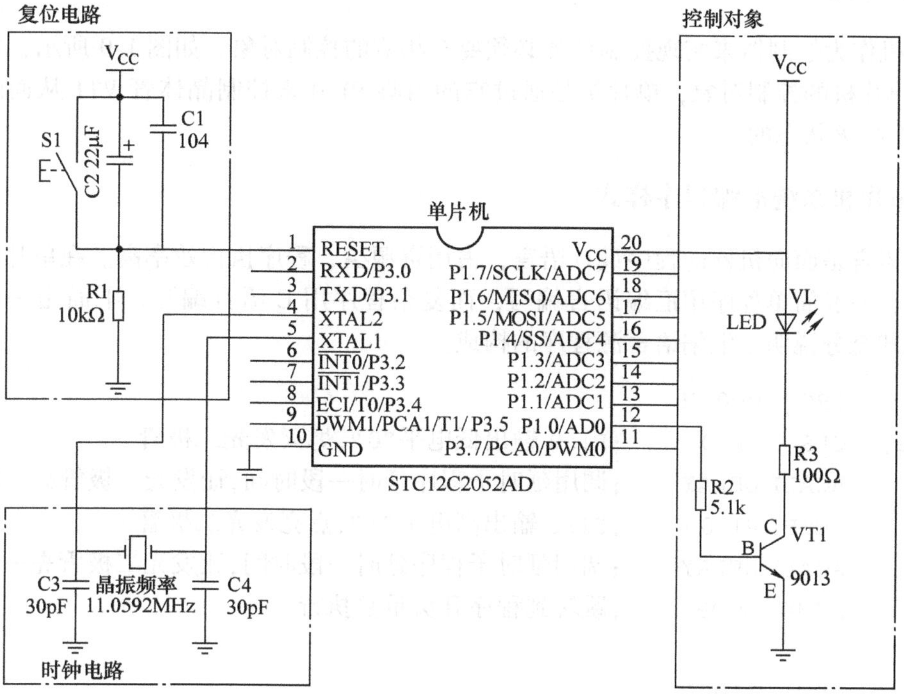

图 1-9 典型 51 系列单片机的最小系统电路

2. 时钟电路

时钟电路的作用是为单片机提供同步时序脉冲，使单片机的运算和控制具有统一的时钟。电路如图 1-9 所示，在引脚 XTAL2（引脚 4）和 XTAL1（引脚 5）之间接上晶体，两个引脚再分别对地接入一个电容即可。晶振的频率越高，单片机的时钟频率越高，同时，功耗也越大，晶振频率的推荐值为 12MHz 以下。电容 C3 与 C4 的取值范围为 30 ~ 50pF。时钟电路采用晶振的目的是提高时钟频率的稳定性。

3. 复位电路

在单片机系统中，复位电路十分重要，当程序运行不正常或停止运行（死机）时，就需要进行复位。MCS－51 系列单片机的复位引脚 RESET 出现 2 个机器周期以上的高电平时，单片机就执行复位操作。如果复位引脚 RESET 持续保持高电平，单片机就循环复位。当复位引脚 RESET 从高电平变为低电平时，单片机退出复位状态，从程序空间的 0000H 地址开始执行用户程序。

如图 1-9 所示，复位电路由 C2 和 R1 组成。当系统加电时，由于 C2 两端的电压不能突变，因此引脚 RESET 为高电平，单片机进入复位状态。随着 C2 充电，它两端的电压上升，使得复位引脚 RESET 上电压下降，最终使单片机退出复位状态。为方便起见，接了一个手动复位按钮 S1，必要时可以手动复位。

4. 控制对象

单片机作为控制器来实现控制任务必须要有相应的控制对象，如图1-9所示，发光二极管VL是单片机的控制对象，单片机是通过它的引脚P1.0来控制晶体管VT1从而改变发光二极管VL亮灭状态的。

1.4.2　单片机系统汇编程序样式

汇编语言是面向机器的程序设计语言，占用资源少、程序执行效率高。在单片机的应用和开发中，一般简单程序用汇编语言编写，而复杂程序用C语言编写。下面是一段汇编小程序，但却充分说明了汇编语言源程序的构成。

```
        ORG   0000H
LOOP:   CLR   P1.0        ;P1.0输出低电平"0",熄灭发光二极管
        ACALL DELAY       ;调用延时子程序延时一段时间,让发光二极管灭一段时间
        SETB  P1.0        ;P1.0输出高电平"1",点亮发光二极管
        ACALL DELAY       ;调用延时子程序延时一段时间,让发光二极管亮一段时间
        SJMP  LOOP        ;跳转到程序开头重复执行

        ORG   0100H
DELAY:  MOV   R7,#00H
LOOP1:  MOV   R6,#00H
LOOP2:  DJNZ  R6,LOOP2
        DJNZ  R7,LOOP1
        RET               ;延时子程序返回
END                       ;程序结束
```

1.4.3　单片机系统C程序样式

C语言是一种结构化的高级语言，可读性好，移植容易，易学易用，是普遍使用的一种计算机语言。用C语言进行单片机程序设计是单片机开放与应用的必然趋势。下面是一个C语言示例程序。

```
#include <AT89X51.H>
sbit L1 = P1^0;
void delay02s(void) //延时0.2s子程序
{
  unsigned char i,j,k;
  for(i=20;i>0;i--)
  for(j=20;j>0;j--)
  for(k=248;k>0;k--);
}
```

```
void main(void)
{
  while(1)
    {
    L1 =0;
    delay02s();
    L1 =1;
    delay02s();
    }
}
```

实训项目 1：用 Keil C51 软件新建一个项目

1. 功能及要求

功能：用 Keil C51 软件建立一个 51 单片机项目，并对项目进行调试运行。

要求：1）用 Keil C51 软件新建 51 单片机项目，用软件仿真的形式对程序结果进行调试。

2）对 Keil C51 软件进行相关设置。

2. 实训步骤

（1）运行 Keil C51 软件，选择【Project】菜单　选择弹出的下拉式菜单中的【New Project】命令，如图 1-10 所示，弹出的对话框如图 1-11 所示。在“文件名”中输入 C 程序项目名称“test”，保存类型（即文件扩展名）为 uv2，这是 Keil μVision2 项目文件扩展名，以后可以直接单击此文件以打开本项目。

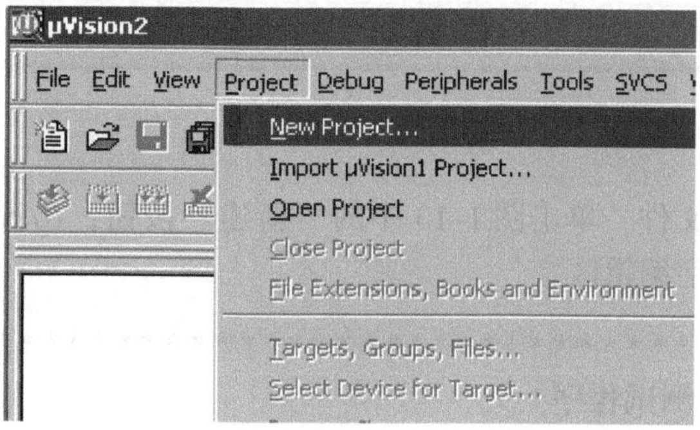

图 1-10　选择【New Project】菜单命令

（2）选择所要的单片机　这里选择常用的 Atmel 公司的 AT89C51。对话框如图 1-12 所示。AT89C51 的功能和特点在对话框右侧有简单的介绍。完成上面步骤后，就可以进行程序的编写了。

图 1-11 新建项目对话框

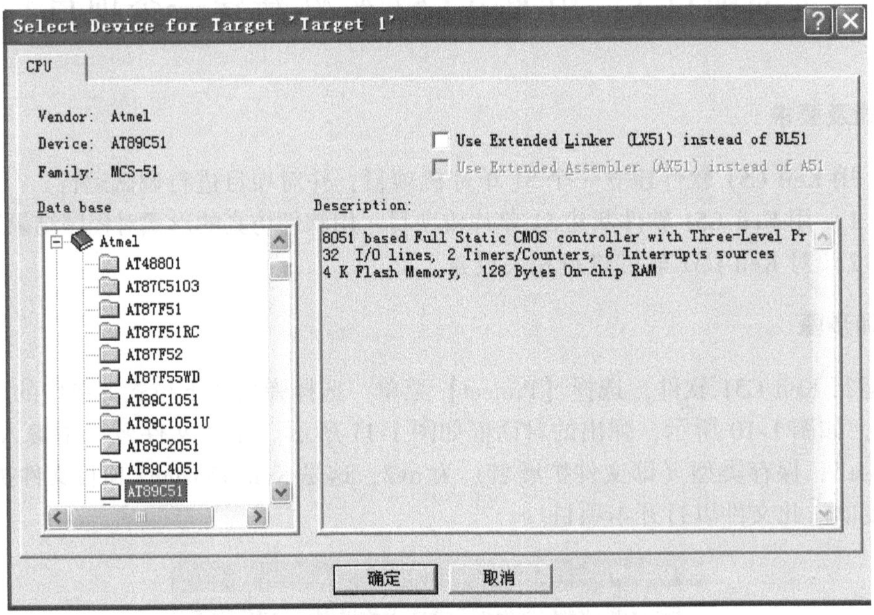

图 1-12 选取芯片

(3) 创建新的程序文件 单击图 1-13 中的“新建”按钮，出现新的文字编辑区，将下面 C51 程序输入到该文字编辑区。

```
/****************************************************************
文件名称:经典串口测试程序
程序功能:不断从串口输出"Hello World!"字符
****************************************************************/
    #include <AT89X51.H>
    #include <stdio.h>
    void main(void)
```

```
{
SCON = 0x50;                          //串口方式1,允许接收
TMOD = 0x20;                          //定时器1 定时方式2
TCON = 0x40;                          //设定时器1 开始计数
TH1  = 0xE8;                          //11.0592MHz 1200 波特率
TL1  = 0xE8;
TI = 1;
TR1  = 1;                             //启动定时器
while(1)
{
printf("Hello World! \n");            //显示 Hello World
}
}
```

图 1-13　新建程序文件

（4）保存及加入程序到项目　单击图 1-13 中的“保存”按钮保存新建的程序，在弹出的对话框中，把程序命名为“test1. c”，保存在项目所在的目录中。这时程序语句有了不同的颜色，说明 Keil 的 C 语法检查已经生效。鼠标右击界面左侧的“Source Group1”文件夹图标，弹出菜单如图 1-14 所示，单击“Add Files to Group‘Source Group 1’”后选择刚刚保存的文件，再单击“ADD”按钮，程序文件就加到项目中了。这时在“Source Group1”文件夹图标左边出现了一个小“+”号，说明文件组中有了文件，单击它可以展开查看。

（5）编译程序　如图 1-15 所示，图中 1、2、3 都是编译按钮，不同之处是 1 用于编译单个文件；2 用于编译当前项目，如果先前编译过一次之后文件没有编辑改动，这时再单击 2 程序是不会重新编译的；3 是重新编译，每单击一次均会再次编译链接一次，不管程序是否有改动。在 3 右边的是停止编译按钮，只有单击了前 3 个按钮中的任一个，停止编译按钮才会生效。5 是在菜单中显示的编译按钮。本项目只有一个文件，按 1、2、3 中的任何一个都可以编译。在 4 中可以看到编译的错误信息和使用的系统资源情况等，以后要查错就靠它。6 是有一个小放大镜的按钮，这就是开启/关闭调试模式的按钮，也可通过菜单命令【Debug】→【Start/Stop Debug Session】调用，快捷键为〈Ctrl〉+〈F5〉。

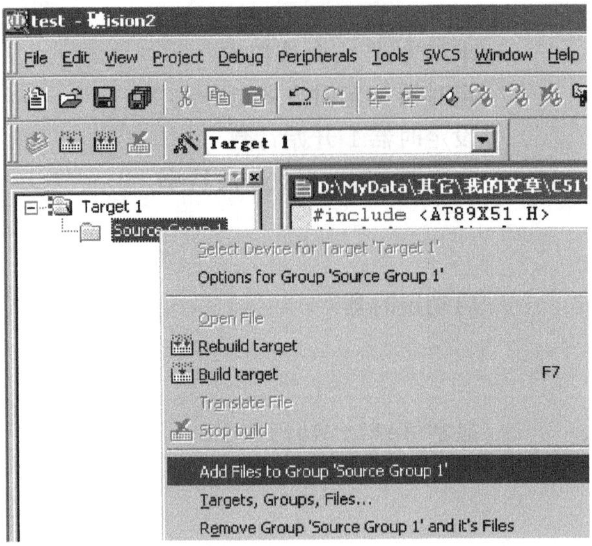

图 1-14　把文件加入到项目文件组中

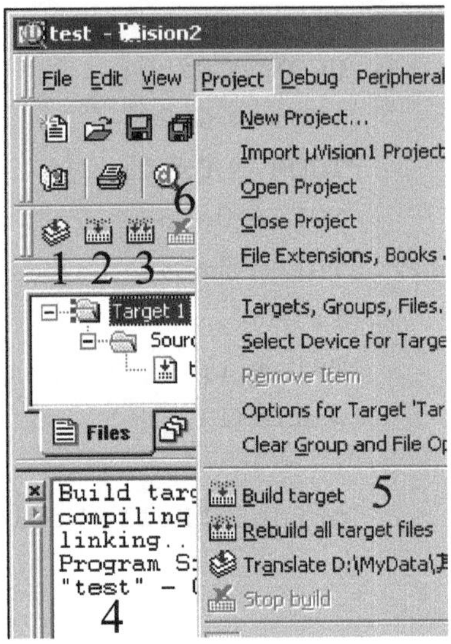

图 1-15　编译程序

（6）调试程序　进入调试模式后，软件界面如图 1-16 所示。图中 1 为“运行”按钮，当程序处于停止状态时才有效；2 为“停止”按钮，程序处于运行状态时才有效；3 是“复位”按钮，模拟芯片的复位，程序回到最开头处执行；单击 4 按钮可以打开串行调试窗口 5，在这个窗口可以看到从 51 芯片的串行口输入/输出的字符。首先单击 4 按钮打开串行调试窗口，再单击“运行”按钮，这时就可以看到串行调试窗口中不断打印“Hello World!”，这样就完成了一个 C51 项目。要停止程序运行回到文件编辑模式中，则先按“停止”按钮再按开启/关闭调试模式按钮。

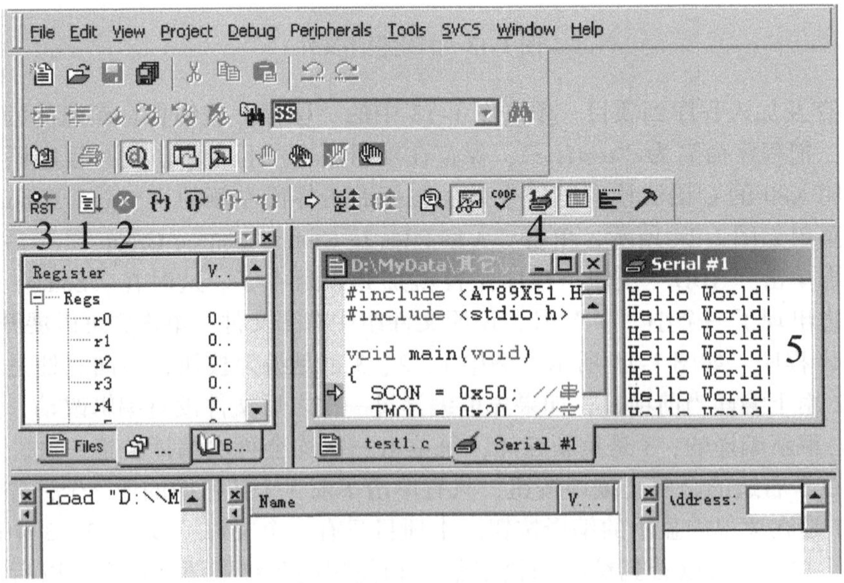

图 1-16　调试程序

本章小结

本章先讲述了有关单片机的基础知识，包括单片机的概念、特点、应用、发展和封装等，简单介绍了51系列单片机。在此基础上，介绍了单片机中的数及编码知识，重点是数制间的转换。最后给出了51系列单片机最小系统，并举例说明汇编语言和C语言的基本结构。

习　题

1. 什么叫单片机？其主要特点有哪些？
2. 简述单片机的发展、应用范围和封装形式。
3. 为什么计算机要采用二进制数？学习十六进制数的目的是什么？
4. 为什么在计算机中带符号数不用原码表示，而用补码表示？
5. 将下列十进制数转换成二进制数、十六进制数及BCD码。

   127　120　1023　1024
6. 用补码表示下列各数。

   +20　-20　+30　-30
7. 设机器字长为8位，最高位为符号位，对下列算式进行二进制补码运算。

   12+4=?　　9+(-6)=?　　8-16=?　　-20-7=?
8. 简述单片机最小系统。

第2章　单片机的基本结构

知识要点

1）了解单片机的内部结构及各模块功能。
2）了解单片机的时钟电路和工作时序。
3）了解单片机的工作方式。

能力训练

1）能对单片机的输入输出端口进行编程。
2）学会区分单片机的汇编语言编程和 C 语言编程。

2.1　单片机的内部结构

单片机是微型计算机的一种，它包含了微型计算机所需要的基本功能单元，包括中央处理器（控制器和运算器）、存储器、输入输出设备等。

2.1.1　单片机的结构框图

8051 单片机的基本结构框图如图 2-1 所示。按功能划分，8051 单片机由如下功能部件组成，即中央处理器（CPU）、存储器、输入/输出（I/O）端口及特殊功能部件。各部件通过内部总线在统一的时钟脉冲控制下，由 CPU 协调工作。

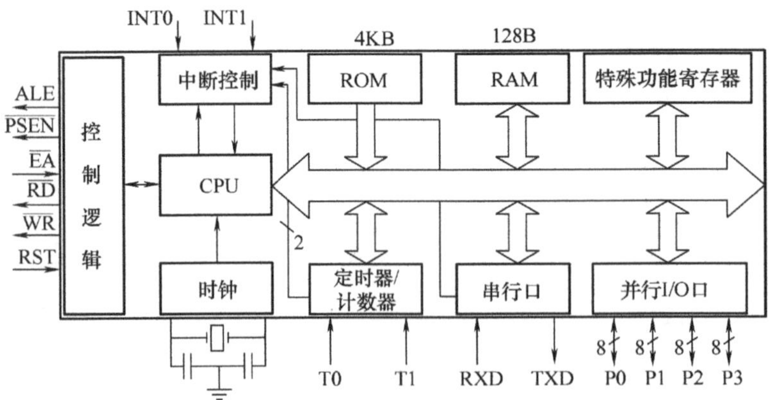

图 2-1　8051 单片机结构框图

（1）中央处理器　中央处理器（CPU）是单片机的核心部件，其作用是读入和分析每条指令，根据每条指令的功能要求，完成运算和控制操作。中央处理器包括运算器和控制器两部分电路。

（2）存储器　单片机中的存储器单元指的是半导体内部存储器，由程序存储器 ROM 和数据存储器 RAM 两部分构成。通常，ROM 容量较大，用来存放程序代码和一些常数表格数据；RAM 容量较小，用来存放一些变量和全局数据。51 系列单片机的 ROM 和 RAM 是截然分开、分别寻址的结构，称为哈佛结构，CPU 会用不同的指令访问不同的存储器空间。

（3）输入/输出端口　输入/输出（I/O）端口是 CPU 与外部设备进行信息交互的连接电路。单片机通过 I/O 端口来实现 CPU 与输入/输出设备之间的数据、信息通信及操作控制。根据工作方式的不同，I/O 端口可以分为并行端口和串行端口。并行端口可以一次性传送一组二进制数据，串行端口每次只能传送一位二进制数据。

（4）特殊功能部件　单片机的特殊功能部件包含定时器/计数器、中断系统、时钟振荡电路，有些还包括 A－D 转换器、D－A 转换器、PWM 电路等。

2.1.2　单片机的内部结构

8051 单片机的内部结构如图 2-2 所示，其内部结构包含累加器、寄存器、暂存器、程序计数器、数据指针、堆栈指针、定时器/计数器、中断系统等，各功能部件通过片内总线连成一个整体。

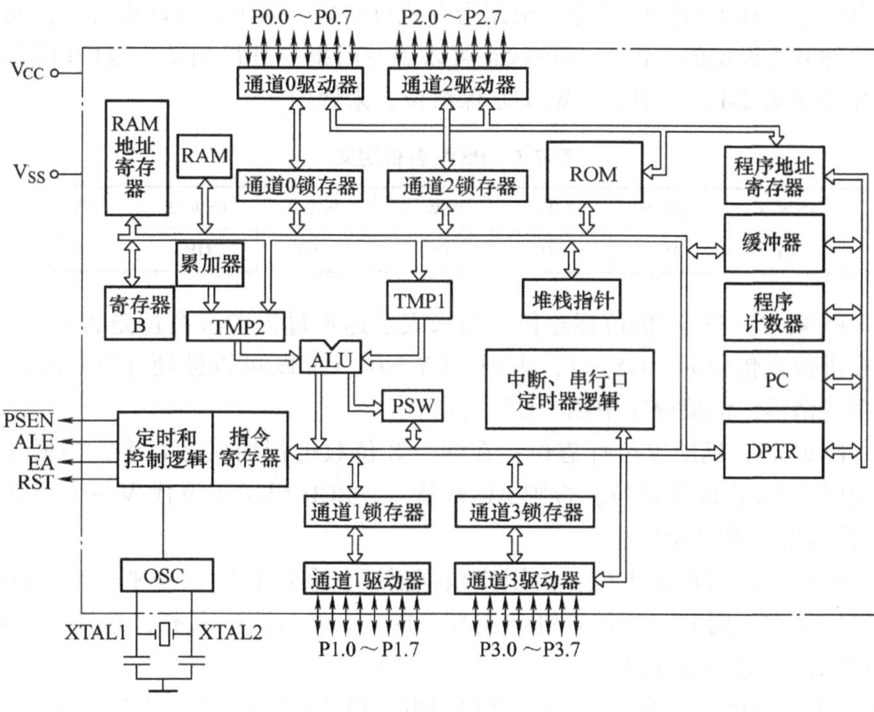

图 2-2　8051 单片机的内部结构

1. 运算器

运算器是8051单片机的运算部件，用来完成算术运算、逻辑运算、位变量处理和数据传送等功能，由算术逻辑单元（ALU）、累加器（ACC，汇编程序中用“A”表示）、寄存器B、暂存器（TEMP1、TEMP2）和程序状态字寄存器（PSW）组成。

（1）算术逻辑单元（ALU） ALU是运算器的核心部件，由加法器和一个布尔处理器组成。加法器可以完成8位二进制数据的加、减、乘、除等算术运算。布尔处理器主要用来处理位操作，能实现置位、清零、取反、转移、逻辑或、逻辑与等位操作。

（2）累加器 累加器是一个8位暂存寄存器，用来提供参与运算的中间操作数和存放操作的最终结果。它通过内部总线与ALU直接相连，大部分指令的执行都要通过累加器进行。

（3）寄存器B 寄存器B也是一个8位寄存器，它与累加器配合使用，用于单片机的乘除法运算。寄存器B存放乘数或除数，存放乘积的高8位或除法的余数，其余的数则存放在累加器中。在不进行乘、除运算时，寄存器B可以作为通用寄存器使用。

（4）暂存器（TMP1、TMP2） TMP1和TMP2用来存放少量需要重复使用的数据，以避免CPU频繁向内存索取数据，从而提高数据处理速度。寄存器B中的操作数和运算结果通过TMP1与ALU进行传送，累加器中的操作数及结果与ALU的传输则是通过TMP2。暂存器不向用户开放。

（5）程序状态字寄存器（PSW） 程序状态字寄存器是一个8位寄存器，用于寄存指令执行的状态信息。其中有些位状态是根据指令执行结果，由硬件自动设置的，而有些位状态则是使用软件方法设定的。PSW的位状态可以用专门指令进行测试，也可以用指令读出。PSW各位的定义见表2-1，其中，PSW.1是保留位，未使用。

表2-1 PSW各位定义

位编号	PSW.7	PSW.6	PSW.5	PSW.4	PSW.3	PSW.2	PSW.1	PSW.0
位定义	CY	AC	F0	RS1	RS0	OV	—	P

1）CY（PSW.7）进位/借位标志位：用来表示运算过程中最高位是否有进位或借位，当最高位存在进位或借位时，CY=1，否则，CY=0。CY既可以被硬件置位或清零，也可以由软件置位或清零。汇编程序中用“C”表示。

2）AC（PSW.6）辅助进位标志位：在两个8位数进行加减运算中，当低4位向高4位进位或借位时，AC由硬件置位，否则AC被清零。BCD码用4位代表一个十进制数，因此BCD码运算时需要用到AC。

3）F0（PSW.5）用户标志位：由用户根据需要，利用软件指令来标识当前状态。比如，在走马灯实验中，用F0=0代表灯向左亮，F0=1表示灯向右亮，这样，只需改变F0的状态，就可以改变灯运动方向。

4）RS1和RS0（PSW.4和PSW.3）寄存器组选择位：8051单片机中，有4组通用寄存器，通过软件设置RS1和RS0的值，可以选择相应的寄存器组为当前使用通用寄存器组，其对应关系见表2-2。

表 2-2　寄存器组的选择

RS1	RS0	寄存器组号	RAM 范围
0	0	0	00H ~ 07H（默认区间）
0	1	1	08H ~ 0FH
1	0	2	10H ~ 17H
1	1	3	18H ~ 1FH

5）OV（PSW.2）溢出标志位：在运算过程中，若运算结果超出了累加器所能表示的符号数的有效范围，发生溢出，则 OV = 1；反之，OV = 0，表示运算正确，无溢出。OV 的状态由硬件自动形成。可通过检测 OV 的状态判断运算过程中是否发生错误。

6）P（PSW.0）奇偶标志位：用来指示累加器中 1 的个数的奇偶性。若 1 的个数为偶数，P = 0；若 1 的个数为奇数，P = 1。

2. 控制器

控制器由程序计数器 PC、数据指针 DPTR、堆栈指针 SP、指令寄存器 IR、指令译码器 ID、定时控制电路以及信息传送控制等部件组成，它是单片机工作的指挥中心。单片机执行指令时，首先取出程序计数器 PC 所指向地址的内容，送入指令寄存器 IR 保存，然后送指令译码器 ID 进行译码，定时控制电路产生时钟信号和控制信号，控制单片机的各组件进行相应的工作，执行指令。

（1）程序计数器 PC　程序计数器 PC 是一个 16 位的计数器，它存放将要执行的指令地址。每当 CPU 取出当前执行操作码后，PC 就自动加 1，指向下一条指令对应的内存地址。这样，只要 PC 最初设置为第一条指令的内存地址，便能使程序一步步地顺序执行。PC 没有地址，是不可寻址的，因此用户无法对它进行读写。但是用户可通过执行转移、调用或返回等指令改变其内容，以改变程序的执行顺序。

（2）数据指针 DPTR　数据指针 DPTR 是一个 16 位的寄存器，由两个 8 位的寄存器 DPH（高 8 位）和 DPL（低 8 位）组成。DPTR 主要用于存放片内 ROM 的地址，当对 64KB 外部数据存储空间寻址时，可作为间址寄存器使用。

（3）堆栈指针 SP　堆栈指针 SP 是一个 8 位的专用寄存器，专门用来存放堆栈顶部地址，能够自动加 1 或者减 1。开机复位后，栈底地址为 07H，对于 8051 单片机，堆栈是向上增长的。当有数据进入堆栈，SP 就自动加 1，指向新增数据的内存地址；当有数据被取出时，SP 就自动减 1，指向上一时刻进入堆栈的数据地址，也就是栈顶数据地址。

（4）指令寄存器 IR 和指令译码器 ID　根据 PC 所指地址取出的指令，经指令寄存器 IR 送到指令译码器 ID 进行译码，然后通过定时控制电路产生相应的控制信号，完成指令规定的各种操作。

3. 程序存储器（ROM）

在单片机中，程序存储器（ROM）一般用来存放用户程序、原始数据或表格等。8051 单片机有 4096B 的 ROM，有些增强型单片机的存储量更大。常用的程序存储器有掩膜 ROM、OPT ROM、EPROM、EEPROM 和 FLASH ROM 等形式。

4. 数据存储器（RAM）

数据存储器一般用于存放读写的数据、运算的中间结果或用户定义的字形表等。8051单片机内部有128个8位用户数据存储单元和128个专用寄存器单元，它们是统一编址的。专用寄存器不能存储用户数据。当片内RAM不够用时，可扩展片外RAM。

5. 并行接口

8051单片机有P0口、P1口、P2口和P3口4个8位并行I/O口，I/O口线共32根，单片机通过这些I/O口线，来传送输出的控制信号和采集的外部输入信号。

6. 全双工串行接口

8051单片机内置一个全双工串行通信口，该全双工串行通信口利用2根I/O口线（P3.0串行接口输入端和P3.1串行接口输出端）构成，具有4种不同的工作方式。它可以用作异步通信收发器，也可以用作同步移位寄存器，应用于需要扩展I/O接口的系统。

7. 定时器/计数器

定时器/计数器用于硬件的定时或计数，8051单片机有两个16位可编程定时器/计数器T0和T1，它们分别由两个独立的8位寄存器THx和TLx构成，通过编程设置可以实现4种工作方式。

8. 中断系统

中断是指CPU能够暂停正在运行的程序，转而执行其他外部服务程序的功能。8051单片机具备较完善的中断功能，有两个外部中断、两个内部定时器中断和一个串行口中断，可以协调处理多个外部设备同时工作，提高系统的实时性和可靠性。

2.1.3 单片机的引脚功能

MCS-51系列单片机常见的封装方式有方形封装和双列直插式封装，但是各种型号芯片的引脚是兼容的。下面以40引脚双列直插式封装为例，简单介绍8051单片机的引脚分布及功能。图2-3所示为8051单片机的引脚分布图。

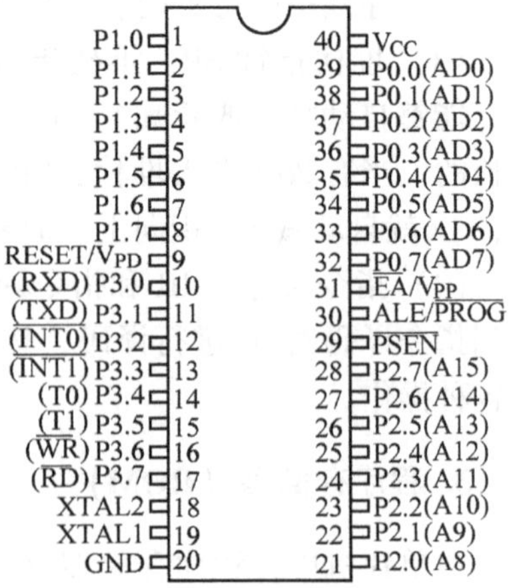

图2-3 8051单片机的引脚分布图

1. 电源引脚

（1）V_{CC}（40脚） 接+5V电源。

（2）V_{SS}（20脚） 接地。

2. 时钟引脚

（1）XTAL1（19 脚）　接外部石英晶体和电容的一端，是片内反相放大器的输出端，若使用外部输入时钟，该引脚作为外部输入时钟的输入端。

（2）XTAL2（18 脚）　接外部石英晶体和电容的另一端，是片内反相放大器的输入端，若使用外部输入时钟，该引脚必须接地。

3. 控制引脚

（1）RESET/V_{PD}（9 脚）　RESET 是复位信号输入端，高电平有效，此端保持两个机器周期（24 个时钟周期）以上的高电平时，就可以完成复位操作。RESET 引脚的第二功能 V_{PD}，即备用电源的输入端。当主电源 V_{CC}发生故障降低到低电平规定值时，将 +5V 电源自动接入 V_{PD}端为 RAM 提供备用电源，以保证存储在 RAM 中的信息不丢失，从而使其复位后能继续正常运行。

（2）ALE/$\overline{PROG}$（30 脚）　地址锁存控制信号/编程脉冲输入端。在系统扩展时，ALE 用于控制把 P0 口输出的低 8 位地址送入锁存器锁存起来，以实现低位地址和数据的分时传送。

在不访问片外数据存储器时，ALE 以 1/6 晶振频率的固定频率输出正脉冲，可作为外部时钟或外部定时脉冲使用。

（3）$\overline{PSEN}$（29 脚）　片外程序存储器读选通信号输出端。当访问片外程序存储器时，此脚输出负脉冲作为读选通信号，低电平有效。当从片外程序 ROM 读取指令或常数期间，在每个机器周期内该信号两次有效，通过数据总线 P0 口读回指令或常数。在访问片外数据 RAM 期间，$\overline{PSEN}$信号将不出现。$\overline{PSEN}$端的负载驱动能力为 8 个 TTL 负载。

（4）$\overline{EA}$/V_{PP}（31 脚）　片内程序存储器选通控制端/编程电源输入端，低电平有效。当$\overline{EA}$端保持低电平时，使用片外程序存储器。当$\overline{EA}$端保持高电平时，访问片内程序存储器。对 EPROM 型单片机，在编程期间，此引脚用于施加 21V 的编程电压（V_{PP}）。

4. I/O 口引脚

（1）P0 口（P0.0～P0.7，39～32 脚）　双向三态口，与地址总线（低 8 位）和数据总线分时复用，每一位可驱动 8 个 LSTTL 负载。当 P0 口作为普通输入端口时，应先向 P0 口锁存器写 1。

（2）P1 口（P1.0～P1.7，1～8 脚）　带上拉电阻的 8 位准双向 I/O 端口，每一位可驱动 4 个 LSTTL 负载，当 P1 口作为输入接口时，应先向 P1 口锁存器写 1。

（3）P2 口（P2.0～P2.7，21～28 脚）　8 位准双向 I/O 端口，与地址总线（高 8 位）分时复用。每一位可驱动 4 个 LSTTL 负载，当 P1 口作为输入端口时，应先向 P2 口锁存器写 1。

（4）P3 口（P3.0～P3.7，10～17 脚）　P3 口也是自带上拉电阻的 8 位准双向 I/O 端口，每一位可驱动 4 个 LSTTL 负载。当 P3 口作为输入端口时，应先向 P3 口锁存器写 1。P3 口除了作为一般准双向 I/O 接口使用外，每个引脚还有第二功能，见表 2-3。

表 2-3 P3 口各引脚的第二功能

P3 口线	第二功能
P3.0	RXD（串行接收）
P3.1	TXD（串行发送）
P3.2	$\overline{INT0}$（外部中断 0 输入，低电平或下降沿有效）
P3.3	$\overline{INT1}$（外部中断 1 输入，低电平或下降沿有效）
P3.4	T0（定时器 0 外部输入）
P3.5	T1（定时器 1 外部输入）
P3.6	$\overline{WR}$（外部数据 RAM 写使能信号，低电平有效）
P3.7	$\overline{RD}$（外部数据 RAM 读使能信号，低电平有效）

2.2 单片机的存储器结构

8051 单片机的存储器组织采用的是哈佛结构，即将程序存储器和数据存储器分开，各自具有独立的寻址方式、寻址空间和控制信号。在物理上分为 4 个存储空间：片内程序存储器、片外程序存储器、片内数据存储器和片外数据存储器。在逻辑上可分为 3 个存储空间：片内数据存储器、片外数据存储器和片内外统一的 64KB 程序存储器。

2.2.1 程序存储器

8051 单片机的程序存储器用于存储程序和表格常数等信息，通常由 ROM、EPROM、E^2PROM 等构成。在单片机中程序的执行顺序是由 PC 来控制的，PC 的位长是 16 位，因此单片机程序存储器的最大可寻址空间为 $2^{16}B = 64KB$，地址为 0000H ~ FFFFH，与片外数据存储器的地址编号相同，只是用不同的指令来寻址，因此不会造成混乱。

ROM 的地址结构如图 2-4 所示，分片内和片外（采用 MOVC 指令寻址），片内存储器集成在单片机内部，8051 单片机内部集成有 4KB 的 ROM，当程序的大小超出 4KB 时，就需要外部扩展，片外最多可扩展至 64KB，片内和片外统一编址。不过现在的增强型 51 单片机片内已经可以集成 1 ~ 64KB 的 Flash 存储器提供用户选择，且可以在线反复擦除 1000 次以上。

对 8051 单片机来说，当$\overline{EA} = 1$ 时，程序的执行是从片内 0000H 单元开始的，程序的内容超出片内存储器的最大范围后，PC 将自动转向片外程序存储器。当$\overline{EA} = 0$ 时，单片机直接从片外 0000H 单元开始执行程序。因此，对早期的片内没有程序存储器的单片机（如 8031 单片机），$\overline{EA}$必须接地。

2.2.2 片内数据存储器

8051 单片机包含 256B 的片内数据存储器（不同的型号有区别），其编址范围是 00H ~ FFH。00H ~ 7FH 为低 128B 区，是用户数据 RAM，80H ~ FFH 为高 128B 区，是特殊功能寄存器区。片内 RAM 地址结构如图 2-5 所示。

（1）00H～1FH　此区为工作寄存器区，32B 分为 4 组，分别是 0 组、1 组、2 组、3 组。每组中 8B 的 RAM 地址分别用 R0～R7 代替。各工作寄存器组与片内 RAM 单元的对应关系见表 2-4。

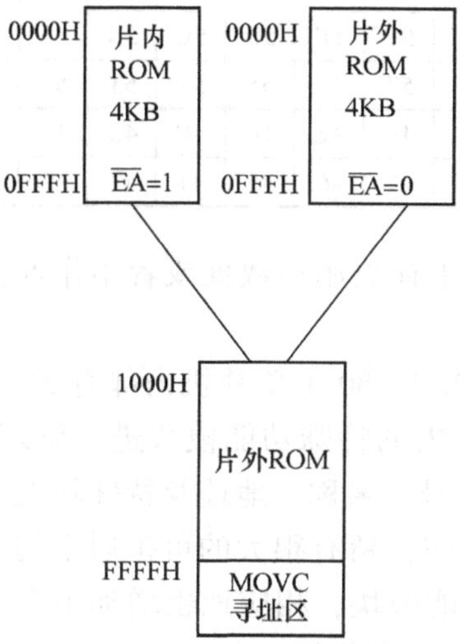

图 2-4　ROM 的地址结构

图 2-5　片内 RAM 地址结构

表 2-4　工作寄存器组与片内 RAM 单元地址对应关系表

0 组工作寄存器 RS1 RS0 = 0 0		1 组工作寄存器 RS1 RS0 = 0 1		2 组工作寄存器 RS1 RS0 = 1 0		3 组工作寄存器 RS1 RS0 = 1 1	
单元地址	寄存器	单元地址	寄存器	单元地址	寄存器	单元地址	寄存器
07H	R7	0FH	R7	17H	R7	1FH	R7
06H	R6	0EH	R6	16H	R6	1EH	R6
05H	R5	0DH	R5	15H	R5	1DH	R5
04H	R4	0CH	R4	14H	R4	1CH	R4
03H	R3	0BH	R3	13H	R3	1BH	R3
02H	R2	0AH	R2	12H	R2	1AH	R2
01H	R1	09H	R1	11H	R1	19H	R1
00H	R0	08H	R0	10H	R0	18H	R0

（2）20H～2FH　此区为位寻址区，共 16B，128bit。对于这些地址，既可以按字节进行操作，也可以按位进行操作。位寻址地址表见表 2-5。

表 2-5　位寻址区各单元位地址关系对应表

单元地址	单元对应位地址								单元地址	单元对应位地址							
	D7	D6	D5	D4	D3	D2	D1	D0		D7	D6	D5	D4	D3	D2	D1	D0
27H	3F	3E	3D	3C	3B	3A	39	38	2FH	7F	7E	7D	7C	7B	7A	79	78
26H	37	36	35	34	33	32	31	30	2EH	77	76	75	74	73	72	71	70
25H	2F	2E	2D	2C	2B	2A	29	28	2DH	6F	6E	6D	6C	6B	6A	69	68
24H	27	26	25	24	23	22	21	20	2CH	67	66	65	64	63	62	61	60
23H	1F	1E	1D	1C	1B	1A	19	18	2BH	5F	5E	5D	5C	5B	5A	59	58
22H	17	16	15	14	13	12	11	10	2AH	57	56	55	54	53	52	51	50
21H	0F	0E	0D	0C	0B	0A	09	08	29H	4F	4E	4D	4C	4B	4A	49	48
20H	07	06	05	04	03	02	01	00	28H	47	46	45	44	43	42	41	40

（3）30H～7FH　此区为数据缓冲区，共 80B，用于存放用户数据或者用作堆栈区。数据缓冲区中的 RAM 单元按照字节进行操作。

（4）80H～FFH　此区为特殊功能寄存器区，共 128B。8051 单片机内部有 21 个特殊功能寄存器，其中 11 个具有位寻址功能。它们用来对片内的特殊功能模块进行管理、监控、控制及数据传送等。表 2-6 所示为各种专用寄存器的符号、名称、地址及特殊功能寄存器一览表。8051 单片机 128B 的特殊功能寄存器区只用了 21B，留有很大的可扩展空间。后来的增强型 51 单片机在此基础上开发了许多各具特色的功能模块，相应地也增加不少特殊功能寄存器。如“看门狗”功能寄存器、端口输出模式定义寄存器等。

表 2-6　专用寄存器的符号、名称、地址及特殊功能寄存器一览表

符　号	名　称	地　址	可否位寻址
ACC	累加器	E0H	是
B	寄存器 B	F0H	是
PSW	程序状态字寄存器	D0H	是
SP	堆栈指针	81H	否
DPTR	数据指针（包括 DPH 和 DPL）	82H	否
		83H	否
P0	P0 口锁存寄存器	80H	是
P1	P1 口锁存寄存器	90H	是
P2	P2 口锁存寄存器	A0H	是
P3	P3 口锁存寄存器	B0H	是
IP	中断优先级控制寄存器	B8H	是
IE	中断允许控制寄存器	A8H	是
TMOD	定时器/计数器工作方式状态寄存器	89H	否
TCON	定时器/计数器控制寄存器	88H	是
TH0	定时器/计数器 0（高字节）	8CH	否
TL0	定时器/计数器 0（低字节）	8AH	否
TH1	定时器/计数器 1（高字节）	8DH	否
TL1	定时器/计数器 1（低字节）	8BH	否
SCON	串行口控制寄存器	98H	是
SBUF	串行口数据缓冲器	99H	否
PCON	电源控制寄存器	87H	否

2.2.3　片外数据存储器

8051 单片机的片内数据存储器容量较小，因此常常需要进行外部 RAM 扩展，最多可扩展 64KB 的 RAM。片内数据存储器和片外数据存储器独立编址。片外数据存储器的编址范围为 0000H ~ FFFFH。虽然片内、片外数据存储器地址可能重叠，但在访问时，采用不同的指令，因此不会出现混淆。

2.3　单片机的端口结构

在 8051 单片机内部有 4 个双向的 8 位并行 I/O 端口，分别是 P0、P1、P2、P3，共占 32 根引脚。各端口的每一位都由锁存器、输出驱动器和输入缓冲器组成。这 4 个 I/O 端口可以按字节操作，也可以按位操作。各端口在结构和功能上都有一些差异，下面将分别介绍。

2.3.1　P0 口

P0 口的字节访问地址是 80H，位访问地址是 80H ~ 87H。它是一个三态双向口，既可以作为普通 I/O 口使用，也可以作为地址/数据分时复用口使用。P0 口的各个位结构完全相同，但是相互独立。其中某一位的结构原理图如图 2-6 所示。其中，锁存器具有输出锁存功能，场效应晶体管 VF1 和 VF2 构成输出驱动器，2 个三态的数据输入缓冲器分别用于锁存器数据和引脚数据的输入缓冲。

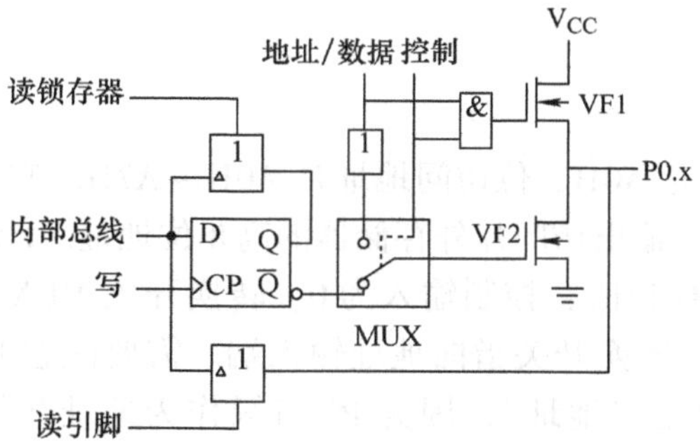

图 2-6　P0 口位结构

当 P0 口作为通用 I/O 口时，控制信号为低电平，封锁了与门，将上拉场效应晶体管 VF1 截止，同时将转换开关 MUX 打向下边与触发器接通。

输出数据时，来自 CPU 的写脉冲加在锁存器的 CP 端，数据写入锁存器，并向端口引脚输出。由于输出电路是漏极开路电路，因此必须外接上拉电阻，才能有高电平输出。

输入数据时，CPU 通过内部总线从三态缓冲器读入数据。读引脚，是指读引脚上的数据，使用下方的三态缓冲器。读锁存器，是指通过上方的三态缓冲器把 Q 端状态读进来。在读操作前，应先向锁存器写入高电平 1，使场效应晶体管 VF2 截止，引脚处于悬浮状态，变为高阻抗输入。因为如果场效应晶体管 VF2 导通，输入的高电平将会被拉为低电平，产生误读。

在系统扩展时，P0 口分时复用作为外部存储器的低 8 位地址总线和数据总线。当 P0 口输出数据或地址时，控制信号为高电平 1，转换开关打向上边，与反相器相连，构成推拉式的输出电路。输入数据时，CPU 会自动向锁存器写入 1，外部数据直接通过输入缓冲器从引脚读出。

2.3.2　P1 口

P1 口的字节访问地址是 90H，位访问地址是 90H～97H。它是一个准双向口，只传送数据，结构比 P0 口简单，只包含一个场效应晶体管，且不包含转换开关。其结构如图 2-7 所示。输出电路中有上拉电阻，能对外提供推拉电流，外电路不需要像 P0 口那样接上拉电阻。输入数据时，也应先向锁存器写入 1，使场效应晶体管截止。

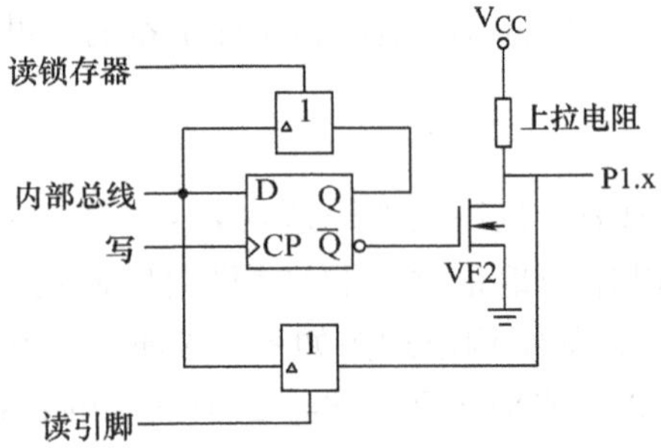

图 2-7　P1 口位结构

2.3.3　P2 口

P2 口的字节访问地址是 A0H，位访问地址是 A0H～A7H。它是一个准双向口。除了作通用 I/O 口使用外，还可以输出访问片外存储器的高 8 位地址。P2 口电路综合了 P0 口和 P1 口的特征。当作为通用 I/O 口时，控制输入为 0，转换开关 MUX 连接锁存器。当输出高 8 位地址时，控制输入为 1，转换开关指向地址输入端。需要注意的是，MUX 的一个输入端不再是“地址/数据”，而是“地址”，因为 P2 口只作为地址线使用。其位结构原理图如图 2-8 所示。

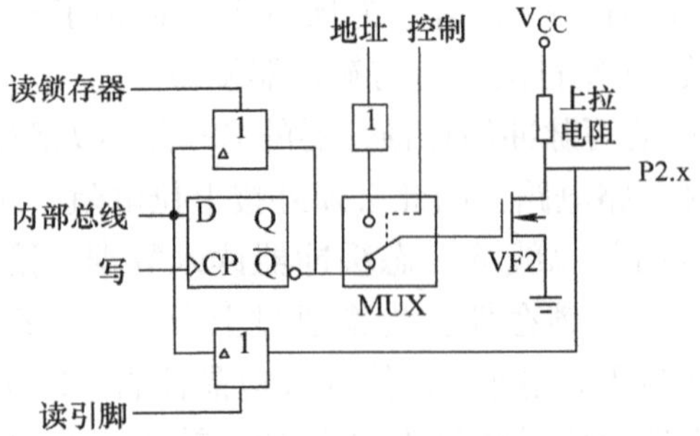

图 2-8　P2 口位结构

2.3.4　P3 口

P3 口的字节访问地址是 B0H，位访问地址是 B0H ~ B7H。它作为通用 I/O 口使用时，也是一个准双向口。P3 口最大的特点是还可以作为第二功能口使用，其引脚第二功能在前面已述。P3 口各个位结构原理图如图 2-9 所示，增加了一个缓冲器和与非门。

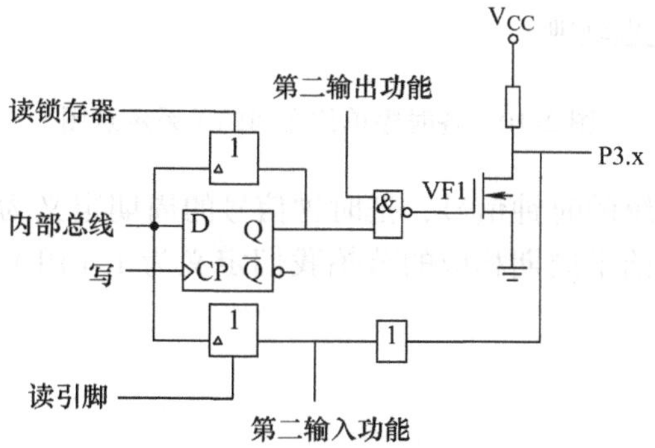

图 2-9　P3 口位结构

当作为通用的 I/O 口时，电路中的第二功能输出端为高电平，此时，与非门输出信号取决于锁存器输入信号，输出原理与其他 3 口一样。

当 P3 口作为第二功能口使用时，锁存器被硬件自动置为 1，使与非门对第二功能信号的输出是畅通的。同时可以通过新增缓冲器读取第二功能输入端的数据。

2.4　单片机的时序

单片机的工作是在统一的时钟脉冲控制下一拍一拍地进行的，这个脉冲是由单片机控制器中的时钟电路发出的。时钟电路用于产生单片机工作所需要的时钟信号，而时序所研究的是指令执行中各信号之间的相互关系。

2.4.1　时序的基本概念

时序是指各种信号的时间序列，它表明了指令执行中各信号之间的相互关系。为达到同步协调工作，各信号在时间上有严格的先后次序，这些次序就是 CPU 的时序。CPU 发出的时序信号有两种，一种用于片内对各个功能部件的控制，与用户无关；一种用于控制外部存储器和 I/O 端口。这部分时序对分析、设计接口电路非常重要，是用户关心和重视的部分。

8051 单片机以晶体振荡器的周期为最小的时序单位，片内的各种微操作都是以晶振周期为时序基准。8051 单片机的时序单位共 4 个，从小到大依次是：节拍、状态、机器周期和指令周期，各时序单位之间的关系如图 2-10 所示，下面分别予以说明。

1. 节拍与状态

我们把振荡脉冲的周期定义为节拍（为方便描述，用 P 表示），振荡脉冲经过二分频后

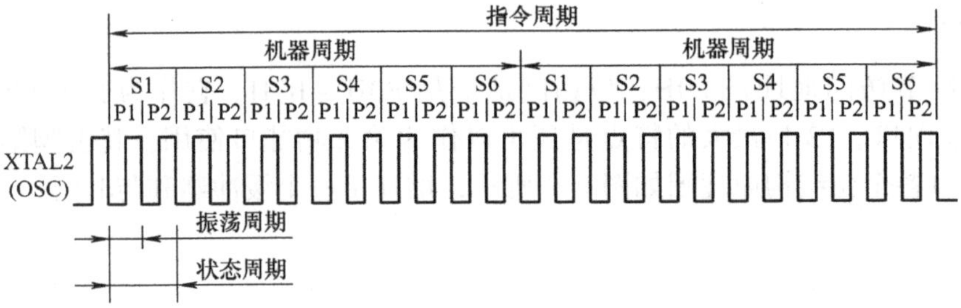

图 2-10　各时序单位之间的关系示意图

即得到整个单片机工作系统的时钟信号，把时钟信号的周期定义为状态（用 S 表示），这样一个状态就有两个节拍，前半周期相应的节拍我们定义为 1（P1），后半周期对应的节拍定义为 2（P2）。

2. 机器周期

8051 单片机有固定的机器周期，规定一个机器周期有 6 个状态，分别表示为 S1 ~ S6，而一个状态包含两个节拍，那么一个机器周期就有 12 个节拍，我们可以记为 S1P1、S1P2……S6P1、S6P2，一个机器周期共包含 12 个振荡脉冲，即机器周期就是振荡脉冲的 12 分频，显然，如果使用 6MHz 的时钟频率，一个机器周期就是 2μs，而如使用 12MHz 的时钟频率，一个机器周期就是 1μs。

3. 指令周期

执行一条指令所需要的时间称为指令周期，8051 单片机的指令有单字节、双字节和三字节的，所以它们的指令周期不尽相同，也就是说它们所需的机器周期不相同，可能包括 1 ~4 个不等的机器周期。

2.4.2　典型指令时序

一条指令的执行包括取指令、译码和执行指令的过程。图 2-11 是单周期和双周期取指令及执行时序，图中的 ALE 脉冲是为了锁存地址的选通信号，显然，每出现一次该信号单片机即进行一次读指令操作。从时序图中可看出，该信号是振荡脉冲 6 分频后得到的，在一个机器周期中，ALE 信号两次有效，第一次在 S1P2 和 S2P1 期间，第二次在 S4P2 和 S5P1 期间。

1. 单字节单周期指令

单字节单周期指令只进行一次读指令操作，当第二个 ALE 信号有效时，PC 并不加 1，那么读出的还是原指令，属于一次无效的读操作。

2. 双字节单周期指令

这类指令两次的 ALE 信号都是有效的，只是第一个 ALE 信号有效时读的是操作码，第二个 ALE 信号有效时读的是操作数。

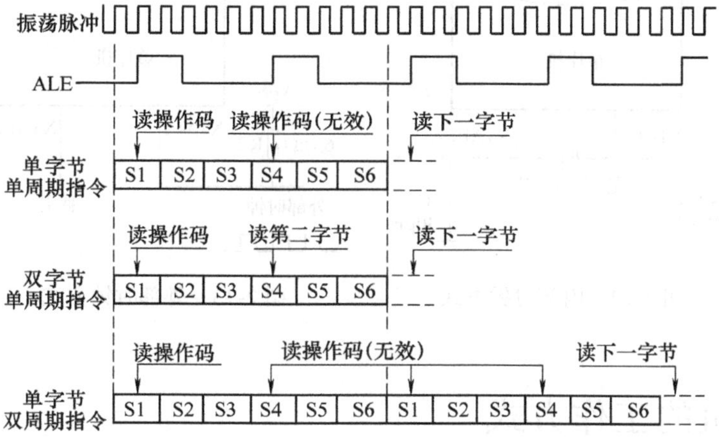

图 2-11　8051 单片机的指令时序图

3. 单字节双周期指令

两个机器周期需进行四次读指令操作，但只有一次读操作是有效的，后三次的读操作均为无效操作。单字节双周期指令有一种特殊的情况，如 MOVX 这类指令，执行这类指令时，先在 ROM 中读取指令，然后对外部数据存储器进行读或写操作，头一个机器周期的第一次读指令的操作码为有效的，而第二次读指令操作则为无效的。在第二个指令周期时，则访问外部数据存储器，这时，ALE 信号对其操作无影响，即不会再有读指令操作动作。

2.4.3　时钟电路

时钟就好像是单片机的心脏，给单片机工作提供能量。单片机在时钟信号的控制下有条不紊地工作。单片机中产生时钟信号的方式有两种，分别是内部时钟方式和外部时钟方式。

1. 内部时钟电路

在 8051 单片机的内部有一个高增益的反相放大器，其输入端为引脚 XTAL1（19 脚），输出端为 XTAL2（18 脚），只要在外部接上两个电容和一个晶振就能构成一个稳定的自激振荡器，如图 2-12 所示。电容的大小影响着振荡器振荡的稳定性和起振的快速性，通常 C1、C2 选择 10～30pF 的瓷片电容或校正电容，晶振频率选 6～12MHz。另外在设计电路时晶振和电容应尽可能地靠近芯片以减少 PCB（印制电路板）的分布电容，保证振荡器工作的稳定性，提高系统的抗干扰能力。

2. 外部时钟电路

除了内部时钟方式外单片机还可以采用引入外部时钟的振荡方式，当系统由多片单片机组成时，为了保证各单片机之间时钟信号的同步，就应当引入唯一的、公用的外部脉冲信号作为各单片机的振荡脉冲。此时应将 XTAL2 悬空不用，外部脉冲信号由 XTAL1 引入，如图 2-13 所示。

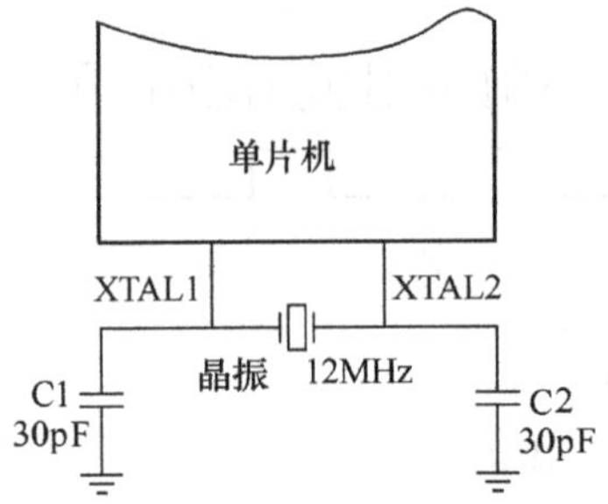

图 2-12　内部时钟方式

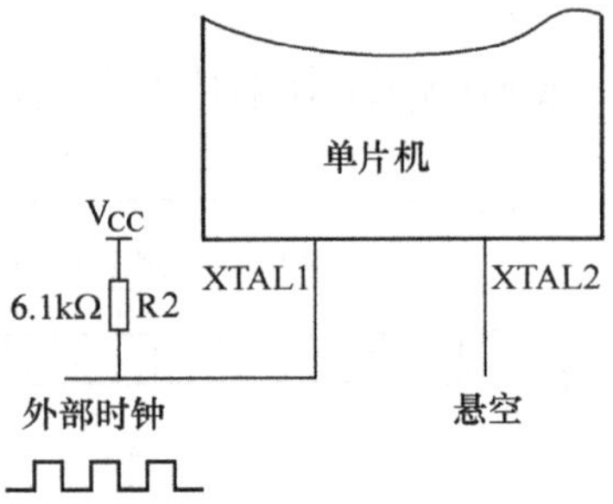

图 2-13　外部时钟方式

2.5　单片机的工作方式

一般单片机的工作方式可分为：复位方式、程序执行方式、低功耗方式和编程与加密方式四种。程序执行方式是单片机的基本工作方式，这里不做详细表述，主要介绍复位、低功耗、编程与加密三种方式。

2.5.1　复位方式

复位是单片机整个系统的初始化操作，是很重要的一个工作方式。单片机在开机时都需要进行复位，以使整个系统处于一个确定的初始状态，在程序运行出现错误或操作错误使系统处于死锁状态时，也可以选择复位操作重新启动。

在复位期间，程序计数器 PC 指向 0000H，堆栈指针 SP 为 07H。系统复位后各特殊功能寄存器的初始状态见表 2-7。

表 2-7　特殊功能寄存器的复位状态

寄存器名称与符号	复位状态	寄存器名称与符号	复位状态
PC（程序计数器）	0000H	TMOD（定时器方式寄存器）	00H
ACC（累加器）	00H	TCON（定时器控制寄存器）	00H
B（辅助寄存器）	00H	TH0（T0 高字节）	00H
PSW（程序状态字）	00H	TL0（T0 低字节）	00H
SP（堆栈指针）	07H	TH1（T1 高字节）	00H
DPTR（数据指针）	0000H	TL1（T1 低字节）	00H
P0 ~ P3（四个并行口）	FFH	SCON（串行口控制寄存器）	00H
IP（中断优先级寄存器）	xxx00000	SBUF（串行口数据寄存器）	xxH
IE（中断允许寄存器）	0xx00000	PCON（电源控制寄存器）	0xxx0000

在实际应用中，一般采用外部复位电路来进行单片机的复位，只要给复位引脚加上 2 个机器周期以上的高电平信号，就可以实现单片机的复位操作。单片机的复位电路有上电复位、手动复位和看门狗复位等。

1. 上电复位

图 2-14 是上电自动复位电路。上电时，V_{CC}通过电容给 RST 端一个瞬间的高电平，随着 RC 电路充电电流减小，RST 端的电位下降，只要这个高电平持续的时间足够长，就可以使单片机有效复位。这个高电平持续的时间和 RC 的充放电时间有关。

2. 手动复位

手动复位电路如图 2-15 所示。当按下外部按钮时，电源电压接入到 RST，给 RST 端一个高电平，即可实现复位。

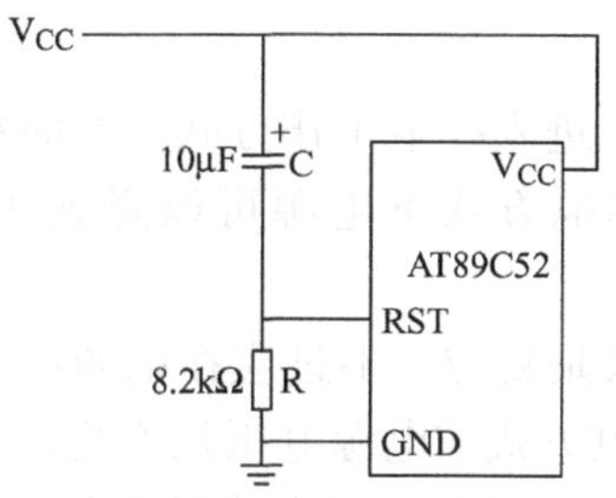

图 2-14 上电复位

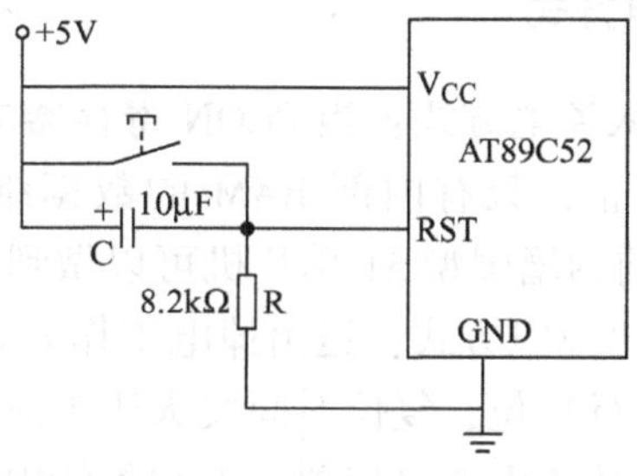

图 2-15 手动复位

3. 看门狗复位

看门狗定时器（WDT，Watch Dog Timer）实际上是一个计数器，根据应用程序的运行周期来设定，当应用程序在运行过程中，由于外界的干扰而进入非正常工作状态时，WDT 就产生溢出，复位单片机，重新启动。目前流行的 51 内核单片机内部基本上都集成了“看门狗”定时功能。对于需要长时间稳定工作的系统来说，“看门狗”是十分必要的，它可以避免程序“跑飞或死锁”造成的错误。

2.5.2 低功耗方式

在以电池供电的系统中，有时为了降低电池的功耗，在程序不运行时就要采用低功耗方式，低功耗方式有待机方式和掉电方式两种。它们是由电源控制寄存器（PCON）中的有关位来控制的，电源控制寄存器是一个逐位定义的 8 位寄存器，其格式见表 2-8。

表 2-8 电源控制寄存器的位定义

D7	D6	D5	D4	D3	D2	D1	D0
SMOD	—	—	—	GF1	GF0	PD	IDL

其中，SMOD 为波特率倍增位，在串行通信时用；D6 、D5、D4 位未定义功能，作为保留位；GF1、GF0 为通用标志位；PD 为掉电方式位，PD＝1 进入掉电方式；IDL 为待机方式位，IDL＝1 进入待机方式。也就是说只要执行一条指令让 PD 位或 IDL 位为“1”就可以进入相应的工作方式，如果两位同时为“1”，则先进入掉电工作方式。复位时，PCON 中有明

确定义的位被清零。

1. 待机方式

1）进入待机方式：当 PCON 寄存器的 IDL = 1 时，进入待机工作方式。此时 CPU 停止工作，但时钟信号仍提供给 RAM、定时器、中断系统和串行口，同时堆栈指针 SP、程序计数器 PC、程序状态字 PSW、累加器 ACC 以及全部的通用寄存器都被冻结起来，单片机的消耗电流从 24mA 降为 3.7mA，这样就可以节省电源的消耗。

2）退出待机方式：退出待机方式可以采用引入中断的方法，在中断程序中安排一条 RETI 的指令就可以了，也可以采用硬件复位方式退出。

2. 掉电方式

1）进入掉电方式：当 PCON 寄存器的 PD = 1 时，进入掉电工作方式。此时单片机的一切工作都停止，只有内部 RAM 的数据维持不变。掉电方式下电源可以降到 2V，耗电仅 50μA（目前的增强型 51 单片机可以做到≤0.1μA）。

2）退出掉电方式：退出掉电工作方式的唯一方法是复位，不过应在电源电压恢复到正常值后再进行复位，复位时间要大于 1ms，在进入掉电方式前电源电压是不能降下来的。因此可靠的单片机电路最好要有电源检测电路。显然掉电方式和待机方式是两种不同的低功耗工作方式，前者可以在无外部事件触发时降低电源的消耗，而后者则在程序停止运行时才使用。

2.5.3　编程及加密方式

单片机的编程与加密是由专门的设备来完成的，这种设备称为编程器或烧录器，类似的产品有很多，功能也不尽相同，有通用编程器，也有专用的编程器。读者可参看有关资料。对单片机的程序加密是为了保护编程者的劳动成果，在编程时应尽量采用加密功能。

实训项目 2：一个 LED 闪烁控制

1. 功能及要求

功能：用单片机控制一个 LED 快速闪烁。

要求：1）设计一个电路，用单片机端口控制一个 LED。

2）编写控制程序，实现 LED 快速闪烁（汇编程序或者 C 语言程序），闪烁时间采用软件延时方法设定。

2. 电路设计

单片机控制一个 LED 闪烁的参考电路如图 2-16 所示，P4.2 作为控制使能端，P0.7 作为控制端。当 P4.2 = 0 时，P0.7 = 0 则点亮 LED0，P0.7 = 1 则 LED0 熄灭。编程控制 P0.7 交替等于“0”和“1”可使 LED0 闪烁。

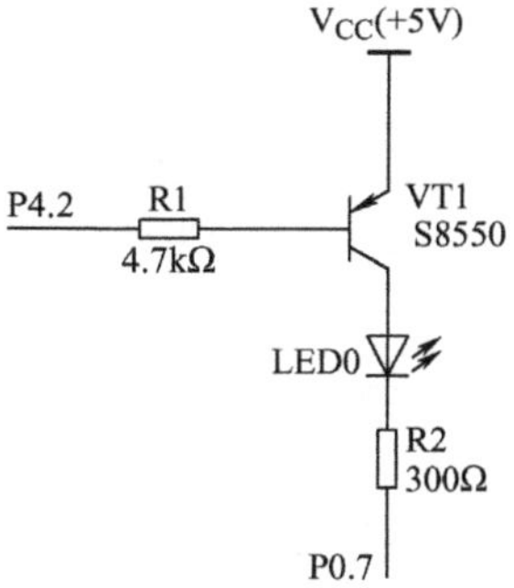

图 2-16 单片机控制一个 LED 闪烁的参考电路

3. 程序设计

下面提供的两个控制程序，一个是用汇编语言编写的，另一个是用 C 语言编写的，以提供对比。两个程序均采用软件延时方法控制 LED0 的闪烁快慢。可直接在 μVision2 集成开发环境软件上进行编译。

汇编程序：

```
        SFR     P4 =0C0H
        ORG     0000H
START:  CPL     P0.7
        CLR     P4.2
        LCALL   LOOP2
        SJMP    START
        ORG     0020H
LOOP2:  MOV     R1,#00H
LOOP1:  MOV     R2,#00H
LOOP0:  NOP
        NOP
        DJNZ    R2,LOOP0
        DJNZ    R1,LOOP1
        RET
        END
```

C 程序：

```
#include <stc_new_8051.h>

sbit LED_EN = P4^2;
sbit L1 = P0^7;
delay()
```

```
{
unsigned char I,j,k;
for(i =20;i >0;i - -)
for(j =200;j >0;j - -)
for(k =248;k >0;k - -);
}
main()
{
while(1)
{
L1 =0;
delay();
L1 =1;
delay();
}
}
```

本章小结

本章讲述了8051单片机的基本结构，包括内部结构、存储器结构和端口结构，介绍了单片机的时序、复位电路设计和单片机的基本工作方式。应重点掌握单片机的端口结构、内部存储器结构及其应用，特别是熟悉21个特殊功能寄存器的名称、功能及其用法，这将对后面学习汇编指令及程序设计有较大帮助。因为，单片机的大部分操作（指令）是在片内完成的，其操作过程和结果与各特殊功能寄存器关系密切。至于单片机的复位、时序和工作方式等，做一般了解即可。

习　题

1. 单片机的硬件主要由哪些部件组成？各部件的主要作用是什么？
2. 单片机复位后ACC、PC、SP、PCON、PSW、P0～P3各寄存器的内容是什么？简要说明各寄存器复位值代表的含义。
3. 什么是时钟周期、机器周期、指令周期？
4. 单片机的内部RAM分为几个区域？分别做什么用？
5. 单片机如何改变（切换）当前工作寄存器组的工作状态？
6. 何为堆栈？堆栈有哪些操作？
7. 特殊功能寄存器中的哪几个寄存器可以进行位寻址？
8. 单片机的工作方式有几种？各有何特点？如何实现？

第3章 单片机指令系统

知识要点

1）了解指令的格式。

2）理解七种寻址方式。

3）掌握常用指令的功能和应用。

能力训练

1）会编写简单的程序。

2）能说出任意一条指令的寻址方式。

3.1 指令系统概述

指令是让计算机进行某种操作的命令，一台计算机所能执行指令的集合称为该计算机的指令系统。对于不同系列的单片机，其指令系统是不同的。本章将详细介绍 MCS－51 系列单片机的指令系统。

MCS－51 系列单片机指令系统共有 111 条指令，其中三字节指令 17 条、双字节指令 45 条、单字节指令 49 条。在这 111 条指令中，有 64 条指令是单机器周期指令，45 条指令是双机器周期指令，只有乘法和除法指令需四个机器周期。若系统时钟为 12MHz 时，大多数指令执行时间仅需 1μs，最长的乘除法指令也仅需 4μs。按功能可划分为五类：数据传送类指令，29 条；算术运算类指令，24 条；逻辑操作类指令，24 条；位操作类指令，17 条；控制转移类指令，17 条。

3.1.1 汇编指令格式

MCS－51 系列单片机汇编语言指令由操作码助记符和操作数两部分组成。指令格式如下：

[标号:] 操作码 [目的操作数]，[源操作数] [;注释]

其中方括号括起来的是可选部分，可有可无，根据需要而定。

1. 标号

标号指一条指令的符号地址。程序汇编时，汇编程序将指令的地址赋值给标号。有了标号，程序中的其他指令才能访问该条指令。另外，使用标号便于查询、修改和转移指令的书写。必须指出，不是所有的指令都需要加标号，通常是在程序的转向点或一段程序的入口处才加上标号。有关标号的一些规定如下：

1）标号由1～8个ASCII码字符组成，但头一个字符必须是字母或数字。

2）标号和操作码助记符之间要用冒号“:”隔开，不能用操作码助记符、伪指令以及寄存器的符号名称来作为标号。

3）同一标号在一个程序中只能定义一次。

2. 操作码和操作数

操作码用于规定指令执行的操作，是指令功能的英文缩写；操作数用于给指令的操作提供数据或地址，如果指令中有两个操作数，则两个操作数之间以“,”间隔；操作码和操作数构成指令的主体，它们之间以空格隔开。

3. 注释

注释用于对指令进行解释说明。恰当的注释有助于程序的理解、阅读和交流。注释的长度不限，一行不够时可以换行接着写，但换行时应注意在开头用分号“;”。汇编程序对注释不做任何处理。

例如： `LOOP:MOV A,#00H` ;累加器清零

标号是“LOOP”，操作码是“MOV”，操作数是“A”（目的操作数）和“00H”（源操作数），注释是“累加器清零”。

MCS－51系列单片机指令系统中的指令字长有单字节、双字节和三字节三种，在存储器中分别占用1～3个单元，其格式为

单字节指令：[操作码]

例如： `RET` ;机器代码:22H。

双字节指令：[操作码][操作数]

例如： `MOV A,#20H` ;机器代码:7420H。

三字节指令：[操作码][目的操作数][源操作数]

例如： `MOV 30H,#00H` ;机器代码:753000H。

指令字节越多，所占内存单元越多。但执行时间的长短只取决于执行该指令需要多少个机器周期。

3.1.2　汇编指令常用符号

在讲指令的寻址方式和指令系统之前，我们先了解一下指令中常用的一些符号。

（1）Ri（i＝0，1）　当前选中的工作寄存器组中可作为地址指针的两个工作寄存器R0、R1。它在片内RAM中的地址也由RS1和RS0确定。

（2）Rn（n＝0～7）　当前选中的工作寄存器组R0～R7，它在片内RAM中的地址由PSW中RS1、RS0确定。

（3）#data　8位立即数，即包含在指令中的8位常数。

（4）#data 16　16位立即数，即包含在指令中的16位常数。

（5）direct　8位片内RAM单元（包括SFR）的直接地址。

（6）addr 11　11位目的地址，用于ACALL和AJMP指令中，目的地址必须放在与下一

条指令第一个字节同一 2KB 程序存储器地址空间之内。

(7) addr 16 16 位目的地址，用于 LCALL 和 LJMP 指令中，目的地址在 64KB 程序存储器地址空间内。

(8) rel 补码形式的 8 位地址偏移量，用于相对转移指令中，偏移量以下一条指令第一字节地址为基址，地址偏移量范围为 -128 ~ +127。

(9) bit 片内 RAM 或 SFR 的直接寻址位地址。

(10) / 用于位操作指令中，表示对该位先求反再参与操作，但不影响该位原值。

(11) @ 间接寻址方式中，表示间址寄存器的符号。

(12) (×) 表示×中的内容。

(13) ((×)) 表示由×所指地址单元中的内容。

(14) → 指令操作流程，将箭头左边的内容送到箭头右边的单元中。

(15) $ 表示当前指令的地址。

(16) nn 表示 16 位二进制数或 4 位十六进制数。

3.2 单片机的寻址方式

在 MCS-51 系列单片机指令系统中，操作数是一个重要的组成部分，它指定了参加运算的数或数所在的地址单元，而如何找到操作数地址就称为寻址方式，寻址方式越多，则计算机的功能越强，灵活性也越大，能更有效地处理各种数据。

3.2.1 单片机的寻址范围

对于 MCS-51 系列单片机来说，它的各种寻址方式具有不同的寻址空间，总的说有程序存储器、数据存储器两个寻址空间，见表 3-1。

表 3-1 寻址方式和寻址空间

寻址方式	寻址空间
立即寻址	片内数据存储器低 128B、特殊功能寄存器（目的操作数寻址空间）
直接寻址	片内数据存储器低 128B、特殊功能寄存器
寄存器寻址	特殊功能寄存器、R0 ~ R7、CY
寄存器间接寻址	片内数据存储器低 128B，片外数据存储器
变址寻址	程序存储器
相对寻址	程序存储器 256B 范围
位寻址	部分特殊功能寄存器、片内 RAM20H ~ 2FH 单元的 128bit

3.2.2 7 种不同的寻址方式

MCS-51 系列单片机有 7 种寻址方式，它们是：立即寻址、直接寻址、寄存器寻址、寄存器间接寻址、变址寻址、相对寻址和位寻址，下面分别介绍。

1. 立即寻址

所提供的操作数直接包含在指令中，这种寻址方式就叫立即寻址，这个操作数叫立即数。所谓立即数是指具有固定数值的操作数，即常数。它紧跟在操作码的后面，与操作码一起放在代码段区域中，用符号“#”表示，以区别于直接寻址。

例如： `MOV A,#20H   ;20H→(A)`

这条指令是把20H这个数送入累加器A（即前述ACC）中，如图3-1所示。

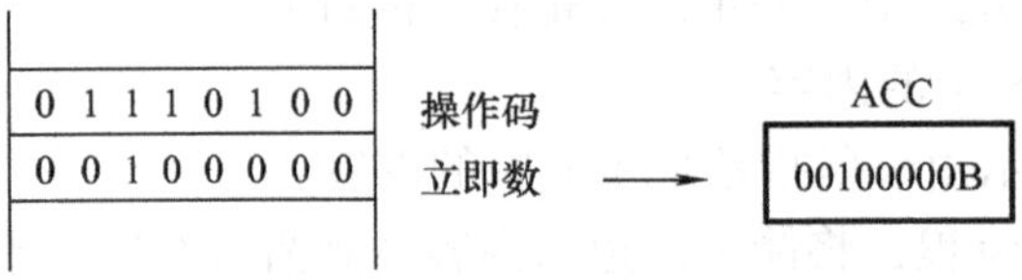

图3-1　立即寻址（MOV A，#20H）执行示意图

在MCS-51系列单片机的指令系统中，立即数可以是8位（#data），也可以是16位（#data16）。向数据指针DPTR传送的就是16位的立即数，立即数的高8位送入DPH中，低8位送入DPL中。

例如： `MOV DPTR,#2211H`

这是一个3字节的指令，机器码为90H　22H　11H。

2. 直接寻址

直接寻址就是在指令中包含了操作数的地址，该地址直接给出了参加运算或传送的单元或位，它可以访问片内数据存储器低128B及特殊功能寄存器。

例如： `MOV A,30H;(30H)→A`

这条指令把30H单元的内容送入累加器A中，则执行该指令后累加器（A）=22H，如图3-2所示。

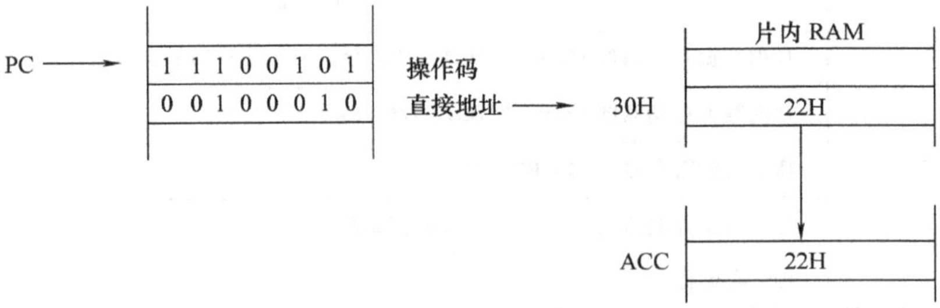

图3-2　直接寻址（MOV A，30H）执行示意图

3. 寄存器寻址

操作数包含在CPU内部可寻址的寄存器中，这种寻址方式叫寄存器寻址。它可以访问特殊功能寄存器、R0～R7、CY。其寻址时具体的寄存器已隐含在其操作码中，而对选定的8个工作寄存器R0～R7，则用操作码的低3位指明所用的寄存器。用户可用PSW中的RS1、

RS0 来选择寄存器组，再用操作码的低 3 位来确定是组内哪一个寄存器，达到寻址的目的。

例如：MOV A,R2 ;(R2)→(A)

这条指令把 R2 中的内容送入累加器 A 中。指令代码形式为 11101010B，十六进制为 0EAH，注意指令代码中低 3 位为 010，表示操作数为 R2。现假设 PSW 中 RS1、RS0 分别为 0、0，则可知现在的 R2 在第 0 组，则它的地址为 02H，则执行该指令后累加器（A）= 33H。该指令的执行过程如图 3-3 所示。

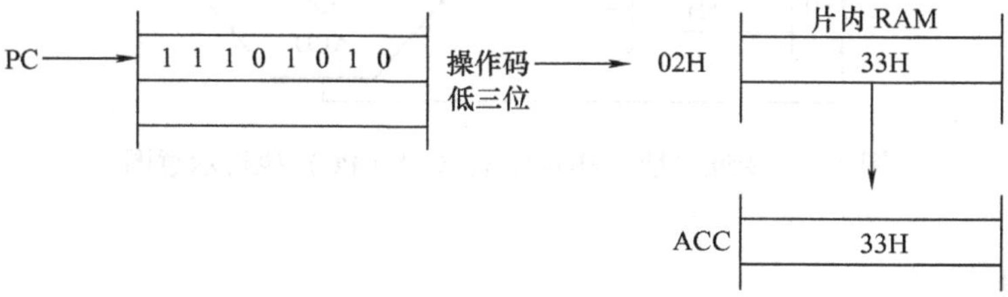

图 3-3 寄存器寻址（MOV A，R2）执行示意图

4. 寄存器间接寻址

操作数所指定的寄存器中存放的不是操作数本身，而是操作数地址，这种寻址方式称为寄存器间接寻址。它可以访问片内数据存储器低 128B、片外数据存储器，使用时前面加符号@ 表示间接寻址。当访问片内 RAM 或片外 RAM 低 256B 时，一般用 R0 或 R1 作间接寻址寄存器，否则用 16 位的数据指针 DPTR 作间接寻址寄存器。

例如：MOV A,@ R0;((R0))→(A)

指令代码形式为 11100110，十六进制为 0E6H，注意最低位为 0，表示现用寄存器为 R0。现假设工作寄存器为第 0 组，R0 中存放 30H，则执行该指令后累加器（A）= 11H。该指令的执行过程如图 3-4 所示。

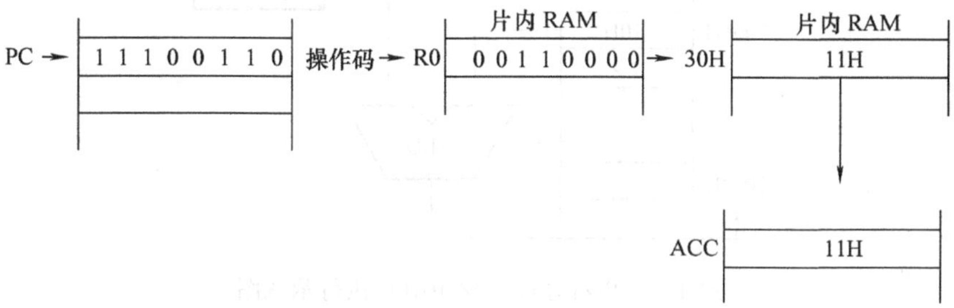

图 3-4 寄存器间接寻址（MOV A，@ R0）执行示意图

5. 变址寻址

以某个寄存器的内容为基地址，加上地址偏移量形成真正的操作数地址，这种寻址方式称为变址寻址。MCS - 51 系列单片机由 DPTR 或 PC 为基址寄存器，由累加器 A 作为偏移量寄存器。这种寻址方式常用于查表操作。

例如：MOVC A,@ A + PC;((A) + (PC))→(A)

这条指令把 PC 中的内容和 A 中的内容相加作为 16 位程序存储器地址，再把该地址内容送入累加器 A（55H）中。该指令的执行过程如图 3-5 所示。

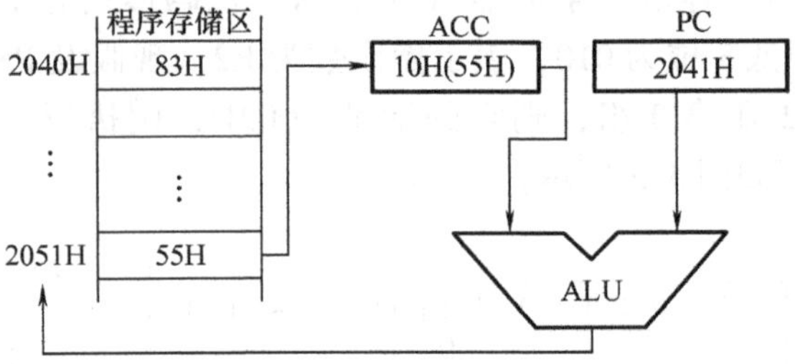

图 3-5　变址寻址（MOVC A，@A + PC）执行示意图

6. 相对寻址

将程序计数器 PC 中的当前值（该当前值是指执行完这条相对转移指令后的指令地址）与指令第二字节给出的偏移量相加，其结果作为跳转指令的转移地址，这种寻址方式称为相对寻址。指令第二字节给出的偏移量是 8 位带符号数，它在指令中以补码形式给出，所转移的范围为 −128 ~ +127。

例如： `JC 10H`

这条指令表示若进位位 CY = 0，则不跳转；若进位位 CY = 1，则以 PC 中的当前值为基地址，加上偏移量 10H 后所得到的地址为该转移指令的目的地址。

现假设该指令存放于 2000H、2001H 单元，且 CY = 1，则开始取指令后，PC 当前值为 2002H，对 CY 进行判断后，PC 内容与偏移量 10H 相加，得到转移目的地址 2012H。故执行完该指令后，PC 中的值为 2012H，程序将从 2012H 开始执行。该指令的执行过程如图 3-6 所示。

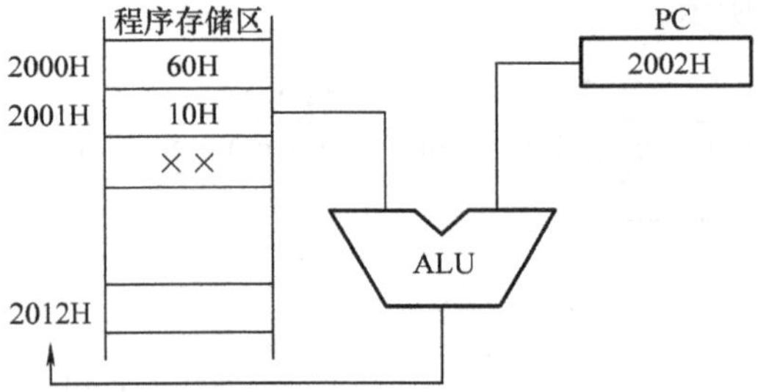

图 3-6　相对寻址（JZ 10H）执行示意图

在实际工作中，有时需根据已知的源地址（相对转移指令操作码所在地址）和目的地址计算偏移量 rel。现以两字节相对转移指令为例，讨论偏移量 rel 的计算。

正向跳转时：

$$rel = 目的地址 - (源地址 + 2) = 地址差 - 2$$

反向跳转时，目的地址小于源地址，rel 用负数的补码表示：

$$\begin{aligned} rel &= (目的地址 - (源地址 + 2))_{补} \\ &= 0FFH - (源地址 + 2 - 目的地址) + 1 \end{aligned}$$

=100H -（源地址 +2 - 目的地址）

=0FEH - ｜地址差｜

7. 位寻址

位寻址是指对片内 RAM 的位寻址区和某些可位寻址的特殊功能寄存器进行位操作时的寻址方式。位地址与直接寻址中的字节地址形式完全一样，主要由操作码来区分，使用时应注意。

例如： CLR 00H

假设指令执行前（20H）=0FH，则执行该指令后，（20H）=0EH。

3.3 指令系统

3.3.1 数据传送类指令

数据传送类指令是指令系统中使用最多的一类指令，主要用于数据的传送、保存以及交换等，见表 3-2。

表 3-2　数据传送类指令

指令分类	助 记 符	机器码	功　能	字节数	机器周期
16 位传送	MOV DPTR，#data16	90 data16	16 位常数送 DPTR	3	2
A 为目的操作数	MOV A，Rn	E8 ~ EF	Rn 的内容送 A	1	1
	MOV A，direct	E5 direct	direct 的内容送 A	2	1
	MOV A，@Ri	E6 ~ E7	Ri 指示单元内容送 A	1	1
	MOV A，#data	74 data	常数 data 送 A	2	1
Rn 为目的操作数	MOV Rn，A	F8 ~ FF	A 的内容送 Rn	1	1
	MOV Rn，direct	A8 ~ AF direct	direct 的内容送 Rn	2	2
	MOV Rn，#data	78 ~ 7F data	常数 data 送 Rn	2	1
direct 为目的操作数	MOV direct，A	F5 direct	A 的内容送 direct	2	1
	MOV direct，Rn	88 ~ 8F direct	Rn 的内容送 direct	2	2
	MOV direct1，direct2	85 direct2 direct1	direct2 内容送 direct1	3	2
	MOV direct，@Ri	86 ~ 87 direct	Ri 指示单元内容送 direct	2	2
	MOV direct，#data	75 direct data	常数 data 送 direct	3	2
@Ri 为目的操作数	MOV @Ri，A	F6 ~ F7	A 的内容送 Ri 指示单元	1	1
	MOV @Ri，direct	A6 ~ A7 direct	direct 的内容送 Ri 指示单元	2	2
	MOV @Ri，#data	76 ~ 77 direct	常数 data 送 Ri 指示单元	2	1
堆栈操作	PUSH direct	C0 direct	将 direct 内容压入堆栈	2	2
	POP direct	D0 direct	堆栈内容弹出到 direct 中	2	2

（续）

指令分类	助　记　符	机器码	功　　能	字节数	机器周期
字节交换	XCH　A，Rn	C8～CF	Rn 内容与 A 内容交换	1	1
	XCH　A，direct	C5 direct	direct 内容与 A 内容交换	2	1
	XCH　A，@Ri	C6～C7	Ri 指示单元与 A 内容交换	1	1
半字节交换	XCHD　A，@Ri	D6～D7	Ri 指示单元与 A 低半字节交换	1	1
自交换	SWAP　A	C4	A 的高 4 位、低 4 位自交换	1	1
ROM 查表	MOVC　A，@A+DPTR	93	DPTR 为基址、A 为偏移量	1	2
	MOVC　A，@A+PC	83	PC 为基址、A 为偏移量	1	2
读片外 RAM	MOVX　A，@DPTR	E0	DPTR 指示的片外 RAM 单元内容送 A	1	2
	MOVX　A，@Ri	E2～E3	Ri 指示片外单元送 A	1	2
写片外 RAM	MOVX　@DPTR，A	F0	A 内容送片外 DPTR 指示单元	1	2
	MOVX　@Ri，A	F2～F3	A 内容送片外 Ri 指示单元	1	2

1. 以寄存器 Rn 为目的操作数的指令（3 条）

功能：把源操作数指定的内容送到所选定的工作寄存器 Rn 中，有立即寻址、直接寻址和寄存器寻址 3 种寻址方式。

```
MOV Rn,#data              ;#data→(Rn)
MOV Rn,direct             ;(direct)→(Rn)
MOV Rn,A                  ;(A)→(Rn)
```

2. 以累加器 A 为目的操作数的指令（4 条）

功能：把源操作数指定的内容送入累加器 A 中。有立即、寄存器、直接和寄存器间接 4 种寻址方式。

```
MOV A,#data               ;#data→(A)
MOV A,Rn                  ;(Rn)→(A)
MOV A,direct              ;(direct)→(A)
MOV A,@ Ri                ;((Ri))→(A)
```

3. 以直接地址 direct 为目的操作数的指令（5 条）

功能：把源操作数指定的内容送到由直接地址 direct 所指定的片内 RAM 中，有立即寻址、寄存器寻址、直接寻址和寄存器间接寻址 4 种寻址方式。

```
MOV direct,  #data        ;#data→(direct)
MOV direct,  A            ;(A)→(direct)
MOV direct,  Rn           ;(Rn)→(direct)
MOV direct1, direct2      ;(direct2)→(direct1)
```

```
MOV direct,  @ Ri            ;((Ri))→(direct)
```

例如：1）把立即数送到片内 RAM 的 30H 单元。

```
MOV 30H,#33H                 ;33H→(30H)
```

2）利用直接寻址方式把 P2 口的内容传送到 P1 口。

```
MOV P1,P2                    ;(P2)→(P1)
```

4. 以间接地址@Ri 为目的操作数的指令（3 条）

功能：把源操作数指定的内容送到以 Ri 中的内容为地址的片内 RAM 中，有立即寻址、寄存器寻址和直接寻址 3 种寻址方式。

```
MOV @ Ri,#data               ;#data→((Ri))
MOV @ Ri,A                   ;(A)→((Ri))
MOV @ Ri,direct              ;(direct)→((Ri))
```

例如：利用寄存器间接寻址方式把立即数送入片内 RAM 的 30H 单元。

```
MOV R1,#30H                  ;30H→(R1)
MOV @ R1,#33H                ;33H→(30H)
```

5. 查表指令（2 条）

功能：对存放于程序存储器中的数据表格进行查找传送，使用变址寻址方式。

```
MOVC A,@ A + DPTR            ;((A) + (DPTR))→(A)
MOVC A,@ A + PC              ;(PC) +1 →(PC),((A) + (PC))→(A)
```

6. 累加器 A 与片外 RAM 传送指令（4 条）

功能：累加器 A 与片外 RAM 间相互传送。

由于 MCS－51 系列单片机指令系统中没有专门的输入/输出指令，且片外扩展的 I/O 口与片外 RAM 是统一编址的，故以下 4 条指令也可以作为输入/输出指令。使用寄存器间接寻址方式。

```
MOVX  A,    @ DPTR           ;((DPTR)) →(A)
MOVX  @ DPTR, A              ;(A)→((DPTR))
MOVX  A,    @ Ri             ;((Ri))→(A)
MOVX  @ Ri,  A               ;(A)→((Ri))
```

以上 4 条指令作为输入/输出指令时，当端口地址小于 100H 时用 Ri 间接寻址，否则用 DPTR 间接寻址。当然，当端口地址小于 100H 时也可用 DPTR 间接寻址。

7. 堆栈操作类指令（2 条）

功能：把直接寻址单元的内容传送到堆栈指针 SP 所指的单元中，以及把 SP 所指单元的内容送到直接寻址单元中。

```
PUSH direct                    ;(SP)+1→(SP),(direct)→((SP))
POP  direct                    ;((SP))→(direct),(SP)-1→(SP)
```

前一条指令称为入栈指令，后一条指令称为出栈指令。由于开机复位后，（SP）=07H，故一般需重新设定SP的初始值。由于压入堆栈的第一个数必须存放在SP+1所指存储单元，故实际的栈底为SP+1所指存储单元。

8. 交换指令（5条）

（1）字节交换指令（3条）

```
XCH A,Rn                       ;(A)↔(Rn)
XCH A,direct                   ;(A)↔(direct)
XCH A,@ Ri                     ;(A)↔((Ri))
```

功能：把累加器A中的内容与源操作数所指定的数据相互交换，有寄存器寻址、直接寻址和寄存器间接寻址3种寻址方式。

（2）低半字节交换指令（1条）

XCHD A,@ Ri　　　　　　　　;$(A_{3\sim0})\leftrightarrow((Ri)_{3\sim0})$

注意本条指令只交换低半字节，而高半字节不变。

（3）高、低半字节互换指令（1条）

SWAP A　　　　　　　　　　;$(A_{3\sim0})\leftrightarrow(A_{7\sim4})$

例如：如（A）=56H，执行指令SWAP A后，结果（A）=65H。

9. 16位数据传送类指令（1条）

MOV DPTR,#data16　　　　　;$\#data_H\rightarrow(DPH),\#data_L\rightarrow(DPL)$

功能：把16位常数送入数据指针寄存器，使用立即寻址方式。译成机器码时，是高位字节在前，低位字节在后。

例3-1　编写程序，利用寄存器间接寻址方式把累加器A中的内容传送到外部数据存储器3000H单元中。

解：

```
MOV    DPTR,  #3000H           ;3000H→(DPTR)
MOVX  @ DPTR,A                 ;(A)→(3000H)
```

例3-2　试编制根据累加器A中的数（0~9）查其二次方值的程序。

解：

```
CHABIAO:PUSH    DPH            ;保护DPTR内容
        PUSH    DPL
        MOV     DPTR,#TABLE    ;赋表首址
```

```
        MOVC   A,  @A+DPTR  ;查表并传送给A
        POP    DPL          ;恢复DPTR原值
        POP    DPH          ;
        RET                 ;返回主程序
TABLE:DB 00,01,04,09,16,25,36,49,64,81
```

3.3.2 算术运算类指令

算术运算指令主要完成加、减、乘、除四则运算，以及加1、减1、BCD码的运算和调整等，见表3-3。除加1、减1运算外，这类指令大多数要影响程序状态字寄存器PSW，见表3-4。虽然算术逻辑单元ALU仅能对8位无符号整数进行运算，但利用进位CY，可进行多字节无符号整数的运算。利用溢出标志，还可方便地对带符号数进行补码运算。

表3-3 算术运算类指令

指令分类	助 记 符	机器码	功 能	字节数	机器周期
不带进位加	ADD A, Rn	28~2F	Rn和A的内容相加送A	1	1
	ADD A, direct	25 direct	direct和A的内容相加送A	2	1
	ADD A, @Ri	26~27	Ri指示单元和A的内容相加送A	1	1
	ADD A, #data	24 data	data加上A的内容送A	2	1
带进位加	ADDC A, Rn	38~3F	Rn、A的内容及进位位相加送A	1	1
	ADDC A, direct	35 direct	direct、A的内容及进位位相加送A	2	1
	ADDC A, @Ri	36~37	Ri指示单元、A的内容及进位位相加送A	1	1
	ADDC A, #data	34 data	data、A的内容及进位位相加送A	2	1
加1	INC A	04	A的内容加1送A	1	1
	INC Rn	08~0F	Rn的内容加1送Rn	1	1
	INC direct	05 direct	direct内容加1送direct	2	1
	INC @Ri	06~07	Ri指示单元内容加1送Ri指示单元	1	1
	INC DPTR	A3	DPTR内容加1送DPTR	1	2
十进制调整	DA A	D4	对BCD码加法结果调整	1	1
带借位减	SUBB A, Rn	98~9F	A减Rn及进位位送A	1	1
	SUBB A, direct	95 direct	A减direct内容及进位位送A	2	1
	SUBB A, @Ri	96~97	A减Ri指示单元内容及进位位送A	1	1
	SUBB A, #data	94 data	A减data及进位位送A	2	1
减1	DEC A	14	A的内容减1送A	1	1
	DEC Rn	18~1F	Rn的内容减1送Rn	1	1
	DEC direct	15 direct	direct的内容减1送direct	2	1
	DEC @Ri	16~17	Ri指示单元的内容减1送Ri指示单元	1	1
乘法	MUL AB	A4	A乘以B，结果高位在B、低位在A	1	4
除法	DIV AB	84	A除以B，结果余数在B、商在A	1	4

表 3-4 算术运算类指令对标志位影响情况

	ADD	ADDC	SUBB	DA A	MUL	DIV	INC A	DEC A
CY（PSW.7）	✓	✓	✓	✓	0	0	×	×
AC（PSW.6）	✓	✓	✓	✓	×	×	×	×
OV（PSW.2）	✓	✓	✓	×	✓	✓	×	×
P（PSW.0）	✓	✓	✓	✓	✓	✓	✓	✓

1. 不带进位加法指令（4 条）

功能：把立即数、直接地址、间接地址以及工作寄存器内容与累加器 A 中的内容相加，结果送入 A 中。

```
ADD A,#data          ;(A) + #data →(A)
ADD A,direct         ;(A) + (direct)→(A)
ADD A,@ Ri           ;(A) + ((Ri))→(A)
ADD A,Rn             ;(A) + (Rn)→(A)
```

例如：(A) =83H，(R0) =45H，执行指令“ADD A,R0”，则操作如下：

```
     10000011
+)   01000101
-------------
     11001000
```

指令执行后，CY =0，OV =0，AC =0，P =1，(A) = C8H。

OV 溢出标志位取决于带符号数运算时的第 6、7 位中有一位产生进位而另一位不产生进位，则使 OV =1，否则 OV =0。OV =1 表示两正数相加，和变为负数，或两负数相加，和变成正数的错误结果。溢出标志位 OV 在 CPU 内部是靠硬件异或门获得的。

2. 带进位加法指令（4 条）

```
ADDC  A,#data        ;(A) + #data + (CY)→(A)
ADDC  A,direct       ;(A) + (direct) + (CY)→(A)
ADDC  A,@ Ri         ;(A) + ((Ri)) + (CY)→(A)
ADDC  A,Rn           ;(A) + (Rn) + (CY)→(A)
```

以上指令除了需考虑进位位外，和前面不带进位加法指令完全相同。

例如：(A) = ABH，(R1) =92H，(CY) =1，执行指令“ADDC A,R1”，则操作如下：

```
      10101011
      10010010
+)           1
--------------
    1 00111110
```

指令执行后，CY =1，OV =1，AC =0，P =1，A =3EH。

3. 借位减法指令（4 条）

功能：把累加器 A 中内容与立即数、直接地址、间接地址以及工作寄存器的内容和借位位 CY 相减，结果送入累加器 A 中。

```
SUBB A,#data          ;(A)-#data-(CY)→(A)
SUBB A,direct         ;(A)-(direct)-(CY)→(A)
SUBB A,@ Ri           ;(A)-((Ri))-(CY)→(A)
SUBB A,Rn             ;(A)-(Rn)-(CY)→(A)
```

在上述操作中，CY =0 表示无借位，CY =1 表示有借位。

OV =1 表示带符号数相减时，从一个正数中减去一个负数结果为负数，或从一个负数中减去一个正数结果为正数的错误情况，与加法类似。溢出标志也由运算时差的第 6、7 位的借位状态“异或”而得。

例如：(A) =29H，(R2) =45H，CY =1，执行指令“SUBB A,R2”，则操作如下：

```
      00101001
 -)   00000001
 -------------
      00101000

      00101000
 -)   01000101
 -------------
    1 11100011
```

指令执行后，CY =1，AC =0，OV =1，P =1，(A) =0E3H。

注意：*若在进行单字节或多字节减法运算前，不知借位标志位 CY 的值，则应在进行运算前对 CY 清零。*

4. 乘法指令（1 条）

MUL AB $;(A)\times(B)\rightarrow\begin{cases}(B)_{15\sim8}\\(A)_{7\sim0}\end{cases}$

功能：把累加器 A 和寄存器 B 中的 8 位无符号整数相乘，所得 16 位乘积的低 8 位存放在 A 中，高 8 位存放在 B 中。若乘积大于 FFH，则溢出标志位 OV 置 1，否则清零，乘法运算总使进位标志位 CY =0。

例如：(A) =4AH，(B) =67H，执行指令“MUL AB”，则结果如下所示：

(B) =1DH　　(A) =C6H　　OV =1　　P =0

5. 除法指令（1 条）

DIV AB $;(A)/(B)\rightarrow\begin{cases}商\rightarrow(A)\\余数\rightarrow(B)\end{cases}$

功能：把累加器 A 中的 8 位无符号整数除以寄存器 B 中 8 位无符号整数，所得商送入 A 中，余数送入 B 中。除法运算总使 CY 和 OV 清零。

若除数（B 中内容）为 00H，则执行结果为不定值，此时 OV = 1，表示除法溢出。

例如：（A）= 89H，（B）= 0DH，执行指令“DIV AB”，则结果如下所示：

（A）= 0AH　　（B）= 07H　　OV = 0　　CY = 0

6. 加 1 指令（5 条）

功能：INC 指令把所指的寄存器内容加 1，结果仍送回原寄存器，若原来寄存器的内容为 FFH，则加 1 后将为 00H，运算结果不影响任何标志位。

```
INC    A                    ;(A) +1→(A)
INC    direct               ;(direct) +1→(direct)
INC    @ Ri                 ;((Ri)) +1→((Ri))
INC    Rn                   ;(Rn) +1→(Rn)
INC    DPTR                 ;(DPTR) +1→(DPTR)
```

该组指令使用了寄存器寻址、直接寻址和寄存器间接寻址方式。在第二条指令中，若直接地址是 I/O 口，则进行“读—改—写”操作。其功能是先读入端口锁存器的内容，然后在 CPU 中加 1，继而输出到端口。

例如：（30H）= FFH，（R0）= 30H，执行指令“INC @ R0”，则结果如下所示：

（30H）= 00H，（R0）= 30H

7. 减 1 指令（4 条）

功能：DEC 指令把所指的寄存器内容减 1，结果仍送回原寄存器，若原来寄存器的内容为 00H，则减 1 后将为 FFH，运算结果不影响任何标志位。

```
DEC    A                    ;(A) -1→(A)
DEC    direct               ;(direct) +1→(direct)
DEC    @ Ri                 ;((Ri)) -1→((Ri))
DEC    Rn                   ;(Rn) -1→(Rn)
```

该组指令使用了寄存器寻址、直接寻址和寄存器间接寻址方式。

和加 1 指令一样，在第二条指令中，若直接地址是 I/O 口，则进行“读—改—写”操作。

例如：（30H）= 00H，（R0）= 30H，执行指令“DEC @ R0”，则结果如下所示：

（30H）= FFH，（R0）= 30H

8. 十进制调整指令（1 条）

计算机中的算术运算，都是针对二进制数的运算，而人们在日常生活中习惯使用十进制。计算机中人们用 BCD 码（就是用二进制数形式表示的十进制数）表示十进制数，为此在 MCS－51 系列单片机指令系统中，针对十进制算术运算设置十进制调整指令。

```
DA  A
```

这条指令是在进行 BCD 码运算时，跟在 ADD 和 ADDC 指令之后，将相加后存放在累加器 A 中的结果进行修正。

修正的条件和方法：

若 $(A_{0\sim3})>9$ 或 (AC) =1，则 $(A_{0\sim3})+6H\rightarrow(A_{0\sim3})$。

若 $(A_{4\sim7})>9$ 或 (CY) =1，则 $(A_{4\sim7})+6H\rightarrow(A_{4\sim7})$。

若以上两条同时发生，或高4位虽等于9，但低4位修正后有进位，则应加66H修正。

以上讨论的修正情况是由ALU硬件中的十进制修正电路自动进行的，用户不必考虑何时该加“6”，使用时只需在ADD和ADDC后面紧跟一条“DA A”指令即可。

9. 算术运算指令编程举例

例3-3 利用ADDC指令进行两字节加法运算。

解：设两字节加法中，被加数存放在60H、61H单元，加数存放在40H、41H单元，和存放在50H、51H单元，编程如下：

```
MOV     A,     60H             ;取低字节被加数
ADD     A,     40H             ;低位字节相加
MOV     50H,   A               ;结果送50H单元
MOV     A,     61H             ;取高字节被加数
ADDC    A,     41H             ;加高字节和低位来的进位
MOV     51H,   A               ;结果送51H单元
```

例3-4 利用SUBB指令进行两字节的减法运算。

解：设被减数存放在60H、61H单元中，减数存放在40H、41H单元中，差存放在50H、51H单元中，编程如下：

```
MOV     A,     60H             ;被减数低字节送A
CLR     C                      ;低字节减无借位CY清零
SUBB    A,     40H             ;低位字节相减
MOV     50H,   A               ;结果送50H单元
MOV     A,     61H             ;被减数高字节送A
SUBB    A,     41H             ;高字节相减
MOV     51H,   A               ;结果送51H单元
```

例3-5 利用十进制加法调整指令进行十进制减法运算（应采用补码相加的方法，用9AH减去减数即得以10为模的减数补码）。

解：设被减数存放在30H((30H) =98)单元，减数存放在40H((40H) =34)单元，结果存放在50H单元，编程如下：

```
CLR     C                      ;清进位位
MOV     A,     #9AH            ;求减数补码
SUBB    A,     40H             ;(A) =66H
ADD     A,     30H             ;与补码相加,(A) =FEH
DA      A                      ;十进制调整,(A) =64
```

```
MOV    50H,  A                ;结果存放在 50H 单元
```

例 3-6 利用乘法指令编写 C5H×53H 的程序，将乘积的高 8 位存入 31H 单元，底 8 位存入 30H 单元。

解：编程如下：

```
MOV  A,    #C5H               ;被乘数送 A
MOV  B,    #53H               ;乘数送 B
MUL  AB                       ;相乘
MOV  30H,  A                  ;积的低 8 位送 30H
MOV  31H,  B                  ;积的高 8 位送 31H
```

3.3.3 逻辑操作类指令

逻辑操作类指令共有 24 条，有与、或、异或、求反、左右移位和清零等逻辑操作，见表 3-5。对应的寻址方式有直接寻址、寄存器寻址和寄存器间接寻址，该类指令的执行一般不影响 PSW。

表 3-5 逻辑运算类指令

指令分类	助 记 符	机器码	功 能	字节数	机器周期
逻辑与	ANL direct，A	52 direct	direct、A 内容相与结果送 direct	2	1
	ANL direct，#data	53 direct data	direct 内容、data 相与结果送 direct	3	2
	ANL A，Rn	58～5F	A、Rn 内容相与结果送 A	1	1
	ANL A，direct	55 direct	A、direct 内容相与结果送 A	2	2
	ANL A，@Ri	56～57	A、Ri 指示单元内容相与结果送 A	1	1
	ANL A，#data	54 data	A 内容、data 相与结果送 A	2	1
逻辑或	ORL direct，A	42 direct	direct、A 内容相或结果送 direct	2	1
	ORL direct，#data	43 direct data	direct 内容、data 相或结果送 direct	3	2
	ORL A，Rn	48～4F	A、Rn 内容相或结果送 A	1	1
	ORL A，direct	45 direct	A、direct 内容相或结果送 A	2	2
	ORL A，@Ri	46～47	A、Ri 指示单元内容相或结果送 A	1	1
	ORL A，#data	44 data	A 内容、data 相或结果送 A	2	1
逻辑异或	XRL direct，A	62 direct	direct、A 内容相异或结果送 direct	2	1
	XRL direct，#data	63 direct data	direct 内容、data 相异或结果送 direct	3	2
	XRL A，Rn	68～6F	A、Rn 内容相异或结果送 A	1	1
	XRL A，direct	65 direct	A、direct 内容相异或结果送 A	2	2
	XRL A，@Ri	66～67	A、Ri 指示单元内容相异或结果送 A	1	1
	XRL A，#data	64 data	A 内容、data 相异或结果送 A	2	1
清零取反移位	CLR A	E4	A 内容清零	1	1
	CPL A	F4	A 内容取反	1	1
	RR A	03	A 内容循环右移 1 位	1	1
	RRC A	10	A 内容带进位循环右移 1 位	1	1
	RL A	23	A 内容循环左移 1 位	1	1
	RLC A	33	A 内容带进位循环左移 1 位	1	1

1. 循环移位指令（4 条）

RL A ;

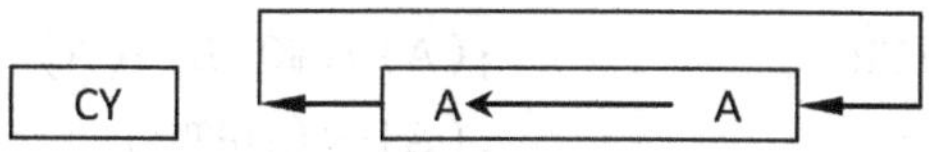

RR A ;

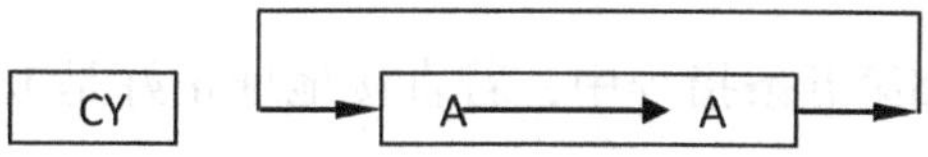

RLC A ;

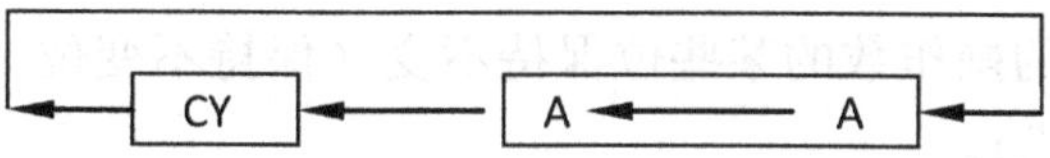

RRC A ;

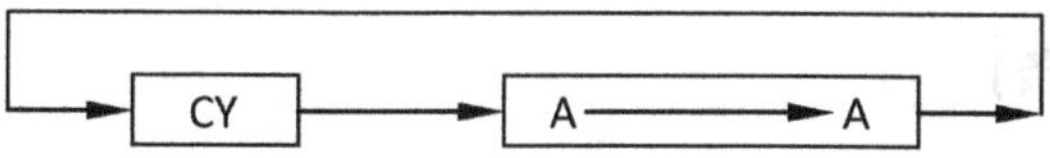

前两条指令的功能分别是将累加器 A 的内容循环左移或右移一位，后两条指令的功能分别是将累加器 A 的内容连同进位位 CY 一起循环左移或右移一位。

例如：利用左移指令对累加器 A 中的内容进行乘 8 操作。设（A）=02H，编程如下：

```
RL   A                ;04H→(A)
RL   A                ;08H→(A)
RL   A                ;10H→(A)
```

例如：利用右移指令对累加器 A 中内容进行除 8 操作。设（A）=10H，编程如下：

```
RR   A                ;08H→(A)
RR   A                ;04H→(A)
RR   A                ;02H→(A)
```

2. 求反指令（1 条）

CPL A ;$(\overline{A})$→(A)

3. 清零指令（1 条）

```
CLR  A                ;0 → (A)
```

4. 逻辑与指令（6 条）

```
ANL  A,      #data          ;(A)∧#data→(A)
ANL  direct,#data           ;(direct)∧#data→(direct)
ANL  A,      Rn             ;(A)∧(Rn)→(A)
ANL  A,      direct         ;(A)∧(direct)→(A)
ANL  direct,A               ;(direct)∧(A)→(direct)
ANL  A,      @ Ri           ;(A)∧((Ri))→(A)
```

例如：把累加器 A 中的低 4 位送到外部 RAM 的 1000H 单元中，编程如下：

```
MOV    DPTR,  #1000H          ;#1000H→(DPTR)
ANL    A,     #0FH            ;(A)∧#0FH→(A)
MOVX   @DPTR,A                ;(A)→(DPTR)
```

这组指令的第二条和第五条指令中，若直接地址正好是 I/O 口，则也是进行“读—改—写”操作。

ANL 指令可以把目的操作数的某些位保持不变（保持不变位“与”“1”），而把某些位清零（清零位“与”“0”）。

5. 逻辑或指令（6 条）

```
ORL  A,      #data          ;(A)∨#data→(A)
ORL  direct,#data           ;(direct)∨#data→(direct)
ORL  A,      Rn             ;(A)∨(Rn)→(A)
ORL  A,      direct         ;(A)∨(direct)→(A)
ORL  direct,A               ;(direct)∨A→(direct)
ORL  A,      @Ri            ;(A)∨((Ri))→(A)
```

这组指令的第二条和第五条也具有“读—改—写”功能。

ORL 指令可以把目的操作数的某些位置“1”（置“1”的位“或”“1”）。

6. 逻辑异或指令（6 条）

```
XRL  A,      #data          ;(A)∀ #data→(A)
XRL  direct,#data           ;(direct)∀ #data→(direct)
XRL  A,      Rn             ;(A )∀(Rn)→(A)
XRL  A,      direct         ;(A) ∀(direct)→(A)
XRL  direct,A               ;(direct)∀(A)→(direct)
XRL  A,      @Ri            ;(A)∀(Ri)→(A)
```

例如：设 P1 中内容为 CAH，A 中内容为 55H，执行下列程序：

```
ANL  P1,#0F0H               ;(P1)=C0H
ORL  P1,#0FH                ;(P1)=CFH
XRL  P1,A                   ;(P1)=9AH
```

同样，这组指令的第二条和第五条也具有“读—改—写”功能。

逻辑异或指令可以把目的操作数的某些位取反（取反位“异或”“1”），而使某些位不变（不变位“异或”“0”）。某一操作数和自身相“异或”，结果为零。在程序中常用此指令把某一寄存器清零。

3.3.4 控制转移类指令

控制转移类指令用于控制程序的走向，故其作用区间是程序存储器空间，见表 3-6。利用具有 16 位地址的长调用、长转移指令可对 64KB 程序存储器的任一地址单元进行访问，也可利用具有 11 位地址的绝对调用和绝对转移指令，访问 2KB 的空间。另外，还有在一页范围作用的短相对转移以及许多条件转移指令，这类指令一般不影响标志位，下面分别给予介绍。

表 3-6　控制转移类指令表

指令分类		助记符	机器码	功能	字节数	机器周期
无条件转移	绝对转移	AJMP addr11	共 16 位，依次为：A10…A800001A7…A0	程序转移到 addr11 指示的地址处	2	2
	长转移	LJMP addr16	02 addr16	程序转移到 addr16 指示的地址处	3	2
	相对短转移	SJMP rel	80 rel	程序转移到 rel 相对地址处	2	2
	间接转移	JMP @A+DPTR	73	程序转移到变址指出的地址处	1	2
条件转移	判 0	JZ rel	60 rel	若 A 为 0，程序转移到 rel 相对地址处	2	2
		JNZ rel	70 rel	若 A 不为 0，程序转移到 rel 相对地址处	2	2
	比较不等	CJNE A，direct，rel	B5 direct rel	A 内容与 direct 内容不等转	3	2
		CJNE A，#data，rel	B4 data rel	A 内容与 data 不等转	3	2
		CJNE Rn，#data，rel	1011011i data rel	Rn 内容与 data 内容不等转	3	2
		CJNE @Ri，#data，rel	1011011i data rel	Ri 间址内容与 data 不等转	3	2
	减 1 不为 0	DJNZ Rn，rel	11011rrr rel	Rn 内容减 1 不为 0 转	2	2
		DJNZ direct，rel	D5 direct rel	direct 内容减 1 不为 0 转	3	2
子程序	调用	ACALL addr11	共 16 位，依次为：A10…A800001A7…A0	调用 addr11 处子程序	2	2
		LCALL addr16	12 addr16	调用 addr16 处子程序	3	2
	返回	RET	22	子程序返回	1	2
中断返回		RETI	32	中断返回	1	2
空操作		NOP	00	空操作	1	1

1. 无条件转移指令（4 条）

```
AJMP   addr 11          ;(PC)+2 →(PC),addr 11→(PC10~0),(PC15~11)不变
LJMP   addr 16          ;addr16→(PC)
SJMP   rel              ;(PC)+2+rel→(PC)
JMP    @A+DPTR          ;(A)+(DPTR)→(PC)
```

上述指令的功能是当程序执行完该指令时，程序就无条件地转到指令所提供的地址。

第一条指令称为绝对转移指令，指令提供 11 位目标地址，所以，无条件转移的目标地址范围是从下条指令开始的 2KB 空间，如图 3-7 所示。

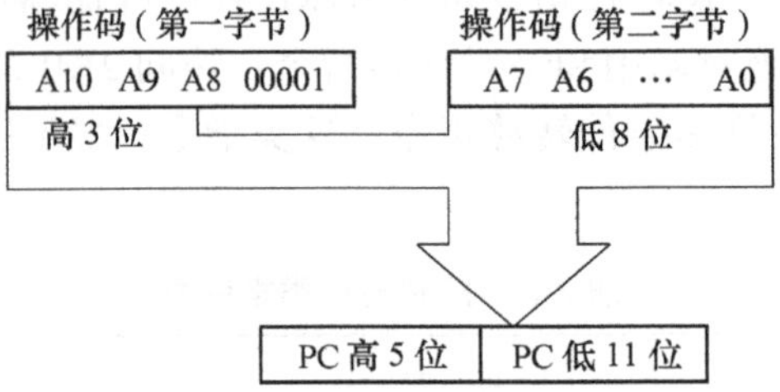

图 3-7　AJMP 指令执行示意图

由图可见，指令的操作码与转移地址的第 8 ~ 10 位有关，每一条操作码可分别对应 32 个区中的相应页号（64KB 存储空间划分成了 32 个区，每个区为 2KB，PC 的高 5 位有 32 种组合，恰好对应 32 个区），即由 PC 的高 5 位指出是哪一个 2KB，而由操作码的高 3 位指出是 2KB 中的哪一页。指令 AJMP 的操作码与页面的关系见表 3-7。

表 3-7　AJMP 和 ACALL 指令操作码与页面关系

子程序入口转移地址页面号																操作码	
																ACALL	AJMP
00	08	10	18	20	28	30	38	40	48	50	58	60	68	70	78	11	01
80	88	90	98	A0	A8	B0	B8	C0	C8	D0	D8	E0	E8	F0	F8		
01	09	11	19	21	29	31	39	41	49	51	59	61	69	71	79	31	21
81	89	91	99	A1	A9	B1	B9	C1	C9	D1	D9	E1	E9	F1	F9		
02	0A	12	1A	22	2A	32	3A	42	4A	52	5A	62	6A	72	7A	51	41
82	8A	92	9A	A2	AA	B2	BA	C2	CA	D2	DA	E2	EA	F2	FA		
03	0B	13	1B	23	2B	33	3B	43	4B	53	5B	63	6B	73	7B	71	61
83	8B	93	9B	A3	AB	B3	BB	C3	CB	D3	DB	E3	EB	F3	FB		
04	0C	14	1C	24	2C	34	3C	44	4C	54	5C	64	6C	74	7C	91	81
84	8C	94	9C	A4	AC	B4	BC	C4	CC	D4	DC	E4	EC	F4	FC		
05	0D	15	1D	25	2D	35	3D	45	4D	55	5D	65	6D	75	7D	B1	A1
85	8D	95	9D	A5	AD	B5	BD	C5	CD	D5	DD	E5	ED	F5	FD		
06	0E	16	1E	26	2E	36	3E	46	4E	56	5E	66	6E	76	7E	D1	C1
86	8E	96	9E	A6	AE	B6	BE	C6	CE	D6	DE	E6	EE	F6	FE		
07	0F	17	1F	27	2F	37	3F	47	4F	57	5F	67	6F	77	7F	F1	E1
87	8F	97	9F	A7	AF	B7	BF	C7	CF	D7	DF	E7	EF	F7	FF		

第二条指令称为长转移指令，指令提供 16 位目标地址，将指令中的第二字节和第三字节地址码分别装入 PC 的高 8 位和低 8 位中，所以无条件转移的目标地址范围是 64KB 空间。

第三条指令称为相对短转移指令，指令控制程序无条件转向指定地址。该指令的 rel 是一个带符号的相对偏移量，范围为 $-128 \sim +127$。负数表示向后转移，正数表示向前转移。

这条指令的优点是指令给出的是相对转移地址，不具体指出地址值，这样当程序地址发生变化时，只要相对地址不发生变化，该指令就不需做任何改动。

在用汇编语言编写程序时，rel 是一个地址符号，由汇编程序在汇编过程中自动计算偏移地址。在手工汇编时，可用下式计算偏移地址：

向后转移时： rel = FEH -（源、目的地址差的绝对值）

向前转移时： rel =（源、目的地址差的绝对值）-2

第四条指令称为散转指令（又称为间接转移指令），该指令把累加器 A 中的 8 位无符号数与作为基址寄存器 DPTR 中的 16 位数据相加，所得的值送入 PC 作为转移的目的地址。该指令执行后不影响累加器 A 和数据指针 DPTR 中的原内容，也不影响任何标志位。这条指令的特点是其转移地址不是编程时确定的，而是在程序运行时动态决定的。因此，可以在 DPTR 中装入多条转移程序的首地址，而由累加器 A 中内容来动态选择该时刻应转向哪一条分支程序。

2. 条件转移指令（8 条）

```
JZ   rel                ;(A)=0:(PC)+2+rel→(PC)
                         (A)≠0:(PC)+2→(PC)
JNZ  rel                ;(A)≠0:(PC)+2+rel→(PC)
                         (A)=0:(PC)+2→(PC)
CJNE  A,direct,rel      ;(A)=(direct):(PC)+3→(PC),0→(C)
                         (A)>(direct):(PC)+3+rel→(PC),0→(C)
                         (A)<(direct):(PC)+3+rel→(PC),1→(C)
CJNE  A,#data,rel       ;(A)=#data:(PC)+3→(PC),0→(C)
                         (A)>#data:(PC)+3+rel→(PC),0→(C)
                         (A)<#data:(PC)+3+rel→(PC),1→(C)
CJNE  Rn,#data,rel      ;(Rn)=#data:(PC)+3→(PC),0→(C)
                         (Rn)>#data:(PC)+3+rel→(PC),0→(C)
                         (Rn)<#data:(PC)+3+rel→(PC),1→(C)
CJNE  @ Ri,#data,rel    ;((Ri))=#data:(PC)+3→(PC),0→(C)
                         ((Ri))>#data:(PC)+3+rel→(PC),0→(C)
                         ((Rn))<#data:(PC)+3+rel→(PC),1→(C)
DJNZ  Rn,rel            ;(Rn)-1→(Rn)
                         (Rn)≠0:(PC)+2+rel→(PC)
                         (Rn)=0:(PC)+2→(PC)
DJNZ  direct,rel        ;(direct)-1→(direct)
                         (direct)≠0:(PC)+3+rel→(PC)
                         (direct)=0:(PC)+3→(PC)
```

上述指令执行满足某种特定条件的转移，其目标地址在以下一条指令向起始地址为中心的 256B 范围内（-128～+127，即 rel 为 8 位带符号数）。

第一条和第二条指令是判别累加器 A 中的内容是否为 0 来确定是顺序执行还是转移。

第三条至第六条是比较转移指令，该指令通过比较前面两个操作数的大小，如果它们的值不相等则转移，相等则继续执行。指令执行后要影响进位位 CY，若操作数 1 小于操作数

2，则 CY =1；若操作数 1 大于操作数 2，则 CY =0。

3. 调用子程序及返回指令（4 条）

```
LCALL  addr16          ;(PC) +3→(PC),(SP) +1→(SP)
                        (PC7~0)→((SP)),(SP) +1→(SP)
                        (PC15~8)→((SP)),addr16→(PC)
ACALL  addr11          ;(PC) +2→(PC),(SP) +1→(SP)
                        (PC7~0)→((SP)),(SP) +1→(SP)
                        (PC15~8)→((SP)),addr11→(PC10--0)
RET                    ;((SP))→(PC15~8),(SP) -1→(SP)
                        ((SP))→(PC7~0),(SP) -1→(SP)
RETI                   ;中断返回,除具有 RET 的功能外还可以恢复中断逻辑
```

在程序设计中，经常需对某段程序反复执行，为了减少程序的编写以及浪费不必要的地址空间，于是引入了主程序和子程序的概念，通常把某一段需反复调用的程序段称为子程序，子程序的最后一条指令为返回主程序指令（RET），而对具有调用子程序功能的指令称为调用指令。

第一条指令称为长调转指令，其与 LJMP 一样提供 16 位地址，可调用 64KB 范围内的子程序。由于其为三字节指令，所以执行时首先（PC）+3→(PC)，以获得下一条指令的地址，并把此时的 PC 内容压入堆栈，作为返回地址，然后把目标地址 addr16 装入 PC，转去执行子程序。

第二条指令称为绝对调用指令，该指令提供 11 位目标地址，限制在 2KB 范围内调用，由于是双字节指令，所以执行时首先（PC）+2→(PC) 以获得下一条指令的地址，然后把该地址压入堆栈作为返回地址。其操作码的形成与 AJMP 指令相同，见表 3-7。

第三条指令称为子程序返回指令，表示子程序结束需返回主程序，所以执行该指令时，分别从堆栈中弹出调用子程序时压入的返回地址。

第四条指令称为中断返回指令，该指令的执行过程类似指令 RET，但其还能恢复中断逻辑。RETI 和 RET 绝不能互换使用。

4. 空操作指令（1 条）

```
NOP                        ;(PC) +1→(PC)
```

空操作指令除了 PC 加 1 外，CPU 不做任何操作，而转向下一条指令去执行。这条指令常用于产生一个机器周期的延时。

例 3-7 编写软件延时（约 1s）子程序。设晶振频率为 6MHz（即每个机器周期为 2μs）。

解：编程如下：

```
DELY:MOV  22H,#05H
  L3:MOV  23H,#64H
  L2:MOV  24H,#0C7H
```

```
L1:NOP
   NOP
   NOP
   DJNZ  24H,L1
   DJNZ  23H,L2
   DJNZ  22H,L3
   RET
```

例 3-8 利用 NOP 指令产生矩形波从 P1.0 输出。

解：编程如下：

```
HARE:CLR P1.0              ;P1.0 清零
     NOP                   ;空操作
     NOP
     NOP
     NOP
     SETB   P1.0           ;P1.0 置 1
     NOP                   ;空操作
     NOP
     SJMP   HARE           ;无条件返回
```

3.3.5 位操作类指令

位操作类指令共有 17 条，均以位为操作对象，分别完成位传送、位状态控制、位逻辑运算和位条件转移等功能，见表 3-8。

表 3-8 位操作类指令表

指令分类		助 记 符	机器码	功 能	字节数	机器周期
位传送		MOV bit, C	92 bit	CY 状态送 bit 中	2	2
		MOV C, bit	A2 bit	bit 状态送 CY 中	2	1
位设置	清零	CLR C	C3	CY 状态清零	1	1
		CLR bit	C2 bit	bit 状态清零	2	1
	置位	SETB C	D3	CY 状态置 1	1	1
		SETB bit	D2 bit	bit 状态置 1	2	1
位逻辑	位与	ANL C, bit	82 bit	CY 状态与 bit 状态相与结果送 CY	2	2
		ANL C, /bit	B0 bit	CY 状态与 bit 取反相与结果送 CY	2	2
	位或	ORL C, bit	72 bit	CY 状态与 bit 状态相或结果送 CY	2	2
		ORL C, /bit	A0 bit	CY 状态与 bit 取反相或结果送 CY	2	2
	取反	CPL C	B3	CY 状态取反	1	1
		CPL bit	B2 bit	bit 状态取反	2	1

（续）

指令分类		助　记　符	机器码	功　　能	字节数	机器周期
位条件转移	判 CY	JC　rel	40 rel	CY 为 1 转	2	2
		JNC　rel	50 rel	CY 为 0 转	2	2
	判 bit	JB　bit，rel	20 bit rel	bit 位为 1 转	3	2
		JBC　bit，rel	10 bit rel	bit 位为 1 转，同时把 bit 位清零	3	2
		JNB　bit，rel	30 bit rel	bit 位不为 1 转	3	2

在汇编语言中，位地址的表达方式有 4 种：直接用位地址表示：如 91H；用字节地址位数方式表示，如 P1.0（90H）；用位名称表示，如 RS0；用伪指令事先定义过的符号地址表示。

1. 位数据传送指令（2 条）

```
MOV  C,bit                ;(bit)→(C)
MOV  bit,C                ;(C)→(bit)
```

上述指令把源操作数指定的位变量传送到目的操作数指定的位单元中。第二条指令若是对 I/O 口的位进行操作，则也是“读—改—写”操作。

2. 位状态控制指令（6 条）

CLR　C　　　;0→(C)

CLR　bit　　　;0→(bit)

CPL　C　　　;$\overline{\mathrm{C}}$→(C)

CPL　bit　　　;$\overline{\mathrm{bit}}$→(bit)

SETB　C　　　;1→(C)

SETB　bit　　　;1→(bit)

上述指令的功能是分别对进位标志和直接寻址位进行清零、求反以及置 1，当直接位地址是 I/O 口的某一位时，也具有“读—改—写”功能。

3. 逻辑运算指令（4 条）

ANL　C,bit　　　;(C)∧(bit)→(C)

ANL　C,/bit　　　;(C)∧($\overline{\mathrm{bit}}$)→(C)

ORL　C,bit　　　;(C)∨(bit)→(C)

ORL　C,/bit　　　;(C)∨($\overline{\mathrm{bit}}$)→(C)

上述指令的功能是将进位位 CY 的内容与直接位地址的内容或直接位地址的内容的反进行逻辑与、逻辑或，结果仍送回 CY 中。

4. 条件转移指令（5 条）

```
JC   rel            ;(PC)+2→(PC)
                    若(C)=1,则(PC)+rel→(PC)
                    若(C)=0,顺序执行
JNC  rel            ;(PC)+2→(PC)
                    若(C)=0,则(PC)+rel→(PC)
                    若(C)=1,顺序执行
JB   bit,rel        ;(PC)+3→(PC)
                    若(bit)=1,则(PC)+rel→(PC)
                    若(bit)=0,顺序执行
JNB  bit,rel        ;(PC)+3→(PC)
                    若(bit)=0,则(PC)+rel→(PC)
                    若(bit)=1,顺序执行
JBC  bit,rel        ;(PC)+3→(PC)
                    若(bit)=1,则 0→(bit),(PC)+rel→(PC)
                    若(bit)=0,顺序执行
```

上述指令的功能分别是判别进位位 CY 和直接位地址的内容是“1”还是“0”，以此来决定程序的走向。最后一条指令的功能是：若直接位地址的内容为“1”，则转移，并且同时将该位清零，否则顺序执行。这条指令若是对 I/O 口某一位操作，也具有“读—改—写”功能。

例如：

```
    CLR  C          ;0→(C)
    JC   L1         ;(C)=0,不跳转
    CPL  C          ;使(C)=1
    JC   L2         ;(C)=1,转 L2
L1:      …
L2:      …
```

例如：将 PSW.7 与 ACC.7 位相或，结果由 P1.0 输出。编程如下：

```
MOV  C,   PSW.7
ORL  C,   ACC.7
MOV  P1.0, C
```

例如：

```
    MOV  P1,    #87H      ;87H→(P1)
    MOV  A,     #56H      ;56H→(A)
    JB   P1.3,  L1        ;(P1.3)=0,不转
    JNB  ACC.3, L2        ;(ACC.3)=0,转 L2 处执行
```

```
L1:        …
L2:        …
```

实训项目3：电子门铃的控制

1. 功能及要求

功能：用单片机实现电子门铃控制。

要求：1）设计一个电路，用单片机端口读取按键信息，并使蜂鸣器响。

　　　2）编写一控制程序，实现以上功能（汇编语言程序或者C语言程序）。

2. 电路设计

门铃控制参考电路如图3-8所示，单片机P3.2口作为门铃按键输入端，P3.6口作为门铃控制端，当P3.6=1时发出响声，P3.6=0则关闭。发声设备采用一5V直流蜂鸣器。

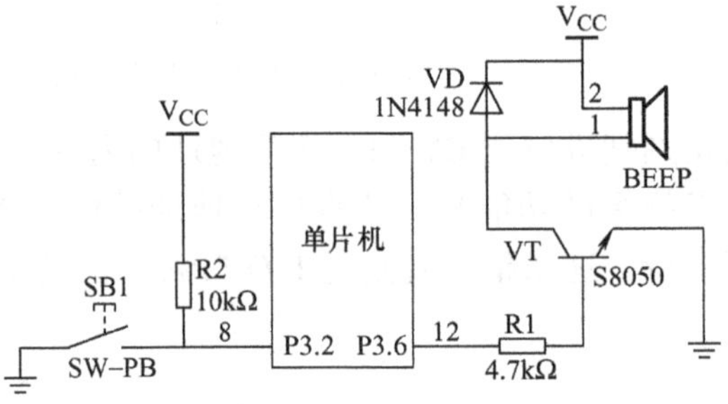

图3-8　门铃控制参考电路

3. 程序设计

下面是分别用汇编语言和C语言编写的控制程序，当按键SB1按下时，门铃长响，按键抬起时门铃停止发出响声。需注意的是，单片机的P3.2要设为输入工作方式，P3.6设为推挽工作方式。

汇编程序：

```
P3M0     EQU 0B2H
P3M1     EQU 0B1H
         ORG      0000H
         AJMP     MAIN
         ORG0 020H
MAIN:    MOV P3M0,#40H
         MOV P3M1,#00H
LOOP1:   CLR P3.6
```

```
LOOP2：  JB P3.2,LOOP1
         SETB P3.6
         SJMP LOOP2
```

C 程序：

```
#include <stc_nwe_8051.h>

sbit key1 = P3^2;          //key1 即图 3-8 中 SB1
sbit bell = P3^6;

main()
{
P3M0 = 0x40;
P3M1 = 0x00;
if(!key1)bell = 1;
else bell = 0;}
```

本章小结

MCS－51 系列单片机指令系统共有 111 条指令，其中三字节指令 17 条，双字节指令 45 条，单字节指令 49 条。

MCS－51 系列单片机有 7 种寻址方式，分别是：立即寻址、直接寻址、寄存器寻址、寄存器间接寻址、变址寻址、相对寻址和位寻址。

数据传送类指令的特点是执行的结果不影响标志位；算术运算类指令的特点是执行的结果通常影响标志位；逻辑运算类指令的特点是执行的结果一般不影响标志位 AC、OV 和 CY，若涉及 A 才对 P 产生影响；控制转移类指令有无条件转移指令、条件转移指令以及子程序调用指令和返回指令；位操作类指令有较强的位处理能力。

习　题

1. 简述 MCS－51 系列单片机的指令分类。
2. MCS－51 系列单片机有哪几种寻址方式？这几种寻址方式是如何寻址的？
3. 8051 单片机内部 RAM128～256B 的地址空间寻址要注意什么？
4. DJNZ 指令有什么作用？怎样使用？
5. 若（R1）=30H，（A）=40H，（30H）=60H，（40H）=08H。试分析执行下列程序段后上述各单元内容的变化。

```
MOV  A,    @R1
MOV  @R1, 40H
```

```
MOV  40H,  A
MOV  R1,   #7FH
```

6. 已知（A）= C9H，（B）= 8DH，CY = 1。执行指令“ADDC A,B”结果如何？执行指令“SUBB A，B”结果如何？

7. 试分析以下两段程序中各条指令的作用，程序执行完后转向何处？

（1）
```
        MOV     P1,     #0CAH
        MOV     A,      #56H
        JB      P1.2,   L1
        JNB     ACC.3,  L2
   L1:          …
   L2:          …
```

（2）
```
        MOV     A,      #43H
        JBC     ACC.2,  L2
        JBC     ACC.6,  L2
   L1:          …
   L2:          …
```

8. 试说明下段程序中每条指令的作用，当指令执行完后，R0 中的内容是什么？

```
MOV     R0,   #0AFH
XCH     A,    R0
SWAP    A
XCH     A,    R0
```

第4章　汇编程序设计

知识要点

1）了解汇编语言程序的基本结构。

2）掌握汇编语言程序设计的基本方法。

能力训练

1）掌握顺序、分支、循环及子程序结构的程序设计方法。

2）掌握实用程序设计方法。

3）会用所学知识进行实用程序的编写，逐步提高编程能力。

上一章学习了 MCS－51 系列单片机的指令系统，这一章将用这些指令进行程序设计。

MCS－51 系列单片机的指令系统是汇编语言，用汇编语言编写的程序叫汇编语言源程序。计算机不能直接识别汇编语言源程序，只有将汇编语言源程序“翻译”成机器语言程序，计算机才能执行。执行“翻译”任务的程序叫汇编程序。“翻译”的过程叫汇编，经过汇编得到的机器语言程序称为目标程序。本章主要介绍一些常用的汇编语言程序的设计方法，最后列举一些具有代表性的汇编语言程序实例，读者通过程序的设计、调试和完成，可以加深对指令系统的了解和掌握，也可以在一定程度上提高对单片机的应用水平。

4.1　汇编程序设计基础

4.1.1　伪指令

MCS－51 系列单片机指令系统中的每一条指令对应一条机器指令，都命令 CPU 执行一定的操作，完成一定的功能。但还有一些指令不是 CPU 能执行的指令，只能提供汇编控制信息，以便在汇编时执行一些特殊的操作，称为伪指令。

各种汇编语言所定义的伪指令不尽相同，但大体上一致。下面介绍 MCS－51 系列单片机汇编语言系统中常用的几条伪指令。

1. 设置起始地址 ORG（Origin 简写）

指令格式：ORG　　nn

本指令用于规定目标程序的起始地址，nn 为 16 位二进制数或 4 位十六进制数。ORG 伪指令总是出现在每段源程序或数据块的开始，可以使我们把程序、子程序和数据块存放在存储器的任何位置。若在源程序开始时不放 ORG 指令，则汇编将从 0000H 单元开始存放目标程序。

例如：

```
        ORG     2000H
START:  MOV     A,R1
          ⋮
```

即规定目标程序将从2000H单元开始存放。标号START代表2000H。

2. 汇编终止END

指令格式：[〈标号：〉] END [〈表达式〉]

本指令用于终止源程序的汇编工作。END指令是汇编源程序结束标志，在END指令之后的指令，汇编程序将不予处理，因此，该指令必须放在整个程序（包括伪指令）之后。

注意：指令格式中出现的中括号及其内容可有可无。

3. 定义字节DB（Define Byte简写）

指令格式：[〈标号：〉] DB〈项或项表〉

其中"〈项或项表〉"是指一个字节或用逗号隔开的字节串，或者是用引号括起来的ASCII码字符串（一个字符用ASCII码表示，就相当于一个字节）。

本指令用于从指定的地址单元开始，在程序存储器中定义若干个存储单元的内容。DB指令经汇编程序汇编后将把指令中项或项表的内容（数据或ASCII码）依次存入从标号开始的存储单元中。

例如：

```
        ORG   2000H
FIRST:  DB    33H,45H,67H,89H
SECOND: DB    56H,'A','B','C','1'
```

其中，伪指令ORG 2000H指明了标号FIRST的地址为2000H；伪指令DB定义了2000H～2003H单元的内容，依次为33H、45H、67H、89H；标号SECOND因与前面的地址紧靠，所以它的地址值应为2004H；第二条DB指令则定义2004H～2008H单元的内容，依次为56H、41H、42H、43H、31H。

4. 定义字DW（Define Word简写）

指令格式：[〈标号：〉] DW〈项或项表〉

其中"〈项或项表〉"是指一个字或用逗号隔开的字串。

汇编时，每个字的高八位要排在低地址单元，低八位要排在高地址单元。

例如：

```
        ORG   2000H
BUFFER: DW    1234H,45H,6789H,11
```

其中，伪指令ORG 2000H指明了标号BUFFER的地址为2000H；伪指令DW定义了2000H～2007H单元的内容，依次为12H、34H、00H、45H、67H、89H、00H、0BH。

5. 定义存储区DS（Define Storage简写）

指令格式：[〈标号：〉] DS〈表达式〉

本指令用于从指定地址开始，保留指定数目的字节单元作为存储区，供程序运行时使用。其中“〈表达式〉”的值就是欲留存储单元的数目。

例如：
```
ORG  1100H
DS   24H
```

汇编后，从1100H单元开始，保留36个单元。

注意：*以上所介绍的DB、DW、DS伪指令都只能用于程序存储器，而不能用来对数据存储器的内容进行赋值或其他初始化工作。*

6. 为标号赋值EQU（Equate简写）

指令格式:〈字符名〉EQU〈赋值项〉

本指令用于给字符名赋值，赋值以后其值在整个程序中有效，不能再改变。其中“〈赋值项〉”可以是常数、地址或表达式，其值为8位或16位二进制数。

例如：
```
BLOK  EQU  2000H
B5    EQU  30H
```

其中，BLOK被赋值后用作16位目标地址；B5被赋值后用作8位直接地址或立即数。

4.1.2 程序流程图

程序流程图是对算法和整个程序结构的描述，它以图形的方式把解决问题的先后次序形象地描述出来，也可以准确地描述各种程序结构之间的关系，有利于程序的编写和调试。对于复杂的程序，一定要先画出程序流程图，这样才能从全局的角度来规划程序结构。程序流程图的基本元素如图4-1所示。

1）起止框：用于表示一个程序段的开始和结束，如图4-1a所示。

2）程序连接点：用于表示一个程序段和另一个程序段的连接，如图4-1b所示。

3）处理框：用矩形框表示，用于描述一个具体的执行动作，如一个算式、一个操作等，如图4-1c所示。一般用几个框来描述执行动作，在不致引起混淆的情况下，用一个框也可描述多个执行动作。

4）判断框：根据某一个或几个条件，实现分支转移，如图4-1d所示。

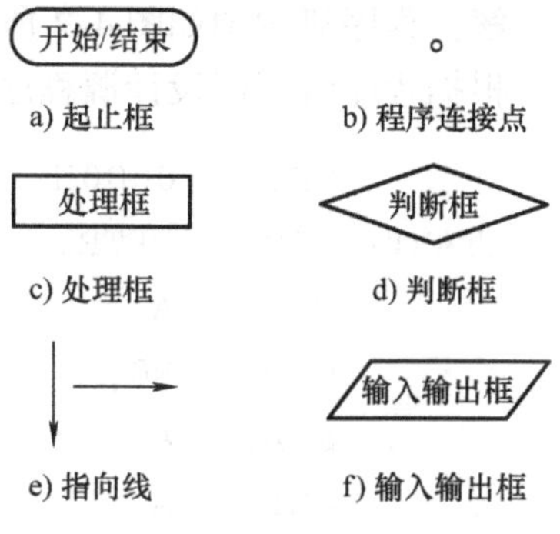

图4-1 程序流程图的基本元素

5）指向线：用带箭头的引线指示程序的走向，如图4-1e所示。

6）输入输出框：用平行四边形框表示，用于输入输出信息，如图4-1f所示。

4.1.3 程序设计方法

汇编语言程序设计是综合性很强的一门艺术，它需要掌握芯片的性能和使用方法，掌握一些外围电子线路以及开发的目的和意图等多方面的知识，决定应采用的算法，然后根据单片机的指令系统，按照尽可能节省数据存储单元、缩短程序长度和加快运行时间三原则编写程序。

用汇编语言编写程序的过程大致可分为以下 6 步：

1）分析题意，写出数学模型。

2）确定算法。

3）用程序流程图表示算法。

4）确定数据，包括工作单元的数量，分配存放单元。

5）按所使用单片机的指令系统，根据框图编写汇编语言源程序。

6）上机调试、修改，直到通过。

对于简单程序可以省略部分步骤。

4.2　汇编程序结构

单片机完成某一具体的工作任务，必须按顺序执行一条条指令。这种按工作要求编排指令序列的过程称为程序设计。

汇编程序有 4 种结构，即顺序结构、分支结构、循环结构和子程序结构。下面将根据 MCS－51 系列单片机的特点，介绍一些常用的程序设计方法。

4.2.1　顺序结构程序

顺序结构程序是一种最简单、最基本的程序，按照程序编写的顺序依次执行，编写这类程序主要是要注意正确地选择指令，提高程序执行效率。

下面通过几个实例来说明顺序结构程序的设计技巧。

例 4-1　将片外数据存储器中 2000H 的内容拆成两段，其高四位存入 2001H 单元，其低四位存入 2002H 单元。

解：程序流程图如图 4-2 所示。

根据程序流程图设计源程序如下：

```
        ORG     0000H
START:  MOV     DPTR,   #2000H
        MOVX    A,      @DPTR       ;取数送 A
        MOV     R0,     A           ;数据暂存于 R0
        SWAP    A                   ;(A)中高、低四位互换
        ANL     A,      #0FH        ;分离出(A)的低四位,即 2000H 的高四位
        INC     DPTR
        MOVX    @DPTR,  A           ;将分离结果送 2001H 单元
        MOV     A,      R0          ;重新取数
        ANL     A,      #0FH        ;分离出(A)的低四位,即 2000H 的低四位
        INC     DPTR

        MOVX    @DPTR,  A           ;将分离结果送 2002H 单元
        END
```

例 4-2 编写一个计算 Y = X1 + X2 - X3 的程序。设 X1 = 38H，X2 = 2AH，X3 = 12H，Y 存放在 BUF 单元。

解： 程序流程图如图 4-3 所示。

根据程序流程图设计源程序如下：

```
        ORG     0000H
START:  MOV     A,      #38H        ;X1 送 A
        ADD     A,      #2AH        ;X1 + X2 送 A
        CLR     C
        SUBB    A,      #12H        ;X1 + X2 - X3 送 A
        MOV     BUF,    A           ;结果送 BUF 单元
        END
```

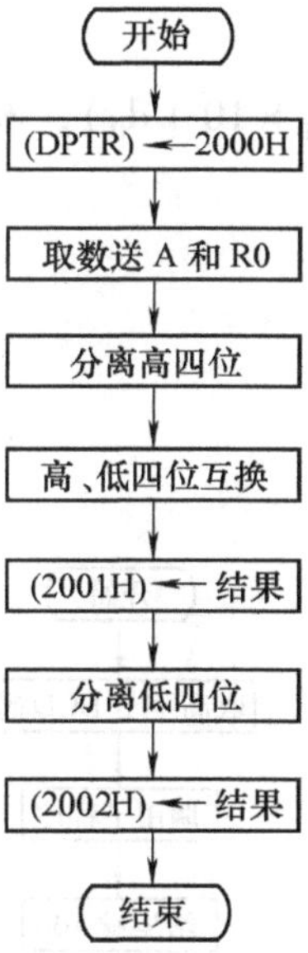

图 4-2 分离高、低四位的程序流程图

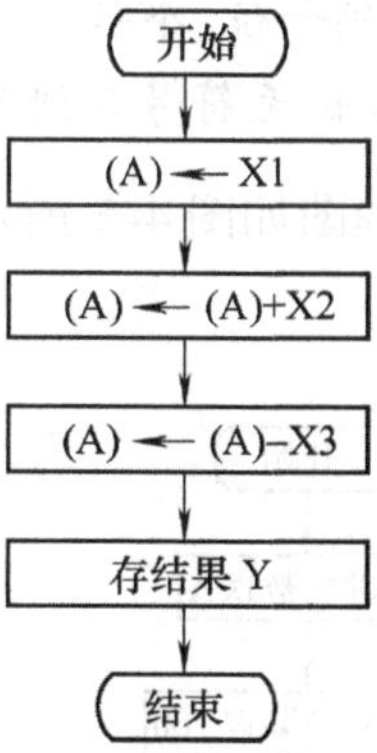

图 4-3 计算 Y = X1 + X2 - X3 的程序流程图

我们日常习惯用十进制数，而计算机能识别和处理的是二进制数，计算机输入输出数据用 BCD 码和其他代码，因此代码转换非常有用。

例 4-3 将一字节无符号二进制数转换成 BCD 码。

思路： 把一字节无符号二进制数除以 100 得到的商就是 BCD 码的百位，剩下的余数除以 10 得到的商就是 BCD 码的十位，剩下的余数就是个位。各量存放单元：

(R1) = 二进制数

(30H) = BCD 码数的百位

(31H) = BCD 码数的十位、个位

解： 程序流程图如图 4-4 所示。

源程序如下：

```
        ORG     0000H
START:  MOV     A,      R1          ;BCD 码数送 A
        MOV     B,      #100
        DIV     AB                  ;A 为 BCD 码的百位
        MOV     30H,    A
        MOV     A,      B
        MOV     B,      #10         ;余数除以 10
        DIV     AB
        SWAP    A
        ORL     A,      B           ;十位和个位在一个字节
        MOV     31H,    A
        END
```

例 4-4　将 BCD 码转换成二进制数（双字节）。

思路： 因为 $(d_3d_2d_1d_0)_{BCD}=(d_3\times10+d_2)\times100+(d_1\times10+d_0)$，而 $d_i\times10+d_{i-1}$ 运算可编成子程序。各量存放单元：

(R5) = BCD 码千位、百位

(R4) = BCD 码十位、个位

(R5R4) = 16 位无符号二进制数

解： 程序流程图如图 4-5 所示。

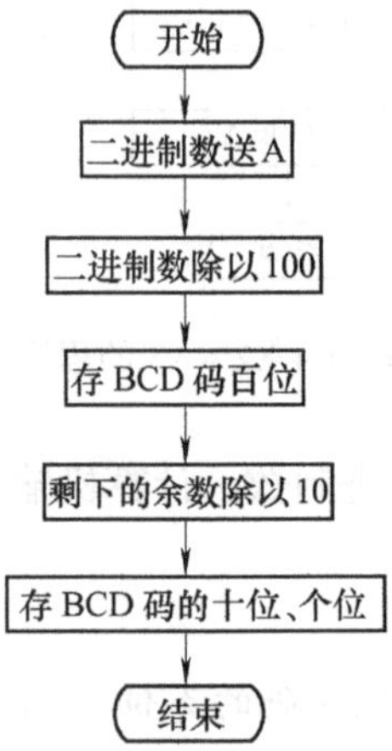

图 4-4　二进制数转换成 BCD 码的程序流程图

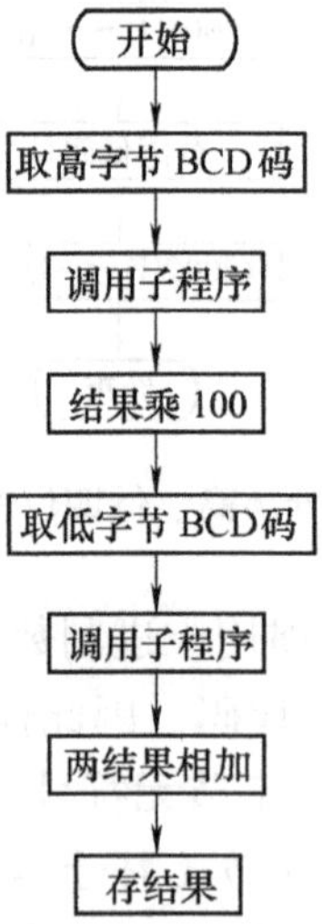

图 4-5　BCD 码转换成二进制数的程序流程图

源程序如下：

```
        ORG     0000H
START:  MOV     A,      R5
        MOV     R2,     A           ;给子程序入口参数
```

```
        ACALL  BCDIBIN          ;调用子程序
        MOV    B,    #64H
        MUL    AB
        MOV    R6,   A
        XCH    A,    B
        MOV    R5,   A
        MOV    A,    R4
        MOV    R2,   A
        ACALL  BCDIBIN
        ADD    A,    R6
        MOV    R4,   A
        MOV    A,    R5
        ADDC   A,    #00H
        END
```

子程序如下：

```
BCDIBIN:MOV    A,  R2
        ANL    A,  #0F0H        ;取高位 BCD 码,屏蔽低 4 位
        SWAP   A
        MOV    B,  #0AH
        MUL    AB
        MOV    R3, A
        MOV    A,  R2
        ANL    A,  #0FH
        ADD    A,  R3           ;加低位 BCD 码
        RET
```

4.2.2　分支结构程序

单独由顺序结构构成的程序比较简单，应用有限，在实际问题中，往往需要单片机对某种情况做出判断，根据判断结果做出相应的处理。通常，单片机依据某些运算结果来判断和选择程序的不同走向，形成分支，因此，在形成分支时，一般要有测试、转向和标识三个部分。

1）测试：通过对程序状态寄存器 PSW 中各位状态的测试，或通过对指定单元或指定的寄存器的某位或某些位或全部位的测试，判断某条件是否成立，决定是否转移，形成分支。MCS－51 系列单片机指令系统中的条件转移指令均具有这种测试功能，可用它们来实现。

2）转向：根据测试结果决定程序的走向。在源程序中由转移类指令完成。

3）标识：对每个程序分支，给出一个标识，以表明程序转移的方向，一般将分支程序转向的第一个语句赋予一个标号，作为此分支的标识。

需要指出的是，一条转移控制指令，经过判断只能形成两个分支，若要形成多分支程

序，须由多个转移控制指令组合，经多个判断来实现，所以，分支程序的设计比顺序程序设计复杂。下面举例说明：

例 4-5　编制程序，实现以下符号函数。

$$Y=\begin{cases}1 & (X>0)\\ 0 & (X=0)\\ -1 & (X<0)\end{cases}$$

解：程序流程图如图 4-6 所示。

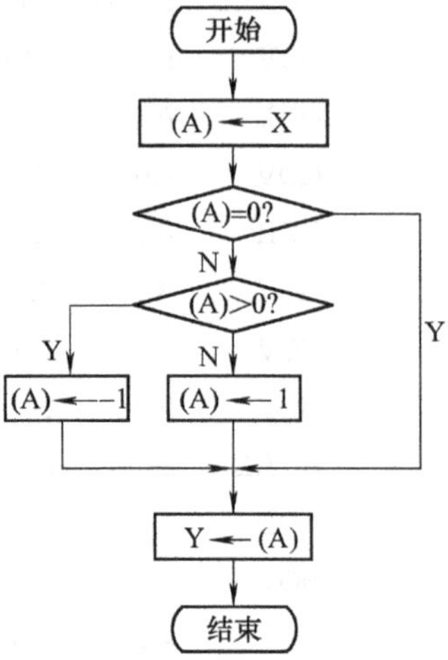

图 4-6　求符号函数的程序流程图

设 X 放在片外数据存储器的 2000H 单元，Y 存放在片外数据存储器的 2001H 单元，根据程序流程图编制源程序如下：

```
START:MOV     DPTR,   #2000H
      MOV     A,      #00H
      MOVC    A,      @ A + DPTR         ;取数
      JZ      ASGN                       ;若 X = 0,转 ASGN
      JB      ACC. 7, MINUS              ;若 X < 0,转 MINUS
      MOV     A,      #01H               ;若 X > 0,则 01H 送 A
      AJMP    ASGN
MINUS:MOV     A,      #0FFH              ;若 X < 0,则 0FFH 送 A
ASGN: MOV     DPTR,   #2001H
      MOVX    @ DPTR,A                   ;存结果到 2001H 单元
      END
```

例 4-6　将 4 位二进制数转换为 ASCII 码。

思路：若 4 位二进制数小于 10，则此二进制数加上 30H；若大于 10（或等于 10），则加上 37H。各量存放单元：

(R3) = 4 位二进制数(R3 的低四位)

(R3) = 转换后的 ASCII 码值

解：程序流程图如图 4-7 所示，源程序如下：

```
ORG     0000H
START: MOV     A,      R3          ;取 4 位二进制数
       ANL     A,      #0FH        ;屏蔽高四位
       ADD     A,      #30H
       MOV     B,      A
       CLR     C
       SUBB    A,      #3AH        ;该数小于 10 转到 NEXT
       MOV     A,      B
       JC      NEXT
```

```
         ADD   A,#07H
NEXT:    MOV     R3,   A              ;转换后的ASCII码送R3
         END
```

思考：若为一字节二进制数或者多字节二进制数，该怎么把它们转换成ASCII码？

例 4-7 将ASCII码转换为4位二进制数。

思路：本程序是上例的逆过程。各量存放单元：

(R3) = ASCII码

(R3) = 转换后的二进制数

解：程序流程图如图4-8所示：

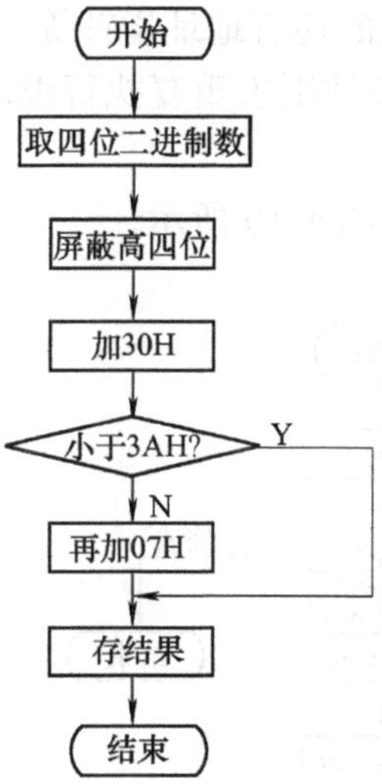

图4-7 二进制数转换为ASCII码程序流程图

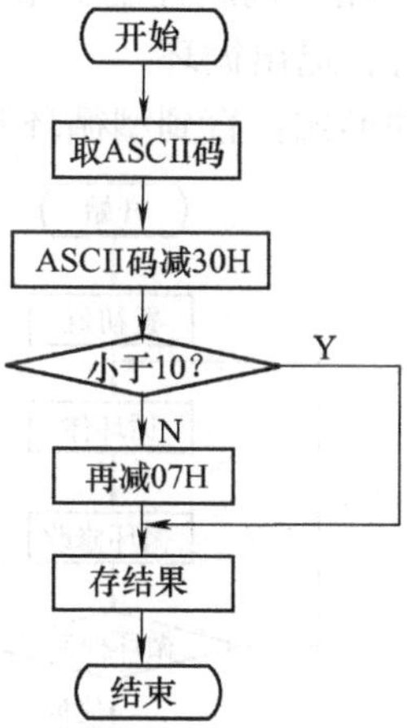

图4-8 ASCII码转换为二进制数程序流程图

源程序如下：

```
         ORG     0000H
START:   MOV     A,      R3
         CLR     C
         SUBB    A,      #30H          ;ASCII码减30H
         MOV     R3,     A             ;得二进制数送R3
         SUBB    A,      #0AH
         JC      NEXT
         MOV     A,      R3
         SUBB    A,      #07H
         MOV     R3,     A
NEXT:    END
```

4.2.3　循环结构程序

在程序设计中，常遇到重复执行某一段程序的情况，这时可用循环程序结构，这有助于缩短程序，提高程序的质量。

1. 循环程序的基本结构

循环结构的程序一般包括下面几个部分：

（1）置初值　置初值是用于设置循环过程工作单元的初始值。例如设置循环次数计数器初值、地址指针初值、存放结果的单元初值等。

（2）循环体　重复执行的程序段部分。

（3）循环修改　在单片机中，一般用一个工作寄存器 Rn 作为计数器，给这个计数器赋初值作循环次数，每循环一次，对其进行修改。当然，修改的还有地址指针等。

（4）循环控制　判断控制变量是否满足条件，不满足条件则去重复执行循环工作部分，满足则顺序执行，退出循环。

循环有两种形式：直到型循环和当型循环，如图 4-9 和图 4-10 所示。

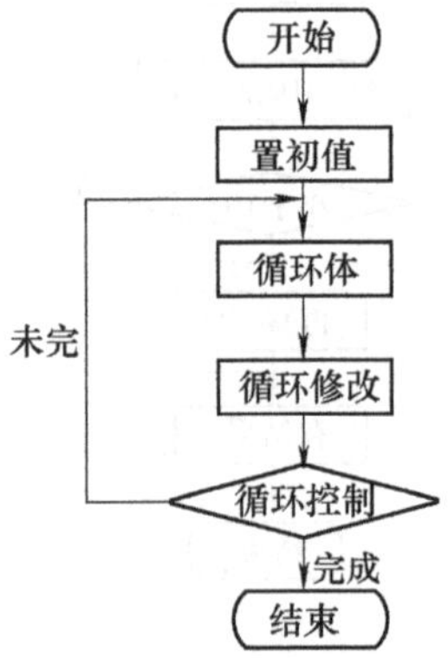

图 4-9　直到型循环

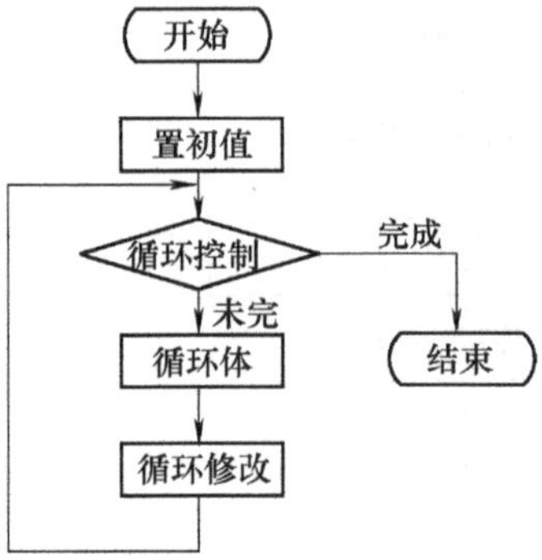

图 4-10　当型循环

2. 计数器控制循环

（1）单循环　循环终止控制一般采用计数方法，即用一个寄存器作为循环次数计数器，每循环一次后加 1 或减 1，达到终止数值后循环停止。对于 MCS－51 系列单片机，可以用减 1 不等于 0 转移指令 DJNZ 来实现计数方法的循环终止控制。工作寄存器 R0～R7 和片内 RAM 单元均可作为循环计数器，但一般累加器 A 不能作为循环计数器。

例 4-8　若 Xi 均为单字节数，并按 i（i＝1～n）顺序存放在 MCS－51 系列单片机的内部 RAM 从 30H 开始的单元中，n 放在 R2 中，现在要求它们的和（双字节），放在 R3R4 中。

解：程序流程图如图 4-11 所示。

源程序如下：

```
        ORG    0000H
START： MOV    R3，   #00H
```

```
      MOV   R4,  #00H
      MOV   R2,  #n
      MOV   R0,  #30H
LOP:  MOV   A,   R4        ;取部分和低字节
      ADD   A,   @ R0      ;与 Xi 相加
      MOV   R4,  A
      INC   R0             ;地址加 1
      CLR   A
      ADDC  A,   R3        ;低字节向高字节进位
      MOV   R3,  A
      DJNZ  R2,  LOP
      END
```

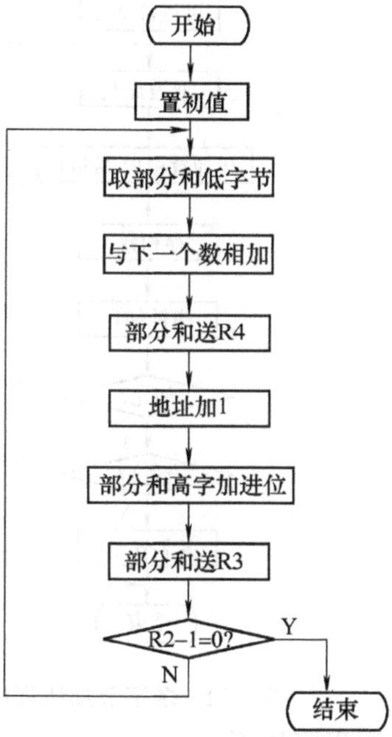

图 4-11 求单字节累加和流程图

程序中，R2 作为控制变量；R0 作为变址单元，用它来寻址 Xi。一般来说，循环工作部分中的数据应该用间接方式来寻址。

例 4-9 实现两组多字节无符号数加法。

思路： 多字节运算一般是按从低字节到高字节的顺序依次进行。各量存放单元：

(R0) = 被加数地址指针及和数地址指针
(R1) = 加数地址指针
(R2) = 字节数

解： 程序流程图如图 4-12 所示。
源程序如下：

```
        ORG   0000H
START:  CLR   C
LOOP1:  MOV   A,    @ R0      ;取被加数
        ADDC  A,    @ R1      ;两数相加,带进位位
        MOV   @ R0, A
        INC   R0
        INC   R1
        DJNZ  R2,   LOOP1     ;未加完转 LOOP1
        JNC   LOOP2           ;无进位位转 LOOP2
        MOV   @ R0, #01H
LOOP2:  END
```

说明： 1) 要考虑低字节向高字节的进位情况。
2) 此程序执行后被加数要被冲掉。

思考： ①被加数和加数有一个在片外；②被加数和加数都在片外；③和数既可在片内又

可在片外；在以上几种情况下，程序该怎样编写？

例 4-10　实现两组多字节无符号数减法。

思路：多字节运算一般是按从低字节到高字节的顺序依次进行。各量存放单元：

(R0) = 被减数地址指针及差数地址指针

(R1) = 减数地址指针

(R2) = 字节数

01H 为符号位

解：程序流程图如图 4-13 所示。

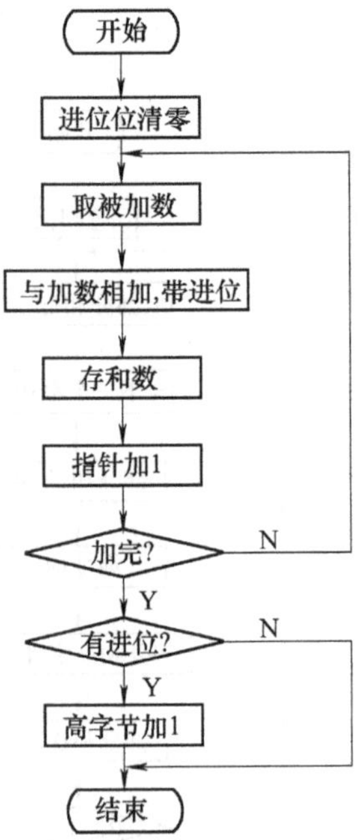

图 4-12　多字节加法程序流程图

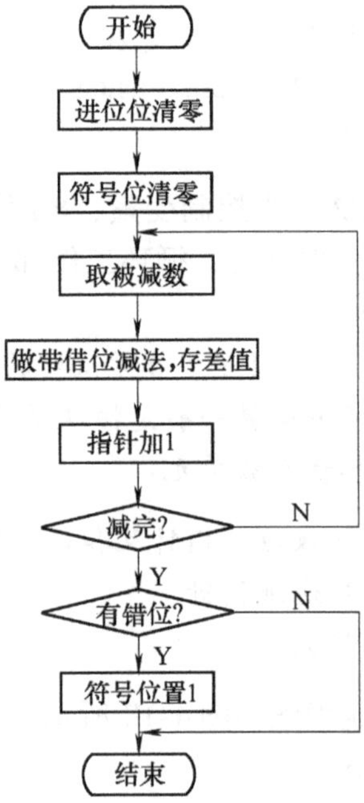

图 4-13　多字节减法程序流程图

源程序如下：

```
        ORG     0000H
START:  CLR     C
        CLR     01H                 ;清结果标志单元
LOOP1:  MOV     A,    @ R0          ;取被减数
        SUBB    A,    @ R1          ;两数相减
        MOV     @ R0, A
        INC     R0                  ;地址增值
        INC     R1
        DJNZ    R2,   LOOP1         ;未做完减法转 LOOP1
        JNC     LOOP2               ;无借位转 LOOP2
        SETB    01H                 ;符号位置 1
LOOP2:  END
```

说明：若差值为负，则结果为负数的补码形式。

例 4-11 实现两组多字节 BCD 码加法。

思路：多字节运算一般是从低字节到高字节的顺序依次进行。各量存放单元：

(R0) = 被加数地址指针及和数地址指针

(R1) = 加数地址指针

(R2) = 字节数

解：程序流程图与图 4-12 相似。

源程序如下：

```
        ORG     0000H
START:  CLR     C
LOOP1:  MOV     A,      @ R0        ;取被加数
        ADDC    A,      @ R1        ;两数相加,带进位位
        DA A                        ;十进制调整
        MOV     @ R0, A
        INC     R0
        INC     R1
        DJNZ    R2,     LOOP1       ;未加完转 LOOP1
        MOV     R2,     31H
        JNC     LOOP2               ;无进位转 LOOP2
        MOV     @ R0, #01H
        INC     R2                  ;字节数加 1
LOOP2:  MOV     R0,     30H         ;恢复地址指针
        END
```

思考：关于多字节 BCD 码减法同学们自己考虑如何编程实现。

例 4-12 实现双字节无符号数乘法。

思路：8051 指令系统中只有单字节乘法指令，因此双字节相乘需分解为 4 次单字节相乘。若被乘数（ab）和乘数（cd）分别表示为（az + zb）和（cz + zd），其中 a、b、c、d 都是 8 位数，z 表示 8 位 0，其乘积表示为

$$(az + zb)(cz + zd) = \overline{ac}zz + z\overline{ad}z + z\overline{bc}z + zz\overline{bd}$$

式中$\overline{ac}$、$\overline{ad}$、$\overline{bc}$、$\overline{bd}$为相应的 8 位数的乘积，占 16 位，可用 4 次乘法指令求出，这 16 位的积分别表示为$\overline{ac}$H、$\overline{ac}$L、$\overline{ad}$H、$\overline{ad}$L、$\overline{bc}$H、$\overline{bc}$L、$\overline{bd}$H 和$\overline{bd}$L，其中以 H 为后缀的为积的高 8 位，以 L 为后缀的为积的低 8 位，则按下列排序并按列求和，便得到 4 字节乘积。

$$\begin{cases} \overline{ac}H \quad \overline{ac}L & \\ \quad\quad \overline{ad}H \quad \overline{ad}L & \\ \quad\quad \overline{bc}H \quad \overline{bc}L & \\ \quad\quad\quad\quad \overline{bd}H \quad \overline{bd}L & \end{cases}$$

程序流程图如图 4-14 所示。

入口：被乘数：R5（高）、R4（低）。

　　　乘数：R3（高）、R2（低）。

出口：(R1) = 积的地址指针。

解：流程图如图 4-14 所示。

源程序如下：

```
MULBIN:MOV    A,     R1            ;复制保存地址指针
       MOV    R6,    A
       MOV    R7,    #04H
CLEAR: MOV    @ R1,  #00H          ;积单元清零
       INC    R1
       DJNZ   R7,    CLEAR
       MOV    A,     R6
       MOV    R1,    A
MUL1:  MOV    A,     R2            ;(R2) × (R4)
       MOV    B,     R4
       MUL    AB
       ACALL  ADDM                 ;调用加部分积子程序
       MOV    A,     R2            ;(R2) × (R5)
       MOV    B,     R5
       MUL    AB
       ACALL  ADDM
       MOV    A,     R3            ;(R3) × (R4)
       MOV    B,     R4
       MUL    AB
       DEC    R1
       ACALL  ADDM
       MOV    A,     R3            ;(R3) × (R5)
       MOV    B,     R5
       MUL    AB
       ACALL  ADDM
       MOV    A,     R6            ;恢复地址指针
       MOV    R1,    A
       RET
```

子程序如下：

```
ADDM:  ADD    A,     @ R1          ;加部分积
       MOV    @ R1,  A
       MOV    A,     B
```

```
INC     R1
ADDC    A,    @ R1
MOV     @ R1, A
INC     R1
MOV     A,    @ R1
ADDC    A,    #00H
MOV     @ R1, A
DEC     R1
RET
```

说明：本程序算法可推广到多字节的乘法运算中。

例 4-13 实现双字节无符号数除法。

思路：本程序采用移位除法的方法，实现双字节无符号数相除，并考虑四舍五入。

入口：被除数和商：R5（高）、R4（低）。

除数：R3（高）、R2（低）。

出口：余数：R7（高）、R6（低）。

解：程序流程图如图 4-15 所示。

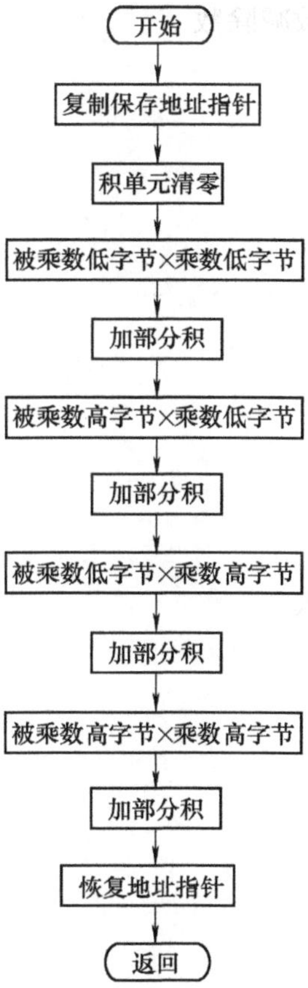

图 4-14 双字节无符号乘法程序流程图

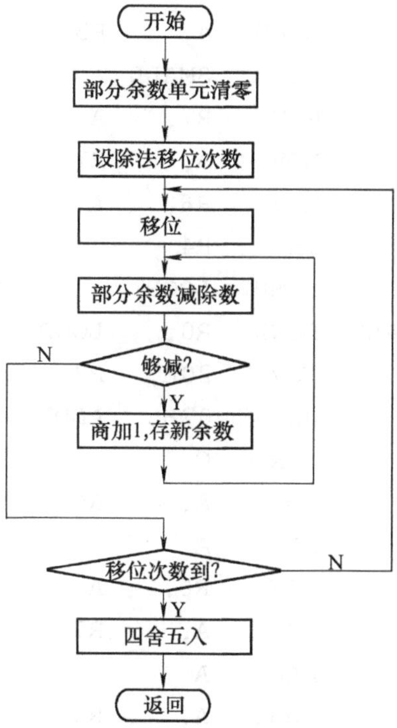

图 4-15 双字节无符号除法程序流程图

源程序如下：

```
DIVBIN:MOV   R7,    #00H          ;部分余数单元清零
       MOV   R6,    #00H
       MOV   R0,    #10H          ;设除法移位次数
LOOP:  CLR   C
       MOV   A,     R4
       RLC   A                    ;移位
       MOV   R4,    A
       MOV   A,     R5
       RLC   A
       MOV   R5,    A
       MOV   A,     R6
       RLC   A
       MOV   R6,    A
       MOV   A,     R7
       RLC   A
       MOV   R7,    A
LOOP1: MOV   A,     R6            ;部分余数减除数
       SUBB  A,     R2
       MOV   R1,    A
       MOV   A,     R7
       SUBB  A,     R3
       JC    SMALL
       MOV   R7,    A
       MOV   A,     R1
       MOV   R6,    A
       IN    R4                   ;商加 1
       SJMP  LOOP1
SMALL: DJNZ  R0,    LOOP
       MOV   20H,   R7            ;四舍五入
       JB    07H,   ADD1
       CLR   C
       MOV   A,     R6
       RLC   A
       MOV   R6,    A
       MOV   A,     R7
       RLC   A
       SUBB  A,     R3
       JC    RETURN
```

```
        JNZ     ADD1
        MOV     A,      R6
        SUBB    A,      R2
        JC      RETURN
ADD1:   MOV     A,      R4              ;商加1
        ADD     A,      #01H
        MOV     R4,     A
        MOV     A,      R5
        ADDC    A,      #00H
        MOV     R5,     A
RETURN:RET
```

例4-14 试编写程序，找出从片外2000H单元开始的连续20个单元无符号数中的最大值，并将它存入片外3000H单元。

思路：假定第一个数最大，和后面的数逐一进行比较，若后者大于前者，则交换，否则不交换。

解：程序流程图如图4-16所示。

源程序如下：

```
        ORG     0000H
        MOV     DPTR,   #2000H          ;数据区首地址送DPTR
        MOV     R0,     #13H            ;循环次数送R0
        MOVX    A,      @ DPTR
        MOV     30H,    A               ;取第一个数送30H
LOOP:   INC     DPTR                    ;修改地址指针
        MOVX    A,      @ DPTR          ;取下一个数
        CJNE    A,      30H,NEXT
NEXT:   JC      EXCH                    ;若(A)<(30H),则转EXCH
        MOV     30H,    A               ;取大数送30H
EXCH:   DJNZ    R0,     LOOP            ;数据块未比较完,继续执行
        MOV     DPTR,   #3000H
        MOV     A,      30H
        MOVX    @ DPTR,A                ;最大值送3000H
        END
```

例4-15 编写程序，从片外数据存储器STR单元开始的100个单元中查找某一数据DT，若找到，将片内BUF单元清零，并将该数据所在单元地址的高字节存入BUF+1单元，低字节存入BUF+2单元；若未找到，则将0FFH送入BUF单元。

解：程序流程图如图4-17所示。

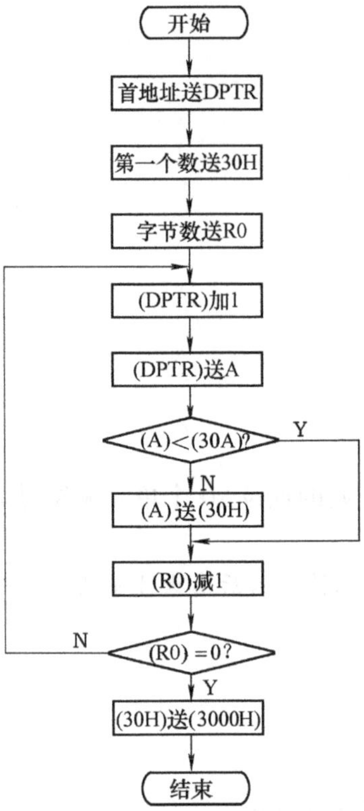

图4-16 找最大值的程序流程图

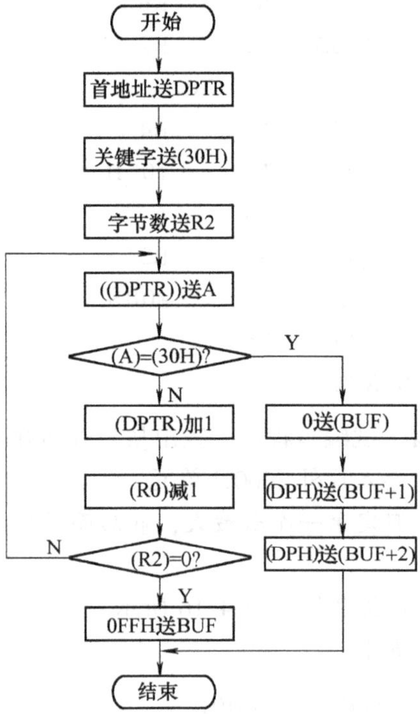

图4-17 找关键字的程序流程图

源程序如下：

```
        ORG     0000H
        MOV     DPTR, #STR          ;数据区首地址送 DPTR
        MOV     R0,   #64H          ;循环次数送 R0
        MOV     R1,   #BUF
        MOV     30H,  #DT           ;取关键字送 30H
LOOP:   MOVX    A,    @ DPTR        ;取一个数
        CJNE    A,    30H,NQ        ;不是关键字,则转 NQ
        MOV     @ R1, #00H          ;是关键字,00H 送 BUF 单元
        INC     R1
        MOV     @ R1, DPH
        INC     R1
        MOV     @ R1, DPL
        AJMP    NEXT
NQ:     INC     DPTR                ;修改地址指针
        DJNZ    R0,   LOOP          ;数据块未比较完,继续执行
        MOV     @ R1, #0FFH         ;0FFH 送 BUF 单元
```

```
NEXT:  END
```

(2) 多重循环　如前面介绍的，一个循环程序中不再包含其他的循环程序，则称该循环程序为单循环程序；如果一个循环程序中包含了其他的循环程序，则称该循环程序为多重循环程序。这在实际问题中也是经常遇到的，如软件延时程序和排序程序。

4.2.4　查表程序

在程序设计中，常遇到要查表求一些数据，这时可把待查的数据表放到程序存储器中，利用查表指令来编程实现。

例 4-16　求 0 ~ 9 之间某个数的二次方值。

解：假定 0 ~ 9 之间某个数在 A 中，其查二次方表子程序如下：

```
SQR:  INC     A
      MOVC    A,@ A + PC          ;查二次方表
      RET
TAB:  DB      0,1,4,9,16
      DB      25,36,49,64,81
      END
```

注意：加 INC　A 语句的原因是 MOVC 指令和 TAB 之间的字节数是 1，若 MOVC 指令和 TAB 之间的字节数是 10，则用“ADD A,#10”代替“INC　A”，以此类推。

4.2.5　散转程序

例 4-17　128 分支的转移程序，根据入口条件转移到 128 个目的地址。

入口：(R3) = 转移目的地址的序号 00H ~ 7FH。

出口：转移到相应子程序入口。

解：程序流程图如图 4-18 所示。

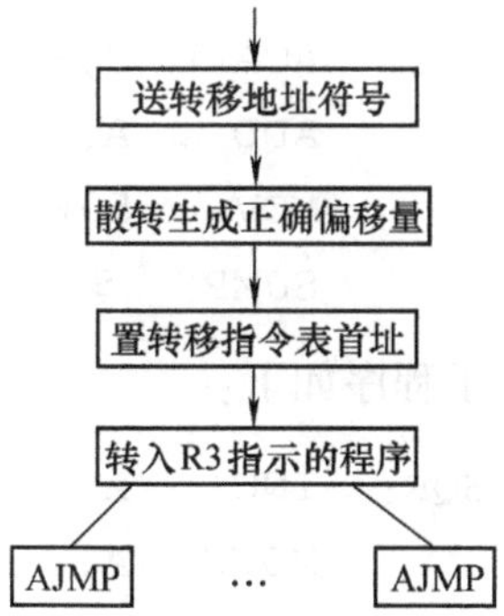

图 4-18　128 个分支转移程序的流程图

源程序如下：

```
JMP128:  MOV     A,       R3
         RL      A
         MOV     DPTR,    #JMPTAB
         JMP     @ A + DPTR
JMPTAB:  AJMP    SUB1                   ;128 个子程序首地址
         ⋮       ⋮
         AJMP    SUB128
```

此程序要求 128 个转移目的地址 SUB1 ~ SUB128 必须与绝对转移指令 AJMP 在同一个 2KB 存储区内。

4.2.6 子程序

同一个程序中，往往有许多地方都需要执行同样的一项任务，而该任务又非规则情况，不能用循环程序来实现，这时可以对这项任务独立地编写，形成一个子程序。在原来的主程序中需要执行该任务时，调用子程序，执行完任务后，又返回主程序，继续以后的操作。这样既简化了程序的逻辑结构，又便于调试，节省了程序的空间。

子程序调用中有一个特别的问题，就是信息交换，即调用子程序时，子程序如何得到有关参数，同时返回子程序后，主程序如何得到结果。

例 4-18 用程序实现 $c = a^2 + b^2$，设 a、b、c 分别存于内部 RAM 的 30H、40H、50H，且均小于 10。

解： 这个问题通过调用子程序查二次方表，结果在主程序中相加得到。

程序流程图如图 4-19 所示。

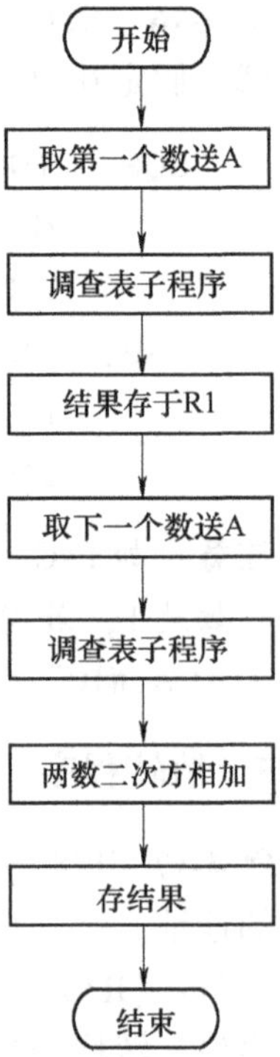

图 4-19 求 $c = a^2 + b^2$ 程序流程图

源程序如下：

```
START:MOV    A,     30H
      ACALL  SQR                    ;调查表子程序
      MOV    R1,    A               ;a² 暂存于 R1
      MOV    A,     40H
      ACALL  SQR
      ADD    A,     R1              ;实现 a² +b²
      MOV    50H,   A
      SJMP   $                      ;等待
```

子程序如下：

```
SQR:  INC    A
      MOVC   A,     @ A + PC        ;查二次方表
      RET
TAB:  DB     0,1,4,9,16
      DB     25,36,49,64,81
      END
```

4.3 汇编程序设计举例

4.3.1 软件延时程序设计

例 4-19 已知单片机的晶振为 6MHz，要求设计一个软件延时程序，延时时间为 10ms。

解： 我们知道，延时程序的延时时间主要与所用晶振和延时程序中的循环次数有关。已知晶振为 6MHz，则可知一个机器周期为 2μs。R0 为毫秒数，R1 为 1ms 延时预定值。

程序流程图如图 4-20 所示。

源程序如下：

```
              ORG     0000H                                         周期数
START:  MOV     R0,     #0AH          ;毫秒数送 R0                    1
LOP1:   MOV     R1,     #MT           ;1ms 延时值送 R1                1
LOP2:   NOP                                                           1
              NOP                                                     1
              DJNZ    R1,     LOP2          ;1ms 延时循环              2
              DJNZ    R0,     LOP1          ;10ms 延时循环             2
              END
```

该延时程序实际是一个双重循环程序。内循环的预定值 MT 尚需确定，因为各条指令的执行时间是确定的，需延时的总时间也确定，所以 MT 可以这样计算：

$$(1+1+2)\mu s \times 2 \times MT = 1000\mu s$$

$$MT = 125 = 7DH$$

将 7DH 代替 MT，则程序执行后可实现 10ms 延时。若延时更长时间可用三重乃至更多重循环。

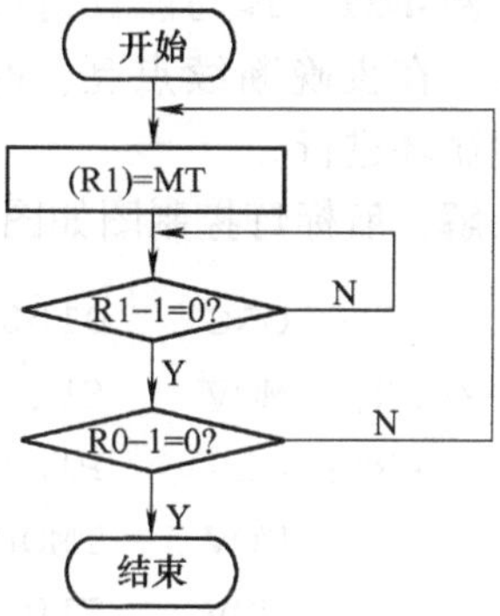

图 4-20 延时 10ms 程序流程图

4.3.2 蜂鸣器报警程序设计

例 4-20 假定 P1.0 接一个蜂鸣器，当 P1.0 = 1 时，蜂鸣器鸣音；当 P1.0 =0 时，蜂鸣器停止鸣音，如图 4-21 所示，试编程。

图 4-21 蜂鸣器报警原理图

解：其源程序为：

```
              ORG     1000H
              MOV     R2,     #10
LOP0:   MOV     A,      #01H
              MOV     P1,     A             ;P1.0 =1,蜂鸣器鸣音
              ACALL   DELAY                 ;调 10ms 延时
              MOV     A,      #00H
              MOV     P1,A                  ;P1.0 =0,蜂鸣器停止鸣音
              ACALL   DELAY                 ;调 10ms 延时
              DJNZ    R2,     LOP0
              RET
DELAY:  MOV     R0,     #0AH          ;毫秒数送 R0
```

```
LOP1:  MOV    R1,    #7DH       ;1ms 延时值送 R1
LOP2:  NOP
       NOP
       DJNZ   R1,    LOP2       ;1ms 延时循环
       DJNZ   R0,    LOP1       ;10ms 延时循环
       RET
       END
```

4.3.3　航标灯控制程序设计

例 4-21　编写航标灯控制程序。要求航标灯在白天熄灭，在夜晚断续点亮，时间间隔 2s，即亮 2s，息 2s，周期循环进行。

解：航标灯控制图如图 4-22 所示，其程序如下：

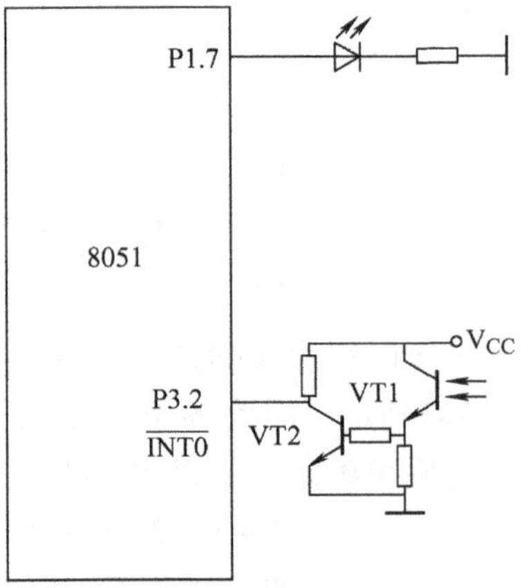

图 4-22　航标灯控制图

```
       ORG    0100H
MAIN:  MOV    SP,    #60H
START: CLR    P1.7
       MOV    TMOD,  #09H       ;T0 定时,模式 1,GATE =1
       MOV    TL0,   #058H      ;T0 计算初值
       MOV    TH0,   #9EH
       MOV    R7,    #28H       ;软件计数初值
HERE1: JNB    P3.2,  HERE1      ;夜晚到了吗? 白天,P3.2 =0,转 HERE1,即停在
                                 此语句等待;夜晚到了,P3.2 =1,往下执行。
       SETB   TR0               ;启动 T0
       SETB   ET0               ;允许 T0 中断
       SETB   EA                ;CPU 开中断
HERE2: JB     P3.2,  HERE2      ;白天到了吗? 夜晚,P3.2 =1,转 HERE2,即停在
                                 此语句等待;白天到了,P3.2 =0,往下执行。
       CLR    TR0               ;关 T0
       CLR    ET0               ;禁止 T0 中断
       CLR    EA                ;关中断
       CLR    P1.7              ;关信号灯
       SJMP   START
```

中断服务程序

```
       ORG  000BH
       SJMP T0INT
       ORG  0050H
T0INT: MOV  TL0,   #058H     ;重赋 T0 初值
       MOV  TH0,   #9EH
```

```
        DJNZ R7,   EXIT         ;软件计数为零吗?
        MOV  R7,   #28H         ;计数已到,重赋初值
        CPL  P1.7               ;输出取反,控制灯亮或灭

EXIT:   RETI                    ;中断返回
        END
```

4.3.4 流水灯控制程序设计

例 4-22 假定 P1.0～P1.7 接了 8 个发光二极管，试编程实现低电平发光二极管亮，循环使 8 个发光二极管依次亮。

解：其源程序为：

```
        ORG    1000H
        MOV    A,    #0FEH      ;先使 P1.0 =0
LOP0:   MOV    P1,   A          ;依次使 P1.1 ~ P1.7 分别为 0
        ACALL  DELAY            ;调 10ms 延时
        RL     A
        SJMP   LOP0
        RET
DELAY:  MOV    R0,   #0AH       ;毫秒数送 R0
LOP1:   MOV    R1,   #MT        ;1ms 延时值送 R1
LOP2:   NOP
        NOP
        DJNZ   R1,   LOP2       ;1ms 延时循环
        DJNZ   R0,   LOP1       ;10ms 延时循环
        RET
        END
```

4.3.5 查表控制程序设计

例 4-23 利用查表法求函数值，计算 $Y=3X^2$，X 为 0～9 之间的数。

解：对此问题可利用查表法和地址计算法。若用查表法，应事先计算出 X=0～9 时相应的 Y 值，然后依次存入起始地址为 TAB 的程存储器中，形成一个表，在计算 $Y=3X^2$ 时，只需按 X 的值求出 Y 值应存放的程序存储器单元地址，就可求得其函数值。

源程序如下：

```
        ORG    0000H
START:  MOV    DPTR, #TAB       ;表首地址送 DPTR
        MOV    A,    30H        ;X →(A)
        MOVC   A,    @A+DPTR    ;查表
```

```
        MOV    31H,  A          ;将结果存于31H单元
TAB:    DB     0,3,12,27,48,75
        DB     108,147,192,243
        END
```

4.3.6　排序程序设计

排序方法有很多种，在此仅介绍冒泡法排序。

例 4-24　编写程序，从片内数据存储器 STR 开始的单元中任意存放 N 个无符号数，把它们由小到大进行排序。

思路：从数组的第一个数开始，相邻两单元的数相比较，如果第一个单元的数大，则两者交换。这样依次比较下去，重复上述过程 N－1 次后，才能将 N 个数中的最大数沉降到数据区的最后一个单元中；然后又从头开始进行第二轮比较，经过 N－2 次比较后，才把第二个最大数沉降到数据区的倒数第二个单元，循环 N－1 轮后，N 个数据便会由小到大顺序排列在原数据区。

解：程序流程图如图 4-23 所示。

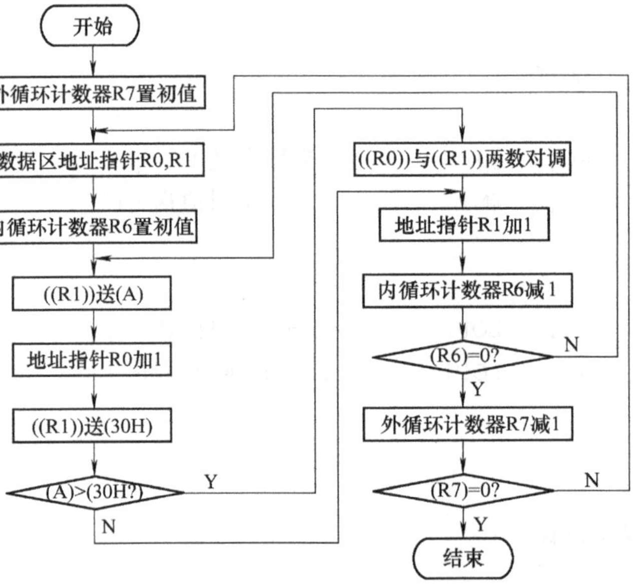

图 4-23　冒泡法排序程序流程图

源程序如下：

```
        ORG    0000H
        MOV    R7,   #N－1      ;设外循环计数器
LOOP:   MOV    R0,   #STR       ;设数据区地址指针
        MOV    R1,   #STR       ;

        MOV    A,    R7
        MOV    R6,   A          ;设内循环计数器
```

```
LOOP1: MOV    A,     @ R1          ;取数据送 A
       INC    R0                   ;R0 指针加 1
       MOV    30H,   @ R0          ;取比较数送 30H 单元
       CJNE   A,     30H,NEXT0     ;比较两数大小
NEXT0: JC     NEXT1                ;若(A) < ((R0)),则转 NEXT1
       XCH    A,     @ R0          ;交换数据
       MOV    @ R1, A              ;
NEXT1: INC    R1                   ;R1 指针加 1
       DJNZ   R6,    LOOP1         ;若内循环次数不为 0,则转 LOOP1
       DJNZ   R7,    LOOP          ;若外循环次数不为 0,则转 LOOP
       END
```

实训项目 4：用软件延时实现流水灯控制

1. 功能及要求

功能：用单片机实现流水灯控制。

要求：1）设计一个电路，用单片机实现流水灯控制功能。

2）编写控制程序，用软件延时实现流水灯控制功能。

2. 电路设计

流水灯控制参考电路如图 4-24 所示，P4.2 为控制使能端，P0.0 ~ P0.7 分别控制 8 个 LED（LED1 ~ LED8），输出“0”点亮 LED，输出“1”熄灭 LED。

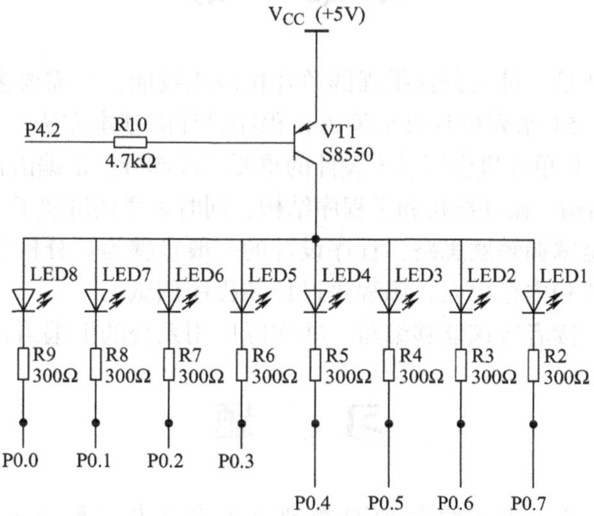

图 4-24 流水灯控制参考电路

3. 程序设计

下面分别用汇编语言和C语言编写了流水灯控制程序，均采用软件延时方法实现速度控制。

汇编语言程序

```
P4      EQU    0C0H
        ORG    0000H
        AJMP   MAIN
        ORG    0020H
MAIN:   MOV    A,    #01H
        CLR    P4.2
LOOP:   MOV    P0,   A
        RL     A
        ACALL  DELAY
        SJMP   LOOP
DELAY:  MOV    R5,   #20H
LOOP3:  MOV    R6,   #20H
LOOP2:  MOV    R7,   #248H
LOOP1:  DJNZ   R7,   LOOP1
        DJNZ   R6,   LOOP2
        DJNX   R5,   LOOP3
        RET
        END
```

C语言程序

```
#include <stc_new_8051.h>

unsigned char a=1;
sbit Led_en=P4^2;

delay(unsigned T--)
{while(--T);}

main()
{
Led_en=0;
while(1)
{
P0=a;
a<<=1;
if(a==0)a=1;
delay(50000);}}
```

本章小结

汇编语言程序设计是一种实践性很强的单片机应用技能，它需要多读多写。

本章讲述了MCS-51系列单片机汇编语言程序设计的基本方法。

汇编语言程序设计是单片机应用系统设计的重要组成部分，汇编语言程序设计的基本结构有：顺序结构、分支结构、循环结构和子程序结构，同时本章还讲述了一些实用程序设计。

程序设计的关键是掌握解题思路，程序设计的一般步骤为：分析题意、设计算法、画程序流程图、分配寄存器和内存单元、源程序设计和程序调试。

通过本章的学习，读者应该能够编写一些实际应用系统的汇编语言程序。

习　题

1. 试编程将20H单元中的两个BCD数拆开并变成相应的ASCII码存入21H和22H单元。

2. 试编程将片内 RAM 30H 单元中 8 位无符号二进制数转换成 3 位 BCD 码，并存入片内 RAM 40H（百位）和 41H（十位、个位）两个单元中。

3. 已知 16 位二进制数放在 20H 和 21H 单元，请编写将其右移一位的程序。

4. 如何编写一个具有 128 分支的程序？

5. 若单片机的时钟频率为 12MHz，试编写出能延时 30ms 的延时程序。

6. 利用查表技术将累加器中的一位十进制数的七段码转换为相应的 BCD 码，结果仍放在 A 中（设 0 ~9 的七段码分别为：40H，79H，24H，30H，19H，12H，02H，78H，00H，1BH）。

7. 设 5AH 单元中有一变量 X，请编写计算下述函数式的程序，结果存放在 5BH 单元。

$$Y=\begin{cases}X^2-1 & X<10\\ 2X+8 & 15\geqslant X\geqslant 10\\ 41 & X>15\end{cases}$$

8. 编程计算片内 RAM 区 50H ~57H 八个单元中数的算术平均值结果存放在 5BH 单元。

9. 编写对一个多字节数做乘 10 运算的子程序。

10. 从片内 20H 单元开始有一无符号数据块，其长度在 20H 单元，求出数据块中的最小值，并存入 21H 单元。

11. 试编写一多字节 BCD 码加法程序。

12. 试编写一多字节 BCD 码减法程序。

第5章　单片机内部功能块的应用

知识要点

1）掌握中断的概念及内部结构。

2）掌握定时器/计数器的基本结构及工作方式。

能力训练

1）能根据需要，正确编写中断服务程序。

2）会计算计数初值，并能编写相应应用程序。

5.1　单片机的中断系统

中断系统是单片机的重要功能部件，不同的单片机对中断系统支持的程度不同。中断其实是 CPU 对外部异步事件所做出的具有优先级的一种响应。51 系列单片机具有 5 个中断源、两级中断优先级，具有完善的指令系统。使用中断系统可以防止程序跑飞，提高 CPU 的工作效率和单片机解决问题、应对异常事件的能力。

5.1.1　中断的概念

中断的概念是 20 世纪 50 年代中期提出的，是各类控制器中一种很重要的技术；它不但和硬件相关，而且和软件也相关。正是由于中断技术的问世，各类控制器的工作才更加灵活和高效。中断功能的强弱也成为衡量控制器功能完善与否的重要标志。

所谓中断是指微处理器的 CPU 按照先后顺序执行代码的过程中，如果外部硬件或者内部组件有紧急的请求，此时中断系统可以将当前的程序暂停，优先处理中断请求。当中断请求处理完毕的时候，再返回来继续执行主程序，如图 5-1 所示。举一个例子：当一位工作人员正在处理文件时，电话响了（中断请求），于是不得不在正在处理的文件上做一个标记（中断结束后返回的地址），然后暂停工作，去接电话（响应中断），接完电话后，再静下心来，返回到刚才所处理文件的所做标记处继续处理文件（中断返回）。微处理器引入中断后，便形成了与其相对应的特有概念，主要有以下几个。

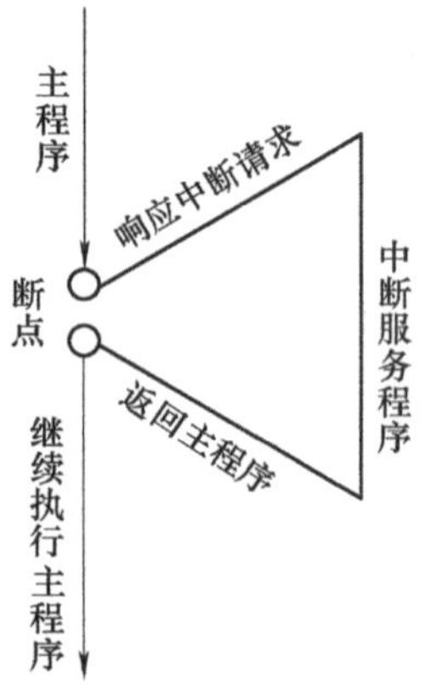

图 5-1　中断流程示意图

1）中断源：能够产生中断请求的硬件或软件资源称为中断源。

2）主程序：中断发生前正在执行的程序代码称为主程序。

3）断点：中断发生时，主程序被断开的程序代码位置称为断点。

4）中断系统：在微处理器中，能够实现中断响应、中断处理和中断返回的功能部件称为中断系统。

利用这些基本概念描述中断及其处理过程：当微处理器执行主程序时，如果某个中断源产生中断请求，中断系统会响应该中断请求，并在断点处暂停主程序的执行转而执行中断服务。当中断服务结束后，中断系统将执行返回主程序的断点处，继续执行主程序。

在微控制器中引入中断技术具有以下优点：

1. 提高 CPU 的工作效率

通常 CPU 的运行速度远远高于外设的运行速度，当 CPU 与外设交互时，每传送一组数据，CPU 就要等待很长的时间才能传送下一组数据，在等待期间 CPU 处在空闲状态，造成 CPU 资源浪费。正由于引入中断技术，CPU 可和多个外设同步工作，消除了这种矛盾。即 CPU 启动外设后可以去执行另一程序，当外设完成指定的操作后会向 CPU 发出中断请求，CPU 立即暂停程序的执行而为外设服务，完成后继续执行原程序。这样 CPU 不仅可以与多个外设并行工作，而且减少了不必要的等待和查询时间，从而大大地提高了 CPU 的工作效率。

2. 便于实时处理

对于实时性要求比较高的场合，中断技术无疑是最优选择，当外部事件发生的时候，可立刻向 CPU 发送中断请求，CPU 便会立刻响应，并加以处理。

3. 便于故障处理，提高系统的稳定性

单片机系统运行过程中，如果遇到电源断电、系统失常、计算溢出等异常事件，中断系统会立即向 CPU 发送中断请求，CPU 会立即进行相应的中断处理，保护重要的参数并进行系统的自动修复，这样可大大提高单片机系统的抗干扰性和可维护性。

5.1.2 MCS－51 系列单片机中断系统结构

MCS－51 系列单片机中断系统的结构如图 5-2 所示，整个中断系统由 5 个中断源、两级管理和 4 个控制寄存器组成。5 个中断源分别是 2 个外部中断、2 个定时器/计数器中断和 1 个串行口中断；两级管理中第一级是中断允许控制，第二级是中断优先级判断；4 个控制寄存器分别是：定时器/计数器控制寄存器 TCON、串行口控制寄存器 SCON、中断允许控制寄存器 IE 及中断优先级控制寄存器 IP。

1. 中断源和中断请求标志

MCS－51 系列单片机有五个中断源，它们是：

1）外部中断 0（$\overline{\text{INT0}}$）：通过引脚 P3.2 输入。其触发方式与外部中断源 0 触发方式选择位 IT0 有关，分为低电平触发与下降沿触发两种方式。中断请求标志位是 IE0，当有中断请求时，IE0 置为 1，中断得到响应后，IE0 自动设为 0。

2）外部中断 1（$\overline{\text{INT1}}$）：通过引脚 P3.3 输入，其工作原理与$\overline{\text{INT0}}$类似，中断请求标志位是 IE1。

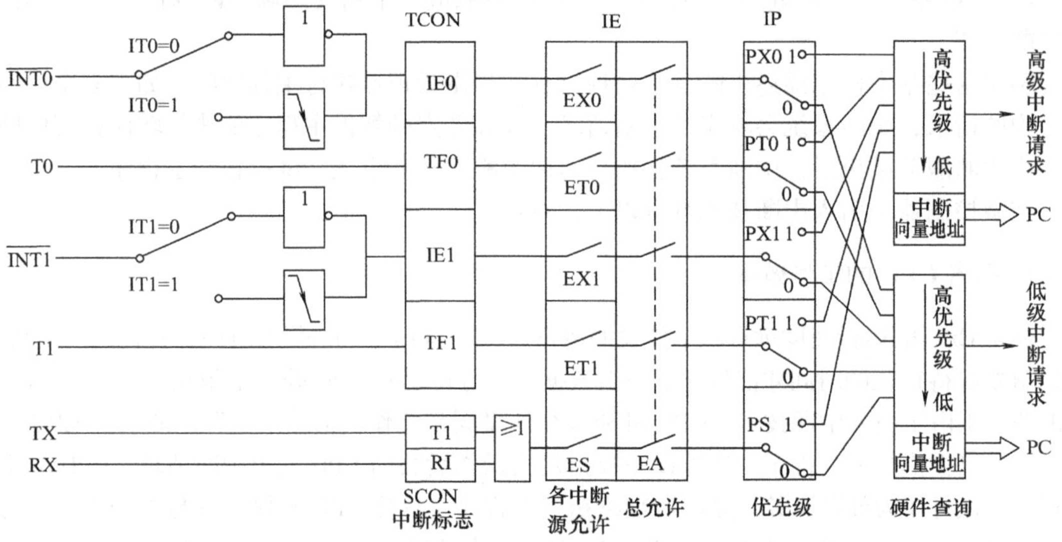

图 5-2　MCS－51 系列单片机中断系统结构示意图

3）定时器/计数器中断 0（T0）：当内部定时器/计数器 T0 产生溢出时，就会发出中断请求，对应中断请求标志位 TF0 置为 1。

4）定时器中断/计数器 1（T1）：工作原理与 T0 相似，中断请求标志位是 TF1。

5）串行口中断（TX/RX）：当串行口完成一帧数据的发送或接收时，对应 TX 或 RX 便向 CPU 请求中断，对应中断请求标志位 TI 或 RI 置为 1。

2. 定时器/计数器控制寄存器 TCON

TCON 是定时器/计数器控制寄存器，字地址 88H，与中断相关的位见表 5-1。

表 5-1　TCON 寄存器

位	D7	D6	D5	D4	D3	D2	D1	D0
TCON	TF1	—	TF0	—	IE1	IT1	IE0	IT0
位地址	8FH	8EH	8DH	8CH	8BH	8AH	89H	88H

其中：

1）TF1：定时器/计数器 1（T1）溢出中断请求标志位。当 T1 产生溢出时，硬件自动置位 TF1，并向 CPU 申请中断。CPU 响应中断进入中断服务程序后，硬件将 TF1 位自动清零。

2）TF0：定时器/计数器 0（T0）溢出中断请求标志位。含义同 TF1。

3）IT1：外部中断 1（$\overline{\text{INT1}}$）触发方式选择位。IT1 设置为 1，则外部中断 1 为下降沿触发方式，CPU 在每个机器周期的 S5P2 采样$\overline{\text{INT1}}$端（P3.3），如果在一个周期内采样到高电平，在下一个周期内采样到低电平，则硬件自动置位 IE1 并向 CPU 请求中断；如果 IT1 设置为 0，则外部中断 1 的触发方式为低电平触发方式。外部中断是通过检测$\overline{\text{INT1}}$端的输入电平（低电平）来触发的。采用低电平触发方式时，输入到$\overline{\text{INT1}}$的外部中断源必须保持低电平有效，直到该中断被响应。同时在中断返回之前使电平变高，否则将会再次产生中断。

4）IE1：外部中断1（$\overline{INT1}$）中断请求标志位。如果IT1 =1，且引脚$\overline{INT1}$上的电平由高变低时，IE1将会由硬件自动置“1”，且外部中断1向CPU请求中断。在CPU响应该中断时硬件自动将此位清零。

5）IT0：外部中断0（$\overline{INT0}$）触发方式选择位。含义同IT1。

6）IE0：外部中断0（$\overline{INT0}$）中断请求标志位。如果IT0 =1，且引脚$\overline{INT0}$上的电平由高变为低时，IE0将会由硬件自动置“1”，且外部中断0向CPU请求中断。在CPU响应该中断时硬件自动将此位清零。

3. 串行口控制寄存器SCON

SCON是串行口控制寄存器，字地址为98H，低2位与串行口工作相关，即为串行口中断标志位，见表5-2。

表5-2　SCON寄存器

位	D7	D6	D5	D4	D3	D2	D1	D0
SCON							TI	RI
位地址	9FH	9EH	9DH	9CH	9BH	9AH	99H	98H

其中：

1）RI：串行口接收中断请求标志位。在串行口模式0中，每当接收完第8位数据时，硬件会自动置位RI；在其他模式中，当接收到停止位时，硬件会自动置位RI。串行口中断向CPU申请中断，然后CPU转入串行口中断服务程序执行，读取数据，数据读取完后，RI必须由软件来清零。

2）TI：串行口发送中断请求标志位。在模式0中，CPU将8位数据写入发送缓冲器，然后启动串行数据发送，当8位数据发送往后，硬件自动置位TI；在其他模式中，发送完停止位后硬件才置位TI。TI被置为1后必须由软件来清零。

4. 中断允许控制寄存器IE

在MCS－51系列单片机中断系统中，中断的允许和禁止是由中断允许控制寄存器IE控制的，字地址为A8H。IE中各位见表5-3。

表5-3　IE寄存器

位	D7	D6	D5	D4	D3	D2	D1	D0
IE	EA	—	ET2	ES	ET1	EX1	ET0	EX0

其中：

1）EA：中断允许总控制位。

EA =0，CPU禁止所有中断，屏蔽所有的中断请求。

EA =1，CPU允许所有中断。此时只要各个中断源的中断请求被允许，当中断源产生中断并向CPU申请中断时，CPU就会响应其中断。

2）ET2：52系统单片机定时器/计数器2中断允许控制位。

ET2 = 0，禁止定时器/计数器 2 中断。

ET2 = 1，允许定时器/计数器 2 中断。

3） ES：串行口中断允许位。

ES = 0，禁止串行口中断。

ES = 1，允许串行口中断。

4） ET1：定时器/计数器 1 中断允许位。

ET1 = 0，禁止定时器/计数器 1 中断。

ET1 = 1，允许定时器/计数器 1 中断。

5） EX1：外部中断 1 中断允许位。

EX1 = 0，禁止外部中断 1 中断。

EX1 = 1，允许外部中断 1 中断。

6） ET0：定时器/计数器 0 中断允许位。

ET0 = 0，禁止定时器/计数器 0 中断。

ET0 = 1，允许定时器/计数器 0 中断。

7） EX0：外部中断 0 中断允许位。

EX0 = 0，禁止外部中断 0 中断。

EX0 = 1，允许外部中断 0 中断。

5. 中断优先级控制寄存器 IP

MCS - 51 系列单片机中断系统提供了 2 个中断优先级，即高优先级和低优先级，对每一个中断源都可以通过设置中断优先级控制寄存器 IP 对应的位来设置其为高优先级中断源或低优先级中断源。IP 寄存器字地址为 B8H，其各位见表 5-4。

表 5-4 IP 寄存器

位	D7	D6	D5	D4	D3	D2	D1	D0
IP	—	—	PT2	PS	PT1	PX1	PT0	PX0
位地址	BFH	BEH	BDH	BCH	BBH	BAH	B9H	B8H

其中：

1） PT2：52 系统单片机定时器/计数器 2 中断优先级设定位。

PT2 = 1，定时器/计数器 2 定义为高优先级中断源。

PT2 = 0，定时器/计数器 2 定义为低优先级中断源。

2） PS：串行口中断优先级设定位。

PS = 1，串行口定义为高优先级中断源。

PS = 0，串行口定义为低优先级中断源。

3） PT1：定时器/计数器 1 中断优先级设定位。

PT1 = 1，定时器/计数器 1 定义为高优先级中断源。

PT1 = 0，定时器/计数器 1 定义为低优先级中断源。

4） PX1：外部中断 1 中断优先级设定位。

PX1 = 1，外部中断 1 定义为高优先级中断源。

PX1 =0，外部中断1定义为低优先级中断源。

5）PT0：定时器/计数器0中断优先级设定位。

PT0 =1，定时器/计数器0定义为高优先级中断源。

PT0 =0，定时器/计数器0定义为低优先级中断源。

6）PX0：外部中断0中断优先级设定位。

PX0 =1，外部中断0定义为高优先级中断源。

PX0 =0，外部中断0定义为低优先级中断源。

可通过位操作指令或字节操作指令对中断优先级控制寄存器IP的各个控制位进行设置。单片机复位后中断优先级控制寄存器IP各位均为0，各个中断源均为低优先级中断源。

6. 中断源自然优先级顺序及优先级原则

51单片机有5个中断源、2个优先级，因此有可能有多个中断源处于同一优先级别。为了给同一级别的中断源进行排序，单片机内部通过硬件查询的方式对5个中断源设置了自然优先级别，对于同一个优先级别上的中断源，CPU按照自然优先顺序进行响应。

中断源的自然优先级排列如下：

中断源	同级内的中断优先级
外部中断0	最高
定时器/计数器0溢出中断	↓
外部中断1	↓
定时器/计数器1溢出中断	↓
串行口中断	最低

MCS－51系列单片机中断执行顺序遵循下列基本原则：

1）不同级别中断源同时提出中断请求，CPU先响应高优先级别中断源。

2）低优先级中断源可被高优先级中断源所中断，而高优先级中断源不能被任何中断源所中断。

3）某中断源（不管是高优先级还是低优先级）一旦得到响应，与它同级的中断源不能再中断它。

为了实现上述两条基本原则，中断系统内部包含两个不可寻址的优先级触发器，其中一个用来指示某个高优先级的中断源正在得到服务，并阻止所有其他中断的响应；另一个触发器则指出某个低优先级的中断源正得到服务，所有同级的中断都被阻止，但允许高优先级中断源被响应。

5.1.3 中断应用举例

一个完整的中断过程包括中断请求、中断响应、中断处理和中断返回三个阶段。其中中断请求和中断响应由系统硬件自动完成。

中断响应是CPU对满足中断响应条件的中断请求的回答，包括保护断点和将程序转向中断服务程序的入口地址等。CPU响应中断有一定的条件：有中断请求；中断总允许位EA置为1；申请中断的中断源允许位置1；没有同等级或更高优先级正在执行；当前机器周期为当前执行指令的最后一个机器周期；当前执行指令不是返回（RETI）或者访问IE、IP寄存器指令。实际上，只要满足了前2个条件，中断就会得到响应，但是如果不满足后3个条件，中断响应会受阻延迟执行。

中断处理就是执行中断服务程序。中断服务程序从中断入口地址开始执行，到返回指令RETI为止，一般包括保护现场和完成中断源请求服务两部分。各中断源入口地址见表5-5。

表5-5 各中断源对应入口地址

中断源		中断入口地址
$\overline{INT0}$	外部中断0	0003H
T0	定时器/计数器0	000BH
$\overline{INT1}$	外部中断1	0013H
T1	定时器/计数器1	001BH
RI（TI）	串行口中断	0023H

在中断服务过程中，首先要进行现场保护。现场保护中，先关闭中断，防止出现中断干扰现场保护过程，再利用PUSH指令将当前系统寄存器状态记录送入堆栈保护以便利用POP指令予以恢复，最后开中断EA，允许高级中断请求能打断当前正在执行的中断。完成现场保护后执行中断服务主程序，最后进行现场恢复。

中断返回是指中断服务结束之后返回到断点，继续执行原程序的过程，由RETI指令来实现。这个指令的功能是把断点地址从堆栈中弹出，送回到程序计数器PC，此外，还通知中断系统已完成中断处理，并清除优先级状态触发器。

中断处理的整个过程如图5-3所示。以下是对应的汇编程序通用结构。

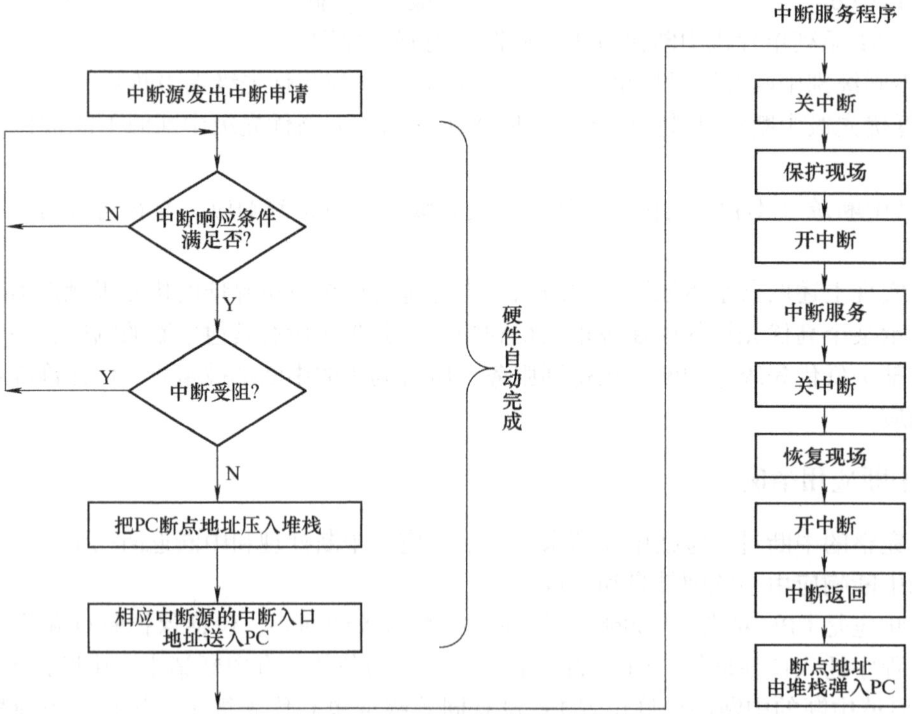

图5-3 中断处理流程图

```
CLB     EA          ;关闭中断
PUSH    PSW         ;保护现场
PUSH    ACC
PUSH    …
SETB    EA          ;开中断
…                   ;中断服务程序
CLR     EA          ;关闭中断
POP     …
POP     ACC
POP     PSW         ;现场恢复
SETB    EA          ;开中断
RETI
```

综上所述，设计中断服务程序的步骤如下：

1. 中断初始化程序

中断的初始化是指用户对与中断相关的各特殊功能寄存器进行赋值的过程。它是启动中断的首要工作，步骤如下：

1）置位相应中断源的中断允许标志位及 EA。

2）设定所用中断源的中断优先级。

3）对外部中断应设定中断请求信号的触发方式（电平触发/脉冲触发）。对于定时器/计数器中断应设置工作方式（定时方式/计数方式）。

2. 中断服务程序

中断服务是指系统产生中断请求后，CPU 响应中断所服务的内容，通常中断服务包括两部分内容：一是保护现场，二是为中断源服务。

在编写中断服务程序时应注意以下几点：

1）各中断源的中断矢量入口地址之间，只相隔 8 个单元，一般不能满足中断服务程序的内容。最常用的方法是在中断矢量入口地址单元处存放一条无条件转移指令，转至程序设计者安排的其他地址单元中去。

2）若要在执行当前中断服务程序时禁止更高优先级中断，可在中断服务程序中应用软件关闭 CPU 中断，或屏蔽更高级中断源的中断，在中断返回前再开中断。

3）在保护现场和恢复现场时，为了不使现场信息受到破坏，一般在此情况下应关闭 CPU 中断。这样就要求在编写中断服务程序时，应注意在保护现场之前要关中断，在保护现场之后若允许高优先级中断，则应开中断。同样在恢复现场之前应关中断，恢复之后再开中断。

4）中断服务程序的最后一条指令必须是中断返回指令 RETI。CPU 执行该指令时，先需要把保存的现场内容从堆栈中弹出来，以恢复相关寄存器和存储器单元中的原有内容。

保护现场及恢复现场的工作必须由用户设计的中断服务程序处理，有些中断请求的撤除也由中断服务程序来实现。

例 5-1　图 5-4 为 3 个故障源显示电路，当系统无故障时，3 个故障源输入端 X1 ~ X3 全为低电平，对应的三盏显示灯全灭；当某部分出现故障时，其对应的输入端由低电平变为高电平，引起单片机中断，中断服务程序判定故障，并点亮对应的显示灯。

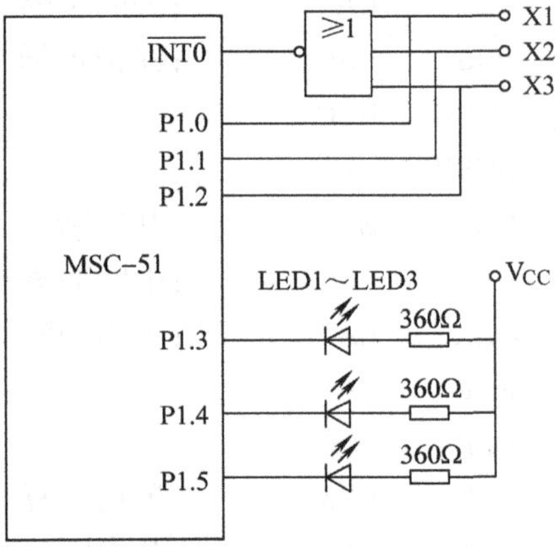

图 5-4　中断应用实例 1

解：

主程序：

```
        ORG     0000H
        AJMP    MAIN
        ORG     0003H
        AJMP    SERVE
MAIN:   ORL     P1,#0FFH        ;灯全灭,准备读入
        SETB    IT0             ;选择边沿触发方式
        SETB    EX0             ;允许INT0中断
        SETB    EA              ;CPU 开中断
        AJMP    $               ;等待中断
```

中断服务子程序：

```
SERVE:JNB   P1.0,L1             ;若 X1 无故障,跳到 L1
      CLR   P1.3                ;点亮 LED1
L1:   JNB   P1.1,L2             ;若 X2 无故障,跳到 L2
      CLR   P1.4                ;点亮 LED2
L2:   JNB   P1.2,L3             ;若 X3 无故障,跳到 L3
      CLR   P1.5                ;点亮 LED3
L3:   RETI
```

例 5-2　如图 5-5 所示电路，P1 口的 8 个发光二极管作左移或右移循环点亮，当外部中断时使 P1 口的 8 个发光二极管闪烁 5 次。

解：

主程序

```
        ORG  1000H
START:  MOV  IE,    81H         ;INT0中断允许
        MOV  IP,    01H         ;INT0中断优先
        MOV  TCON,00H           ;ITN0电平触发
        MOV  SP,    #70H        ;设定堆栈指针
LOOP:   MOV  A,     #0FFH       ;左移初值
```

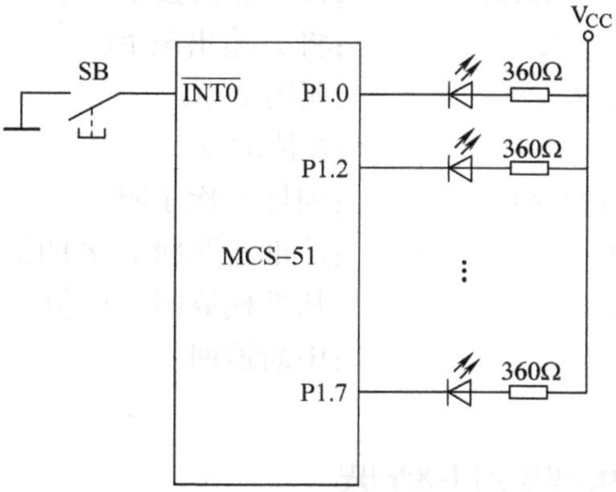

图 5-5　中断应用实例 2

```
        CLR   C                 ;清进位 C
        MOV  R2,   #08H         ;设定左移 8 次
LOOP1:  RLC   A                 ;A 左移一位
        MOV  P1,   A            ;输出至 P1
        CALL DELAY              ;延时 0.2s
        DJNZ R2,   LOOP1        ;左移 8 次了吗?
        MOV  R2,   #07H         ;设定右移 7 次
LOOP2:  RRC   A                 ;A 右移一位
        MOV  P1,   A            ;输出至 P1
        CALL DELAY              ;延时 0.2s
        JMP  LOOP               ;重复
DELAY:  MOV  R5,   #14H         ;延时 0.2s 子程序
D1:     MOV  R6,   #14H
D2:     MOV  R7,   #F7H
        DJNZ R7,   $
        DJNZ R6,   D2
        DJNZ R5,   D1

        ORG  0003H              ;中断程序入口地址
        JMP  EXT0               ;转入中断服务程序
```

中断服务程序

```
        ORG    0100H
EXT0:   PUSH   ACC              ;将 A 压入堆栈保存
        PUSH   PSW              ;将 PSW 值压入堆栈保存
        STEB   RS0              ;设定工作组寄存器组 1
        CLR    RS1
        MOV    A,     #00H      ;为使 P1 全亮
```

```
         MOV    R2,   #0AH        ;设闪烁次数 10 次
LOOP3:   MOV    P1,   A           ;将 A 输出至 P1
         CALL   DELAY             ;延时 0.2s
         CPL    A                 ;A 值取反
         DJNZ   R2,LOOP3          ;闪烁 5 次了吗?
         POP    PSW               ;从堆栈取回 PSW 的值
         POP    ACC               ;从堆栈取回 A 的值
         RETI                     ;中断返回
```

5.2　单片机的定时器/计数器

定时器和计数器是单片机中的两个重要功能模块，一个是可以用来定时的定时器，一个是可以用来计数的计数器，并且它们也是时序电路的基础，在实际系统中应用极为广泛。例如在检测、控制以及智能仪器仪表等方面常用到定时器。对于时序控制电路，经常需要定时输出某些控制信号，或者对某些待测量进行定时扫描和监测，这便需要实现定时和计数的功能。本节将从定时器/计数器结构及工作方式两个方面对单片机中的定时器/计数器进行详细讲解。

5.2.1　定时器/计数器的组成

1. 定时器/计数器结构

单片机中定时器/计数器的基本结构如图 5-6 所示。定时器/计数器 T0 和 T1 本质上是两个 16 位的加 1 计数器，其中定时器/计数器 T0 和 T1 分别由两个独立的 8 位特殊功能寄存器（TH0、TL0 和 TH1、TL1）组成。用户可以通过 TH0、TL0 和 TH1、TL1 特殊功能寄存器来设置定时器/计数器 T0 和 T1 的计数初值，通过 TMOD 特殊功能寄存器来设置定时器/计数器 T0 和 T1 的工作方式，通过 TCON 特殊功能寄存器来控制定时器/计数器 T0 和 T1 的开启与停止，另外当定时器/计数器 T0 和 T1 发生溢出时，特殊功能寄存器 TCON 会自动设置相应的溢出标志并立即向 CPU 提出中断请求。

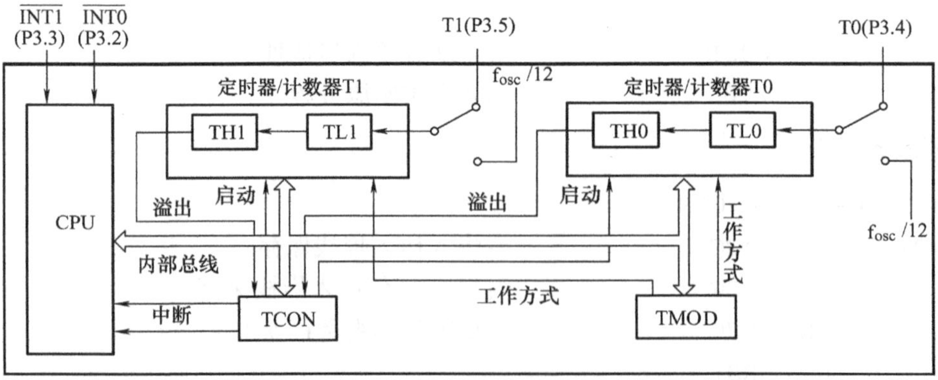

图 5-6　定时器/计数器的基本结构

当定时器/计数器 T0 和 T1 工作于计数模式下时，对计数脉冲进行计数。其中，计数脉冲来自相应的外部输入引脚 P3.4（T0）或 P3.5（T1）。当该引脚的输入信号发生下降沿跳变时，计数器（TH0、TL0 或 TH1、TL1 特殊功能寄存器）的值会在原来的基础上加 1。单片机对该引脚的输入信号的占空比没有要求，但一般要求输入信号周期不能小于机器周期，主要是为了确保输入信号在发生下降沿跳变前至少被采样一次。单片机 CPU 在每个机械周期的 S5P2 期间，对外部输入信号进行采样。如果在第一个周期的采样值为高电平，而在下一个周期中的采样值为低电平，即检测到引脚电平发生下降沿跳变，则在下一个周期的 S3P1 期间，计数值在原来基础上增加 1。显然总共需要两个机器周期才能确认一次计数，即需要 24 个振荡器周期，因此外部输入的计数脉冲的最高频率为单片机振荡器频率的 1/24。

当定时器/计数器 T0 和 T1 工作于定时模式下时，对时间进行累加统计，定时器/计数器的定时功能其实也是通过计数实现的，与计数功能不同的是，此时计数脉冲来自于单片机的内部时钟脉冲，此内部时钟脉冲是单片机内部振荡器经过 12 分频后的脉冲（机器周期脉冲信号）。每当有一个脉冲输入到定时器，定时器就会在原来的基础上加 1，直到定时器的特殊功能寄存器 TH0、TL0 或者 TH1、TL1 里面的数据溢出产生中断。

2. 定时器/计数器的控制寄存器

定时器/计数器有两个控制字寄存器 TMOD 和 TCON，用户通过赋值给特殊功能寄存器 TMOD 和 TCON 来实现对定时器/计数器的控制。其中，TMOD 主要用于改变两个定时器/计数器的工作方式，而 TMOD 主要用于控制定时器/计数器是否使用。

（1）工作方式控制寄存器 TMOD　特殊功能寄存器 TMOD 为定时器/计数器的工作方式控制寄存器，字地址为 89H，高四位用于 T1，低四位用于 T0，只能对其进行字节操作，不能进行位操作。其格式见表 5-6。

表 5-6　TMOD 寄存器

	D7	D6	D5	D4	D3	D2	D1	D0
TMOD	GATE	$C/\overline{T}$	M1	M0	GATE	$C/\overline{T}$	M1	M0
	定时器/计时器 T1				定时器/计时器 T0			

其中：

1）GATE：门控位。GATE = 0 时，定时器/计时器由 TCON 中的软件控制位 TR0/TR1 来控制启停。TR0（TR1）为 1 时，定时器/计时器启动开始工作；TR0（TR1）为 0 时定时器/计时器停止工作。GATE = 1 时，定时器的启停由外部中断引脚和 TR0（TR1）共同控制，只有当外部中断引脚 $\overline{INT0}$（$\overline{INT1}$）为高电平且 TR0（TR1）为 1 时，才能启动定时器工作。

2）$C/\overline{T}$：功能选择位。当 $C/\overline{T}=0$ 时，定时器/计数器设定为定时器工作模式；当 $C/\overline{T}=1$ 时，定时器/计数器设定为计数器工作模式。

3）M1、M0：工作方式选择位。定时器/计数器有 4 种工作方式，由 M0、M1 来定义，见表 5-7。

表 5-7　工作方式选择表

M1	M0	工作方式	功能说明
0	0	方式 0	13 位定时器/计数器，TL0（TL1）只用低 5 位
0	1	方式 1	16 位定时器/计数器
1	0	方式 2	自动重装初值的 8 位定时器/计数器
1	1	方式 3	仅适用于 T0，T0 分成 2 个独立的 8 位计数器，此工作方式时，T1 停止计数

TMOD 寄存器不能进行位寻址，只能通过字节操作设置定时器/计时器的工作方式。系统复位时 TMOD 所有位均为零。

（2）定时器/计数器控制寄存器 TCON　特殊功能寄存器 TCON 用于定时器/计数器的定时控制和中断控制，字地址为 88H。TCON 是 8 位寄存器，可以按位进行位寻址，系统复位时 TCON 所有位均为零。其位定义见表 5-8，其中 D0 ~ D3 位与外部中断有关，已在 5.1.2 一节介绍。

表 5-8　TCON 寄存器

位	D7	D6	D5	D4	D3	D2	D1	D0
TCON	TF1	TR1	TF0	TR0	IE1	IT1	IE0	IT0
位地址	8FH	8EH	8DH	8CH	8BH	8AH	89H	88H

其中：

1）TF1 和 TF0：分别为定时器/计数器 1 和定时器/计数器 0 溢出中断请求标志位。当计数器计满产生溢出时，由硬件自动置“1”，并可申请中断。进入中断服务程序后，由硬件自动清零。

2）TR1 和 TR0：分别是定时器/计数器 1 和定时器/计数器 0 启动控制位。若要启动 T0，则需要将 TR0 置位为 1；若要启动 T1，则需要将 TR1 置位为 1。需要注意的是，TR1（TR0）为 1 并不代表定时器/计数器一定启动，这还与门控位 GATE 的状态有关。

5.2.2　定时器/计数器的工作方式

TMOD 中的 M1M0 有 4 种组合，从而构成了定时器/计数器的 4 种工作方式。T0 有 4 种工作方式，T1 有 3 种工作方式（方式 0、1、2）。另外，T1 还可以作为串行通信接口的波特率发生器。下面将分别对这 4 种工作方式进行详细讲解。

1. 方式 0

当 TMOD 中 M1M0 设置为 00 时，定时器/计数器工作于方式 0。T0、T1 的工作模式相同，此处以 T0 为例说明。当 T0 工作于方式 0 时，其 16 位寄存器只用了 13 位（TH0 高 8 位，TL0 低 5 位，其中 TL0 的高 3 位未用）。当 TL0 的低 5 位溢出时，向 TH0 进位；TH0 溢出时，溢出中断请求标志位 TF0 置位，并向 CPU 申请中断，同时原来寄存器的 13 位数被清空为 0。故在方式 0 下，脉冲计数的最大值为 2^{13}。方式 0 的工作原理如图 5-7 所示。

其中，若 $C/\overline{T}=0$，寄存器以单片机内部时钟脉冲为触发脉冲，寄存器对机器周期计数，此时定时器/计数器作定时之用；若 $C/\overline{T}=1$，寄存器以外部脉冲为触发脉冲，此时定时器/

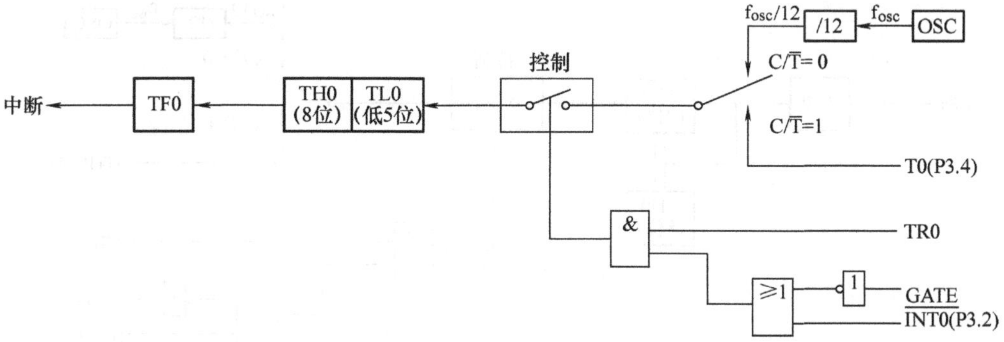

图 5-7 T0 方式 0 的工作原理图

计数器作计数之用。

TR0、GATE、$\overline{INT0}$用于确定定时/计数器是否使用。GATE = 0 时，只要 TR0 置 1，定时器/计数器就开始使用。GATE = 1 时，只有$\overline{INT0}$引脚上出现高电平（即$\overline{INT0}$ = 1）且 TR0 置 1 同时满足时，定时器/控制器才开始使用。

2. 方式 1

当 TMOD 中 M1M0 设置为 01 时，定时器/计数器工作于方式 1。方式 1 和方式 0 的工作原理相同，唯一的区别是方式 1 定时器/计数器 T0 的长度是 16 位（TH0 高 8 位和 TL0 低 8 位）。在方式 0 下，TL0 低 8 位发出溢出时，将向 TH0 进位，TH0 溢出时则申请中断，同时原来 16 位寄存器清空为 0。故脉冲计数的最大值为 2^{16}。其工作原理如图 5-8 所示。

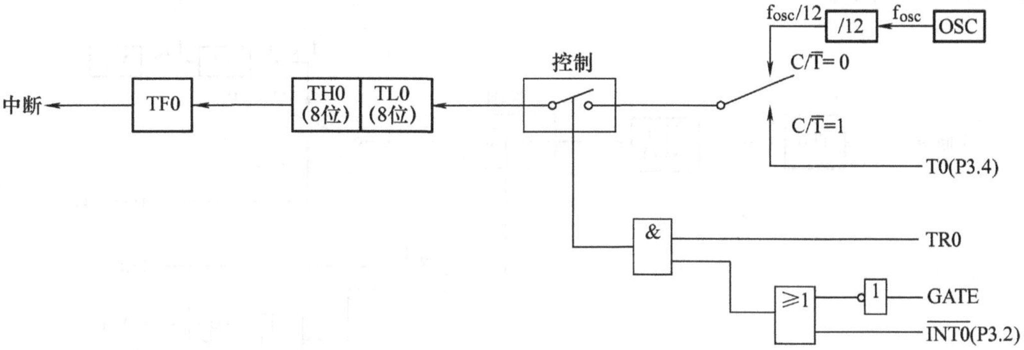

图 5-8 T0 方式 1 的工作原理图

3. 方式 2

当 TMOD 中 M1M0 设置为 10 时，定时器/计数器工作于方式 2。该方式为自动重装初值的定时器/计数器。寄存器 TH0 和 TL0 被分开使用，TH0 作为寄存器用于存放初值，固定不变，TL0 作为定时器/计数器用于累加。当 TL0 产生溢出时，TF0 自动置 1，发出中断请求，同时又将保存在高 8 位 TH0 中的计数初值重新装入 TL0 中，继续计数，不断循环重复。故在方式 2 下，对脉冲进行计数的最大值为 2^8。其工作原理图如图 5-9 所示。

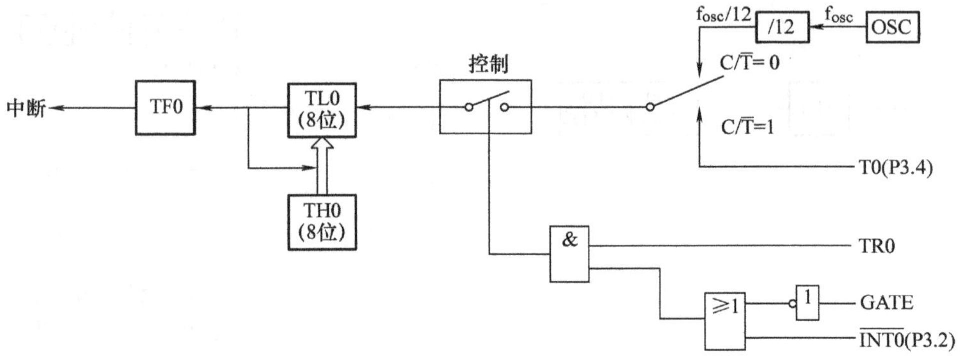

图 5-9　T0 方式 2 的工作原理图

方式 2 由于能够自动重装初值，可以相当精确地确定定时时间。因此 T1 作波特率发生器使用时，常常工作在方式 2 下。

4. 方式 3

当 TMOD 中 M1M0 设置为 11 时，定时器/计数器工作于方式 3。方式 3 只适用 T0，T0 在方式 3 下被拆成两个独立的 8 位计数器 TH0 和 TL0。其中 TL0 占用了 T0 的状态控制位 C/T、GATE、TR0、$\overline{INT0}$。TL0 的工作原理与方式 0、1、2 的工作原理一样，可以作为定时器使用，也可以作为计数器使用。而 TH0 被固定为 1 个 8 位的定时器，TH0 占用了 T1 的启动控制位 TR1 及中断标志位 TF1。TH0 的开启或关闭只受 TR1 的控制，TR1 = 1，TH0 就开始定时，反之，则关闭。当 TH0 发出溢出时，硬件自动置位 TF1。T0 在方式 3 的工作原理如图 5-10 所示。

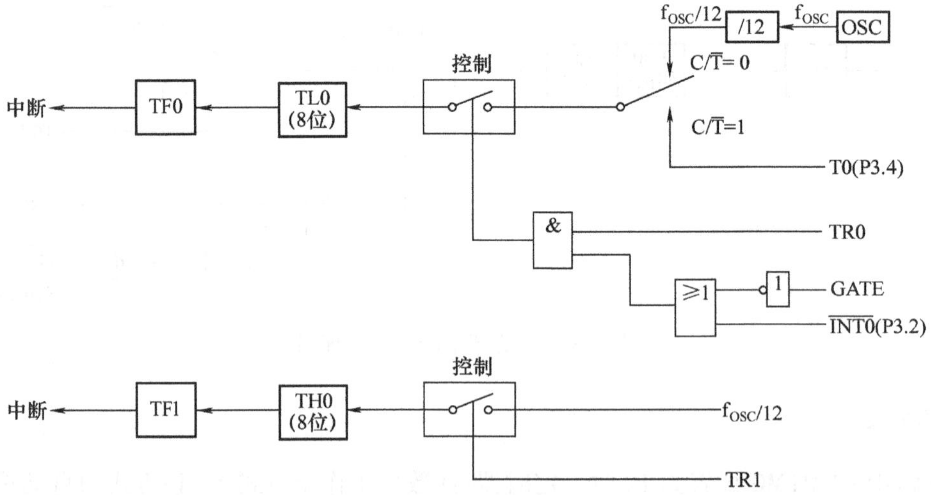

图 5-10　T0 方式 3 的工作原理图

一般地，仅在 T1 工作于串行口的波特率发生器或不要求中断的情况下，T0 才可以工作于方式 3。

5.2.3 定时器/计数器应用举例

单片机内部的定时器/计数器都是可以编程的，其工作方式及工作过程都需要设定和控制，因此，使用定时器/计数器时，首先要对单片机进行初始化，包括相关控制寄存器的初始化、对定时器/计数器初值的初始化和对相关中断控制寄存器的初始化。定时器/计数器的编程包括初始化程序和应用程序两部分。

1. 定时器/计数器的初始化程序

在使用定时器/计数器相关定时/计数功能之前，首先要通过编程的方式对各相关特殊功能寄存器进行赋值，此赋值过程称为定时器/计数器的初始化。

（1）定时器/计数器初始化的步骤

1）确定工作方式——赋值 TMOD 寄存器。

2）设置定时器或计数器初值——可直接将初值写入 TH0、TL0 或 TH1、TL1 中。16 位计数初值必须分两次写入对应的计数器。

3）根据要求是否采用中断方式——直接对 IE 对应位赋值。开放中断时，对应位置 1；采取程序查询方式时，IE 对应位应清零进行中断屏蔽。

4）启动定时器工作——置位 TR0 或 TR1。

（2）计数器初值的计算　在计数器工作模式下，计数脉冲由外部引入，是对外部脉冲进行计数，因此计数器初值根据要求确定。需要给计数器送入一个初值，以确定计数器的计数次数。当计数器产生溢出时，就会发出中断请求，故计数器的初值 TC 与计数次数 C 之和等于溢出值 M，即 TC = M - C。

不同工作方式其计数初值不同，各工作方式下的溢出值 M 为：

方式 0：$M=2^{13}$　方式 1：$M=2^{16}$　方式 2：$M=2^{8}$　方式 3：$M=2^{8}$

（3）定时器初值的计算　在定时器工作模式下，计数脉冲由内部供给，是对机器周期信号进行计数，因此在计算定时器初值时，首先应当计算出定时时间对应的机器周期信号计数次数 C。

设需要定时时间为 T，则定时器需要计数次数 C 满足公式：$C=T/(12/f_{OSC})$。故，定时工作模式的计数初值 $TC=M-C=M-T/(12/f_{OSC})$。

2. 定时器/计数器应用程序

对单片机完成初始化后，就根据具体应用编写相应程序。

例 5-3　设置 T1 为定时器工作模式，定时 50ms，工作方式 1，允许中断，软启动；T0 为计数器工作模式，工作方式 2，对外部脉冲进行计数 10 次，硬启动，禁止中断。编写其初始化程序。设 $f_{OSC}=6MHz$。

解：根据题意，T1 设置为定时器工作模式，工作方式 1，允许中断，软启动；T0 设置为计数器工作模式，工作方式 2，硬启动，禁止中断。工作方式控制寄存器 TMOD 各位设置见表 5-9。

表 5-9 TMOD 寄存器设置

D7	D6	D5	D4	D3	D2	D1	D0
GATE	$C/\overline{T}$	M1	M0	GATE	$C/\overline{T}$	M1	M0
0	0	0	1	1	1	1	0

T0 为计数器工作模式，计数初值 TC0 = 256 − 10 = 246 = F6H

T1 为定时器工作模式，计数初值 $TC1 = M - T/(12/f_{OSC}) = 65536 - (6 \times 50 \times 10^3)/12 = 40536$ = 9E58H

初始化程序如下：

```
MOV     TMOD,    #1EH           ;写工作模式
MOV     TH0,     #0F6H          ;T0 计数初值
MOV     TL0,     #0F6H
MOV     TH1,     #9EH           ;T1 计数初值
MOV     TL1,     #58H
MOV     IE,      #10001000B     ;CPU、T1 中断
SETB    TR0                     ;启动 T0,但要等待 INT0 =1 时方可真正启动
SETB    TR1                     ;启动 T1
```

例 5-4 MCS－51 系列单片机 P1 口接有 8 只发光二极管，如图 5-11 所示。若 f_{OSC} = 6MHz，编写控制这 8 只发光二极管每间隔 100ms 点亮 1 个的循环控制程序。

解：选用 T0，定时器工作模式，工作方式 1。定时初值：

$$TC = M - T/(12/f_{OSC}) = 2^{16} - 100000\mu s/2\mu s = 65536 - 50000 = 15536 = 3CB0H$$

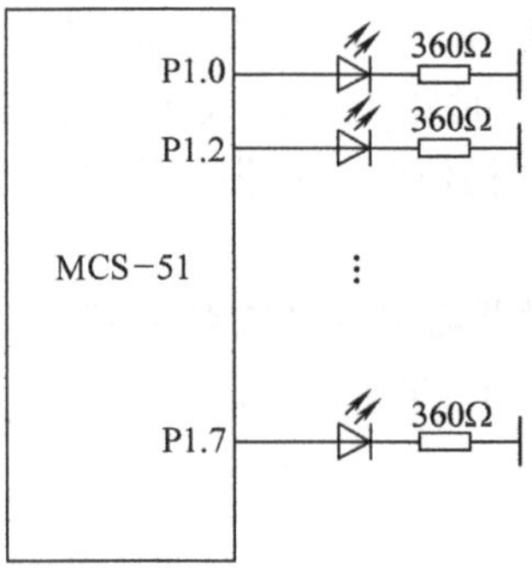

图 5-11 例 5-4 原理图

```
        ORG     2000H
START:  MOV     P1,     #01H        ; 点亮第一个灯
LOOP1:  CLR     TF0                 ;
        MOV     TMOD, #01H          ; T0 为定时方式
        MOV     TH0,    #3CH        ; 送时间常数
        MOV     TL0,    #B0H
```

```
          SETB    TR0
LOOP2:    JNB     TF0    LOOP2        ; 等待定时时间到
          MOV     A,     P1           ; 时间到，下一灯点亮
          RL      A
          MOV     P1,    A
          SJMP    LOOP1
```

5.3 单片机的串行口

串行口是单片机与外界进行信息交换的重要工具。MCS－51 系列单片机提供了功能强大的全双工串行通信接口，可以方便地实现多单片机之间通信和单片机与 PC 之间的通信。这种通信方式使用的数据线少，在远距离通信中可以节约通信成本，其传输速度比并行传输低，特别适用于分布式控制系统。本节主要介绍串行通信接口（简称串行口）概述、串行口工作方式以及串行口应用实例。

5.3.1 串行口概述

在 51 单片机中，都有一个全双工的异步串行通信接口，用于实现串行通信。为了帮助掌握单片机中串行口的应用，本小节将先简要介绍串行通信有关的基础知识，再讲解 51 单片机串行口的结构。

1. 串行通信基础知识

单片机与外部设备的通信方式有两种：并行通信和串行通信，如图 5-12 所示，图 5-12a 为并行通信，图 5-12b 为串行通信。并行通信是指单片机与外界进行通信时，数据的各位同时发送或接收。串行通信是指数据一位一位顺序发送或接收，由于是逐位顺序传送，串行通信线路简单，最少只需一根传输线就可以完成，适合远距离通信，但是速度有所限制。比如，在计算机与远程终端之间的数据传输中，采用的都是串行通信，传输距离可以达到数千米以上。

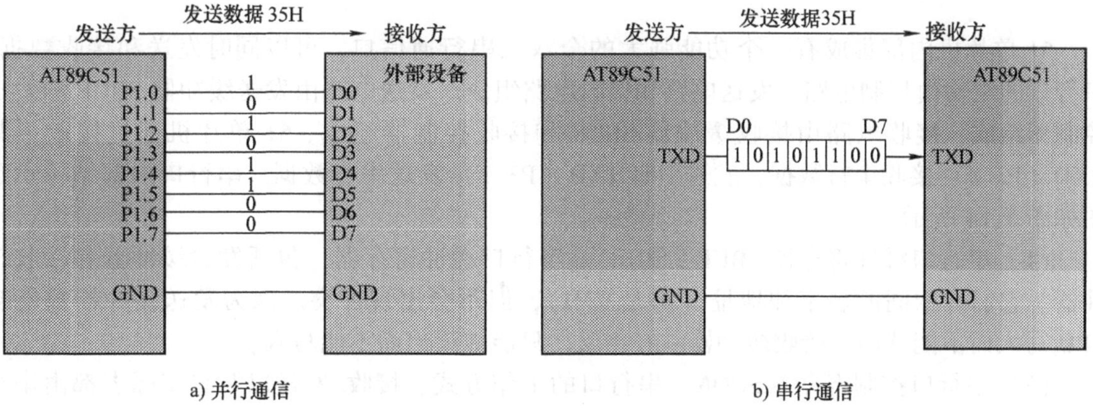

图 5-12 两种通信方式

按照数据的传送方向，串行通信可分为单工、半双工和全双工三种制式。单工制式下，发送站和接收站固定不变，数据只能按一个固定的方向传送；半双工制式下，数据可以实现双向传送，但不能同时进行，也就是说，同一时刻，只能是一方发送另一方接收；全双工制式下，数据的传输也是双向的，而且同一站点在同一时刻，既可以发送数据也可以接收数据。

按照数据发送端和接收端是否同步发送和接收数据，串行通信分为异步通信和同步通信两类。51 单片机中，没有同步串行通信方式，故在这里只介绍异步通信方式。

在异步通信中，数据通常以字符为单位组成字符帧传送。字符帧由发送端一帧一帧地发送，通过传输线被接收端一帧一帧地接收。发送端和接收端有各自独立的时钟控制数据的发送和接收，这两个时钟互相独立，互不同步，数据接收端接收数据的准确性由字符帧格式以及波特率来保证。

为了保证异步通信中接收端能够准确接收到发送端发送来的数据，需要对字符帧格式进行规定。一个字符帧由起始位、数据位、奇偶校验位和停止位等四部分组成，如图 5-13 所示。传输字符间没有固定的间隔长度。

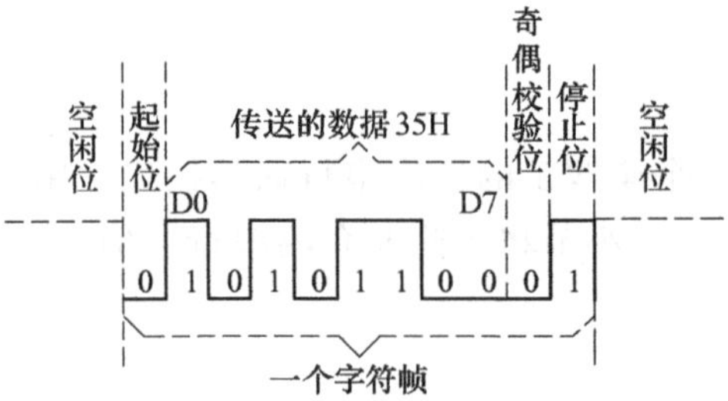

图 5-13 字符帧格式

异步通信中的另一个重要指标是波特率。波特率是指每秒钟传送二进制数的位数，单位为 b/s，是串行通信中的数据传输速度。在异步串行通信中，要求接收方和发送方有同样的波特率，这样才能保证数据的准确接收。

2. 串行口结构

51 单片机内部集成有一个功能强大的全双工串行通信口，可以同时发送和接收数据。串行口的结构由控制电路、发送电路和接收电路组成。发送电路由发送缓冲器 SBUF 和发送控制器组成，接收电路由接收缓冲器 SBUF 和接收控制器组成。51 单片机通过接收引脚 RXD（P3.0）接收串行数据，发送引脚 TXD（P3.1）发送串行数据。串行口内部结构示意图如图 5-14 所示。

（1）串行口缓冲寄存器 SBUF　SBUF 是串行口缓冲寄存器，包括发送缓冲器和接收缓冲器。它们有相同的名字和地址（都是 99H），但不会出现冲突。因为发送缓冲器只能被 CPU 写入而不能读出，接收缓冲器刚好相反，只能被读出而不能写入。

（2）串行口控制寄存器 SCON　串行口的工作方式、接收/发送以及状态标志都由串行口控制寄存器 SCON 控制，字地址为 98H，可进行按位寻址，其格式见表 5-10。

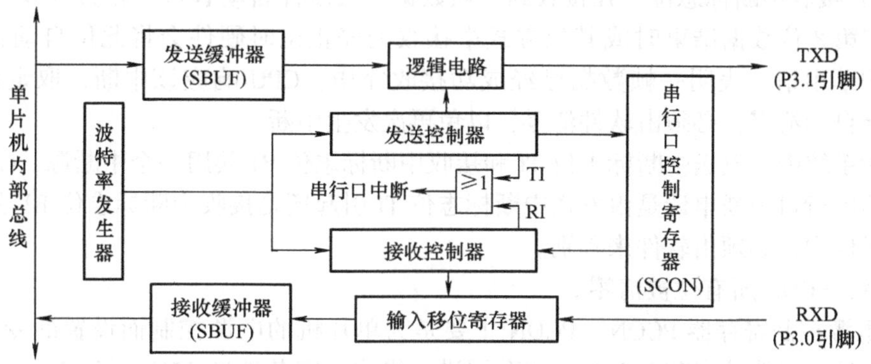

图 5-14 串行口内部结构

表 5-10 SCON 寄存器

位	D7	D6	D5	D4	D3	D2	D1	D0
SCON	SM0	SM1	SM2	REN	TB8	RB8	TI	RI

对相关的各位说明如下。

1）SM0 和 SM1：串行口工作方式选择位。此两个比特位控制选择四种工作方式，见表 5-11。

表 5-11 串行口工作方式

SM0	SM1	方 式	说 明	波 特 率
0	0	0	移位寄存器	固定 $f_{OSC}/12$
0	1	1	10 位异步收发（8 位数据）	可变
1	0	2	11 位异步收发（9 位数据）	固定 $f_{OSC}/64$ 或 $f_{OSC}/32$
1	1	3	11 位异步收发（9 位数据）	可变

2）SM2：多机通信控制位，用于方式 2 和方式 3。在方式 0 时，SM2 的状态设为 0。在方式 1 时，若 SM2 = 1，则只有接收到有效停止位时，RI 才置 1。在方式 2 或 3 中，当 SM2 = 1 且接收到的第 9 位有效数据 RB8 = 0 时，RI 才置位。

3）REN：允许接收控制位。REN = 1，允许接收；REN = 0，禁止接收。此控制位必须由软件置位或清零。

4）TB8：发送数据的第 9 位，根据需要由软件置 1 或清零。在方式 2 和方式 3 中，它可作为奇偶校验位，也可在多机通信中作为发送地址帧或数据帧的标志位，如果 TB8 = 1，表明该帧是地址帧，如果 TB8 = 0，表明该帧是数据帧。在模式 0 和模式 1 中，该位未使用。

5）RB8：接收数据的第 9 位，在方式 2 和方式 3 中，接收的第 9 位数据放入 RB8 中。它用作奇偶校验位或者接收地址帧或数据帧的标志位。对于方式 0，此位不使用；对于方式 1，若 SM2 = 0，此位是接收到的停止位。

6）TI：发送中断标志位，在一帧数据发送完后此位自动置位。在方式 0 中，串行口数据发送到第 8 位数据结束时或其他方式中发送到停止位时硬件会将此位自动置 1，并向 CPU 发出中断申请，表明数据已经发送完，CPU 响应该中断后，该标志不会自动清零，必须由软件清零，以免再次发生中断。

7）RI：接收中断标志位，在接收到一帧数据后被硬件自动置位。在方式0中，串行口数据接收到第8位数据结束时或其他方式中接收到停止位时硬件会将此位自动置1，并向CPU发出中断申请，表明一帧数据已经成功接收完毕，CPU响应该中断，取走该数据后，该标志不会自动清零，必须由软件清零，以免再次发生中断。

在中断系统中，发送中断标志位TI和接收中断标志位RI共用一个中断源，CPU事先并不知产生的串行口中断申请是由发送中断标志位TI引起还是接收中断标志位RI引起，所以在全双工通信中，必须由软件来判别。

复位时，SCON所有位被清零。

（3）电源控制寄存器PCON　PCON主要是为单片机的电源控制而设置的专用寄存器，不可以位寻址，只能按字节对PCON寄存器进行操作。字节地址87H，仅D7位SMOD与串行通信有关，格式见表5-12。

表5-12　PCON寄存器

位	D7	D6	D5	D4	D3	D2	D1	D0
PCON	SMOD							

SMOD为波特率选择位，在方式1、方式2和方式3中，串行通信波特率与2^{SMOD}成正比。当SMOD=1，波特率增倍。

5.3.2　串行口工作方式

单片机串行口的工作方式由串行口控制寄存器SCON的SM0和SM1两位共同决定，共4种工作方式，下面对4种工作方式进行详细介绍。

1. 方式0

在工作方式0下，串行口作为同步移位寄存器使用，波特率固定为$f_{OSC}/12$，常常用于I/O扩展口。串行数据由RXD引脚输入或输出，同步移位脉冲由TXD引脚送出。发送和接收数据都是8位数据为一帧，没有起始位和终止位，低位在前，高位在后。

在一个数据写入串行口缓冲器SBUF时，串行口以$f_{OSC}/12$的波特率从TXD引脚输出串行同步时钟，8位同步数据从RXD引脚输出。当数据发送完毕时，硬件自动将中断标志位TI置为1，向CPU请求中断（若串行口中断被允许）。再次发送数据之前，必须用软件将TI置为0。方式0发送数据时的电路和时序如图5-15所示。

在满足REN=1和RI=0的条件下，串行口就会启动一次接收过程。8位数据从RXD引脚输入，移位脉冲从引脚TXD输出。数据接收完之后，中断标志位RI自动置1，请求中断。在再次接收数据之前，RI必须由软件清零。方式0下，串行口接收数据时的电路和时序如图5-16所示。

串行口在工作方式0下，波特率为固定波特率$f_{OSC}/12$。

2. 方式1

在方式1下，串行口为波特率可调的8位异步通信接口，发送或接收一帧信息包含10位，其中起始位1位，数据位8位，停止位1位，字符帧格式如图5-17所示。

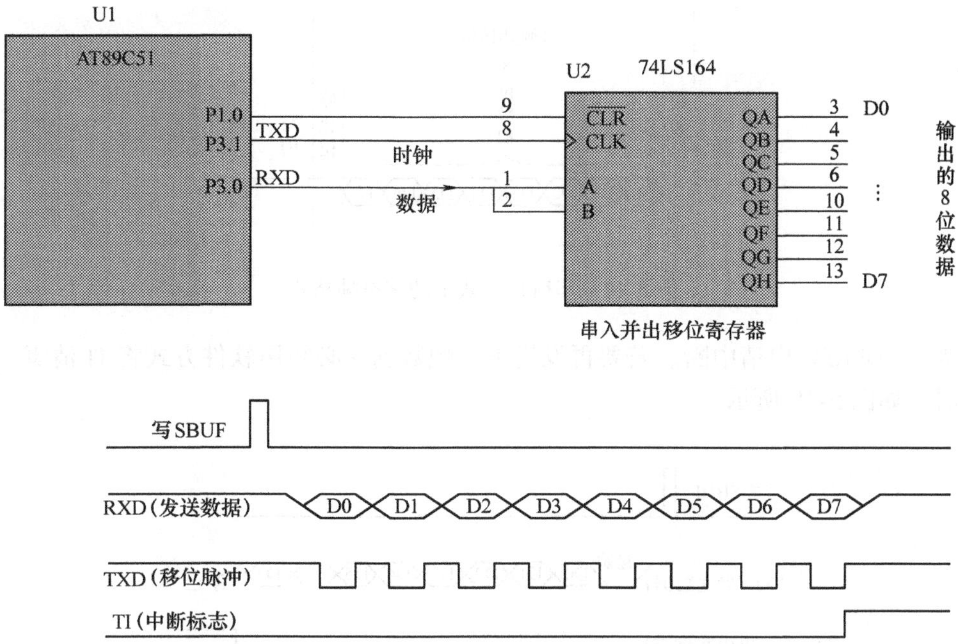

图 5-15 方式 0 发送数据时的电路和时序

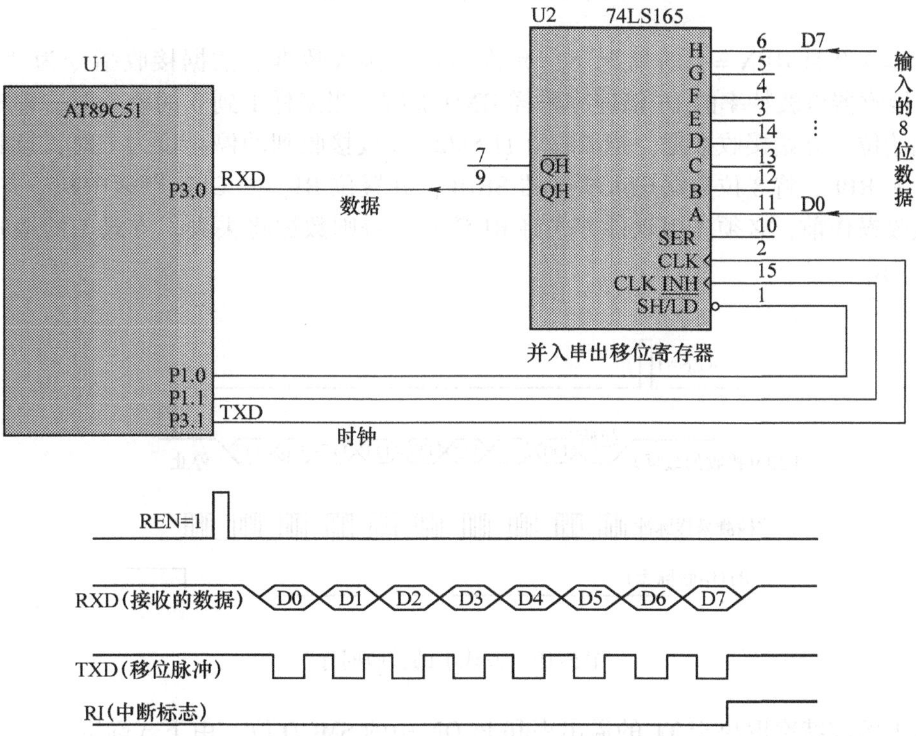

图 5-16 方式 0 接收数据时的电路和时序

数据发送时，串行口电路会在 TI = 0 并且执行 “MOV SBUF, A” 指令后开始发送数据。在移位脉冲的作用下，串行数据从 TXD 引脚输出。10 位数据帧传送完毕后，中断标志位 TI

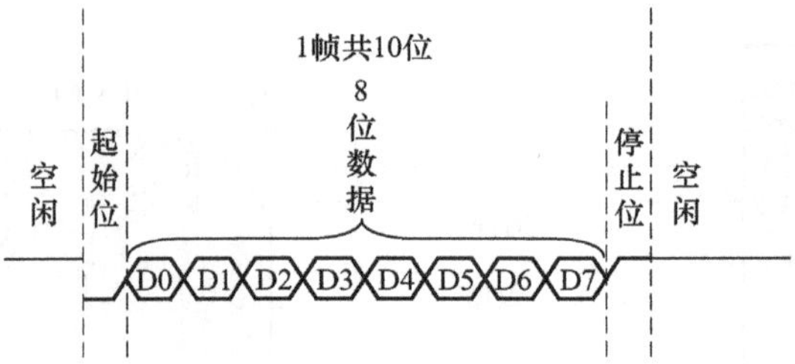

图 5-17　串行口方式 1 的字符帧格式

自动置为 1，向 CPU 申请中断。若要再发送下一帧数据，必须用软件方式将 TI 清零。方式 1 的发送时序如图 5-18 所示。

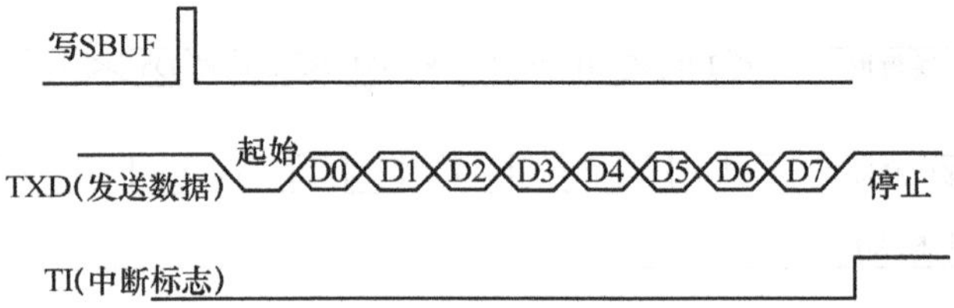

图 5-18　方式 1 的发送时序

在 RI = 0 并且 REN = 1 的情况下，允许串行口接收数据。数据接收指令为“MOV A, SBUF”。接收器以波特率的 16 倍速率采样 RXD 引脚，当采样 1 到 0 的跳变时，即检测到了有效的起始位，开始接收数据。当 RI = 0 且 SM2 = 0 或接收到的停止位为 1 时，接收电路将停止位送入 RB8，将 8 位数据送入缓冲器 SBUF，并置位 RI，向 CPU 申请中断。方式 1 下，在每次接收操作前，必须先用软件方式将 RI 清零，否则数据将丢失。方式 1 的接收时序如图 5-19 所示。

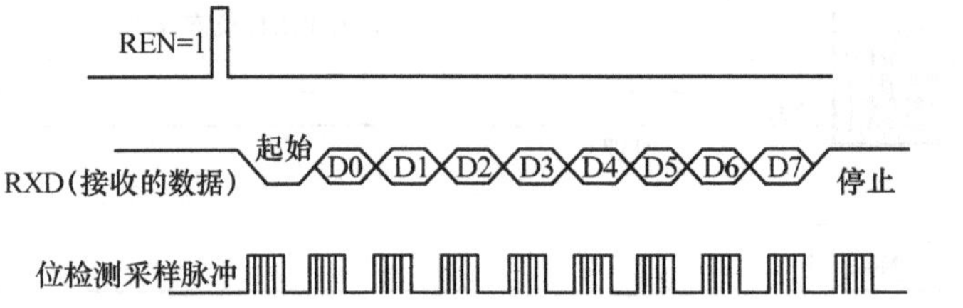

图 5-19　方式 1 的接收时序

方式 1 的波特率取决于 T1 的溢出率和 PCON 中的 SMOD 位，由下式确定：

$$方式1波特率 = (2^{SMOD}/32) \times 定时器T1的溢出率$$

其中，T1 的溢出率定义为 T1 定时时间的倒数，参考 5.2 一节，可得计算公式如下：

$$T1的溢出率 = (f_{OSC}/12) \times (1/(M - TC))$$

3. 方式2和方式3

在方式2和方式3下，串行口都设定为11位数据异步通信方式，TXD为数据发送引脚，RXD为接收数据引脚，传送一帧数据的格式如图5-20所示。其中1位起始位，8位数据位和1位附加位（发送时为SCON中的TB8，接收时为RB8），1位停止位。

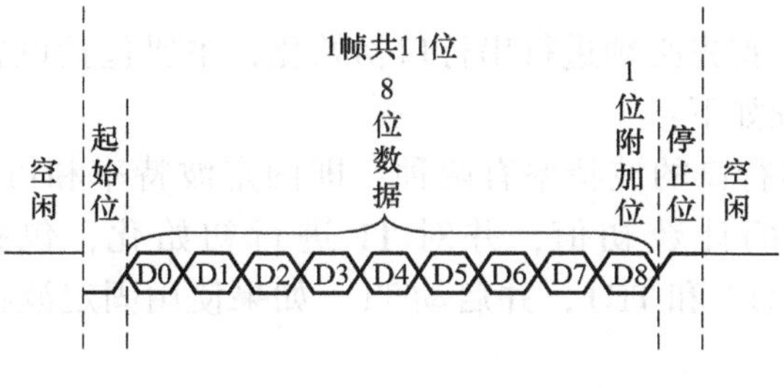

图5-20 串行口方式2和方式3的字符帧格式

当CPU执行一条写SBUF指令时，就启动了串行口发送过程。在发送移位时钟的同步下，从TXD引脚先送出起始位，然后送出9位数据（含1位附加位TB8），最后是停止位。一帧11位数据发送完后，中断标志TI置1。方式2和方式3的发送时序如图5-21所示。

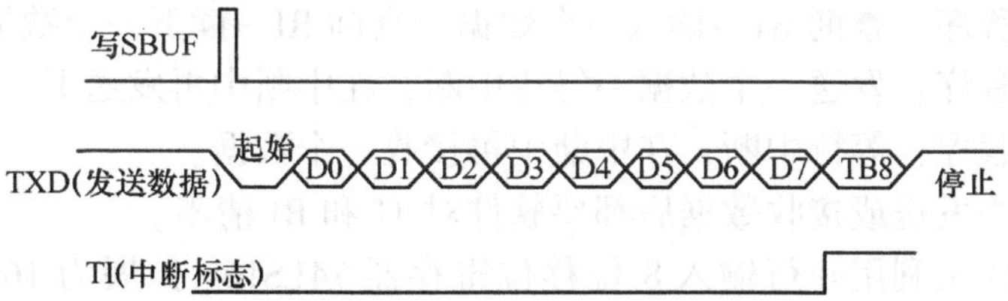

图5-21 方式2和方式3的发送时序

方式1的接收时序如图5-22所示。当用软件置REN=1时，接收器以所选择波特率的16倍速率采样RXD引脚电平，当检测到RXD引脚输入电平发生负跳变时，则说明已经检测到起始位，将其移入接收移位寄存器，并开始依次接收这一帧的其他数据位。在接收过程中，数据从接收移位寄存器右边移入，起始位移至接收移位寄存器最左边时，控制电路进行最后一次移位。当RI=0，且SM2=0（或接收到第9位数据为1）时，将接收到的9位数据的前8位数据装入接收SBUF中，第9位进入RB8，并置RI=1，向CPU请求中断。

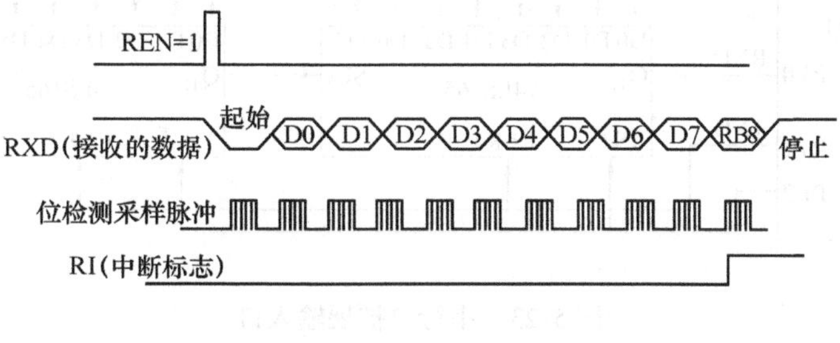

图5-22 方式2和方式3的接收时序

在方式2下，通信波特率等于（$2^{SMOD}/64$）$\times f_{OSC}$，固定地为 $f_{OSC}/32$ 或 $f_{OSC}/64$。方式3下的波特率和方式1下的波特率计算公式一样，是可调的。

单片机应用中，常用的晶振频率为6MHz、12MHz、11.0592MHz，选用的波特率也比较固定。

5.3.3 串行口应用举例

在使用串行口之前，首先必须进行串行口初始化，主要包括设置定时器T1及相关串行口控制寄存器。具体步骤如下：

1）确定波特率。串行口的波特率有两种，即固定波特率和可变波特率。当使用可变波特率时，应计算T1的计数初值，并对T1进行初始化，包括设置T1的工作方式（TMOD寄存器），装载TL1和TH1，并启动T1。如果使用固定波特率（方式0、方式2），则省略此步骤。

2）对串行口进行初始化，即对SCON、PCON寄存器进行初始化，如果是接收程序或双工通信方式，需要置REN=1，同时将TI、RI清零。

3）串行通信可采用查询或者中断两种方式。TI和RI是一帧数据是否发送完或接收完的标志。两种方式的编程方法如下：

查询方式发送程序：发送一个数据→查询TI→发送下一个数据（先发后查）。

查询方式接收程序：查询RI→读入一个数据→查询RI→读下一个数据（先查后收）。

中断方式发送程序：发送一个数据→等待中断，在中断中再发送下一个数据。

中断方式接收程序：等待中断，在中断中再接收一个数据。

两种方式中，当发送或接收数据后都要软件对TI和RI清零。

例5-5　图5-23是利用并行输入8位移位寄存器74LS165扩展为16位输入口的电路。74LS165的串行输出数据接到RXD（P3.0）端作为串行口的数据输入，而74LS165的移位时钟由串行口的TXD（P3.1）端提供。端口线P1.2作为74LS165的接收和移位控制端 $S/\overline{L}$，当 $S/\overline{L}=0$ 时，允许74LS165输入并行数据；当 $S/\overline{L}=1$ 时，允许74LS165串行移位输出数据。选择串行口方式0，并将SCON的REN位置位允许接收。按图5-23的硬件连接方法，编写程序实现从16位扩展输入口读入20B数据并把它存入片内40H开始的单元中，接收方式为查询接收。

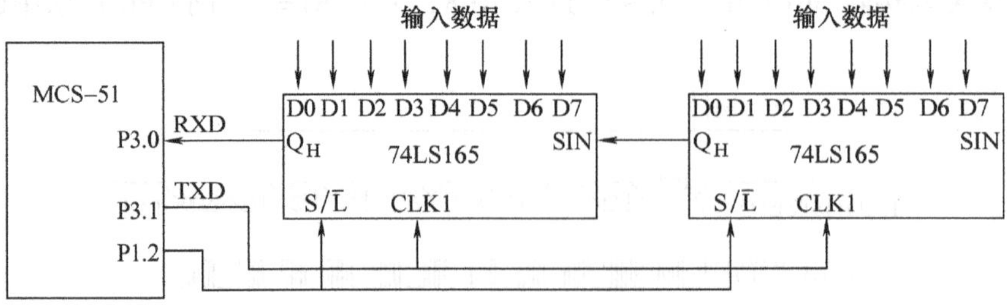

图5-23　串行口扩展输入口

```
        ORG     1000H
        MOV     R7,     #20             ;设置读入字节数
        MOV     R0,     #40H            ;设置内部 RAM 地址指针
        SETB    F0                      ;设置读入字节奇偶数标志
RCV0:   CLR     P1.2                    ;并行置入 16 位数据初始位
        SETB    P1.2                    ;允许串行移位
RCV1:   MOV     SCON, #10H              ;设置串行方式 0,启动接收过程
        JNB     RI,     $               ;等待接收一帧数据结束
        CLR     RI                      ;接收结束,清中断标志位 RI
        MOV     A,      SBUF            ;读取缓冲器接收的数据
        MOV     @ R0, A                 ;存入片内 RAM 中
        INC     R0
        CPL     F0
        JB      F0,     RCV2            ;接收完偶数帧则重新并行置入数据
        DEC     R7
        SJMP    RCV1                    ;否则再接收一帧
RCV2:   DJNZ    R7,     RCV0            ;预定字节数未接收完继续
        ………                            ;对读入数据进行处理
```

解：程序中的 F0 用来作为读入字节数的奇偶性标志，因为每次由扩展口并行输入到移位寄存器的是 16 位数据，即 2B，每置入一次数据，串行口应接收 2 帧数据，故已接收的数据字节数为奇数时（F0 = 0），不要再并行输入数据就直接起动接收过程；F0 = 1 时，应该再向并行移位寄存器中输入新的数据。

若 f_{OSC} = 12MHz，则方式 0 下的串行接收波特率为 1MB/s，速度较快。此程序对串行接收过程采用查询等待的控制方式，有必要时，也可采用中断控制方式。利用这种方法可以扩展更多的输入口，但扩展得越多，口线的操作速度会越低。

例 5-6　图 5-24 是利用 8 位并行输出串行移位寄存器 74LS164 扩展 16 位输出口的电路。图中串行口的数据通过 RXD（P3.0）引脚加到 74LS164（1）的输入端，74LS164（1）的最后一位输出（Q_0）又作为 74LS164（2）的输入。串行口输出移位时钟通过 TXD（P3.1）引脚加到 74LS164 时钟端，作为同步移位脉冲，其波特率固定为 $f_{OSC}/12$。P1.2 用作复位脉冲，可在需要时清除两个 74LS164 的数据，也可以将 74LS164 的清零端直接接高电平。由于 74LS164 无并行输出控制端，在串行输入过程中，其输出端的状态会不断变化，故在某些使用场合，应在 74LS164 与输出装置之间，加上输出可控制的缓冲器级（74LS244 等），以便串行输入过程结束后再输出。

解：图中的输出装置是 2 位共阳极七段 LED 显示器，采用静态显示方式。由于 74LS164 在低电平输出时，允许通过的电流可达 8mA，故不需要再加驱动电路。与动态扫描相比，静态显示方式的优点是 CPU 不必频繁地为显示服务，软件设计比较简单，很容易做到显示不闪烁。

按图 5-24 电路，把片内 RAM20H 开始的显示缓冲器区数据取出由串行口输出显示，程序如下：

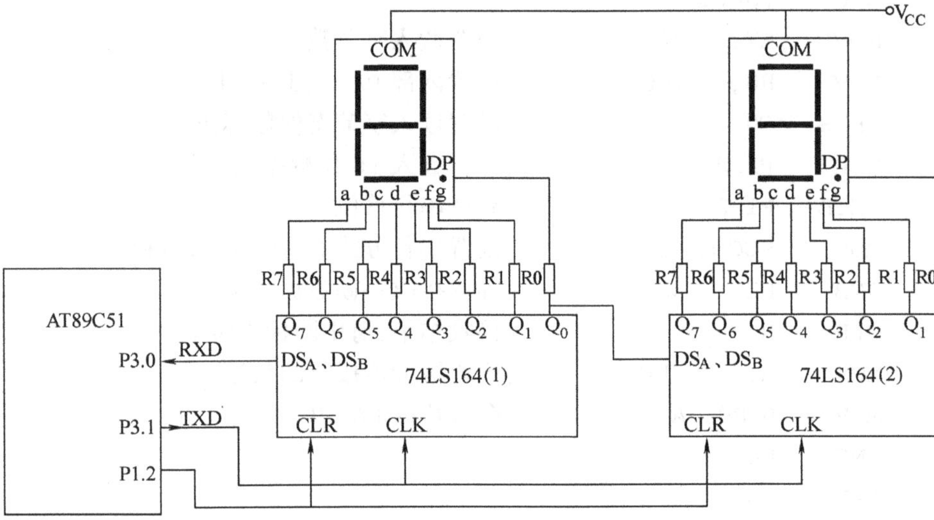

图 5-24　串行口扩展输出口

```
          ORG     1000H
DISP:     MOV     R7,    #02H          ;设置显示位数
          MOV     R0,    #20H          ;指向显示数据缓冲区
          MOV     SCON,  #00H          ;设串行口为方式 0
          SETB    P1.2
DISP0:    MOV     A,     @ R0          ;取等待显示的数据
          ADD     A,     #0BH          ;设置查表指令偏移值
          MOVC    A,     @ A + PC      ;取显示数据的段码
          MOV     SBUF,  A             ;启动串行口发送数据
          JNB     TI,    $             ;等待一帧发送结束
          CLR     TI                   ;清串行口中断标志
          INC     R0
          DJNZ    R7,    DISP0
          RET
TAB:      DB  C0H,F9H,A4H,B0H,99H      ;数字 0 ~ 4 的段码
          DB  92H,82H,F8H,80H,98H      ;数字 5 ~ 9 的段码
```

例 5-7　甲、乙机两机数据传送，如图 5-25 所示。将甲机片内 60H ~ 6FH 单元的数据块从串行口发送，在发送之前将数据块长度发送给乙机，当发送完 16B 后，再发送一个累加校验和。定义双机串行口方式 1 工作，晶振为 11.059MHz，波特率 2400bit/s，T1 按方式 2 工作。

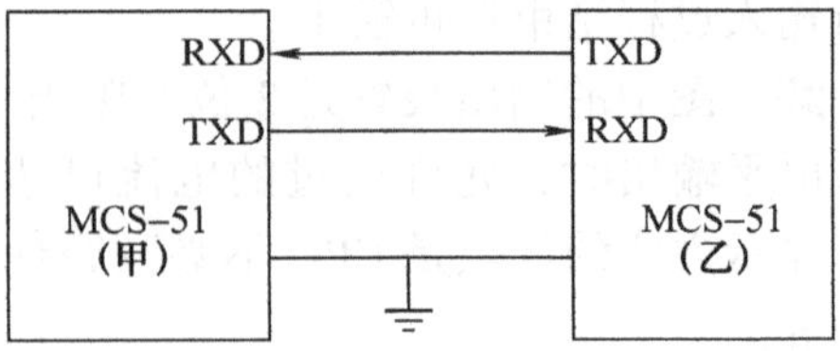

图 5-25　两机通信

乙机接收甲机发送的数据，并存入以2000H开始的片外数据存储器中，首先接收数据长度，再接收数据，当接收完16B后，接收累加和校验码，进行校验。数据传送结束后，根据校验结果向甲机发送一个状态字，00H表示正确，0FFH表示出错，出错则甲机重发。

解：发送程序：

```
        ORG     1000H
        MOV     TMOD,   #20H        ;设置定时器1为方式2
        MOV     TL1,    #0F4H       ;设置波特率初值
        MOV     TH1,    #0F4H
        SETB    TR1                 ;启动定时器1
        MOV     SCON,   #50H        ;设置串行口为方式1,允许接收
START:  MOV     R0,     #60H        ;设置数据指针
        MOV     R5,     #10H        ;设置数据长度
        MOV     R4,     #00H        ;累加校验和初始化
        MOV     SBUF,   R5          ;发送数据长度
WAIT1:  JBC     TI,     TRS         ;等待发送
        AJMP    WAI     T1
TRS:    MOV     A,      @R0         ;读取数据
        MOV     SBUF,   A           ;发送数据
        ADD     A,      R4
        MOV     R4,     A           ;形成累加和
        INC     R0                  ;修改数据指针
WAIT2:  JBC     TI,     CONT        ;等待发送一帧数据
        AJMP    WAI     T2
CONT:   DJNZ    R5,     TRS         ;判断数据块是否发送完
        MOV     SBUF,   R4          ;发送累加校验和
WAIT3:  JBC     TI,     WAIT4       ;等待发送
        AJMP    WAI     T3
WAIT4:  JBC     RI,     READ        ;等待乙机回答
        AJMP    WAI     T4
READ:   MOV     A,      SBUF        ;接收乙机数据
        JZ      RIGHT               ;00H,发送正确,返回
        AJMP    START               ;发送出错,重发
RIGHT:  RET
```

接收程序：

接收采用中断方式，设置两个标志位（7FH，7EH位）来判断接收到的信息是数据块长度、数据还是累加校验和。

```
        ORG     1100H
        LJMP    CSH                 ;转初始化程序
```

```
        ORG    0023H
        LJMP   INTS              ;转串行口中断程序
        ORG    0100H
CSH:    MOV    TMOD,  #20H       ;设置定时器 1 为方式 2
        MOV    TL1,   #0F4H      ;设置预置值
        MOV    TH1,   #0F4H
        SETB   TR1               ;启动定时器 1
        MOV    SCON   #50H       ;串行口初始化
        SETB   7FH               ;置长度标志位为 1
        SETB   7EH               ;置数据块标志位为 1
        MOV    31H,   #20H       ;规定外部 RAM 的起始地址
        MOV    30H,   #00H
        MOV    40H,   #00H       ;清累加和寄存器
        SETB   EA                ;允许串行口中断
        SETB   ES
        LJMP   MAIN              ;MAIN 为主程序,根据用户要求编写
INTS:   CLR    EA                ;关中断
        CLR    RI                ;清中断标志
        PUSH   A                 ;保护现场
        PUSH   DPH
        PUSH   DPL
        JB     7FH,   CHANG      ;判断是数据块长度吗?
        JB     7EH,   DATA       ;判断是数据块吗?
SUM:    MOV    A,     SBUF       ;接收校验和
        CJNZ   A,     40H,ERR    ;判断接收是否正确
        MOV    A,     #00H       ;二者相等,正确,向甲机发送 00H
        MOV    SBUF,  A
WAIT1:  JNB    TI,    WAIT1
        CLR    TI
        SJMP   RETURN            ;发送完,转到返回
ERR:    MOV    A,     #0FFH      ;二者不相等,错误,向甲机发送 FFH
        MOV    SBUF,  A
WAIT2:  JNB    TI,    WAIT2
        CLR    TI
        SJMP   AGAIN             ;发送完,转重新开始
CHANG:  MOV    A,     SBUF       ;接收长度
        MOV    41H,   A          ;长度存入 41H 单元
        CLR    7FH               ;清长度标志位
        SJMP   RETURN            ;转返回
```

```
DATA:   MOV     A,      SBUF        ;接收数据
        MOV     DPH,    31H         ;存入片外 RAM
        MOV     DPL,    30H
        MOVX    @DPTR, A
        INC     DPTR                ;修改片外 RAM 的地址
        MOV     31H,    DPH
        MOV     30H,    DPL
        ADD     A,      40H         ;形成累加和,放在 40H 单元
        MOV     40H,    A
        DJNZ    41H,    RETURN      ;判断数据块是否接收完
        CLR     7EH                 ;接收完,清数据块标志位
        SJMP    RETURN
AGAIN:  SETB    7FH                 ;接收出错,恢复标志位,重新开始接收
        SETB    7EH
        MOV     31H,    #20H        ;恢复片外 RAM 起始地址
        MOV     30H,    #00H
        MOV     40H,    #00H        ;累加和寄存器清零
RETURN: POP     DPL                 ;恢复现场
        POP     DPH
        POP     A
        SETB    EA                  ;开中断
        RETI                        ;返回
```

实训项目 5：用定时器中断实现流水灯控制

1. 功能及要求

功能：用单片机实现流水灯控制。

要求：1）设计一个电路，用单片机实现流水灯控制功能。

2）编写控制程序，用定时器中断实现流水灯控制功能。

2. 电路设计

流水灯控制参考电路如图 5-26 所示，P4.2 为控制使能端，P0.0 ~ P0.7 分别控制 8 个 LED（LED1 ~ LED8），输出“0”点亮 LED，输出“1”熄灭 LED。

3. 程序设计

下面用 C 语言编写了流水灯控制程序，采用定时器中断方式实现速度控制。

```
#include <stc_new_8051.h>
```

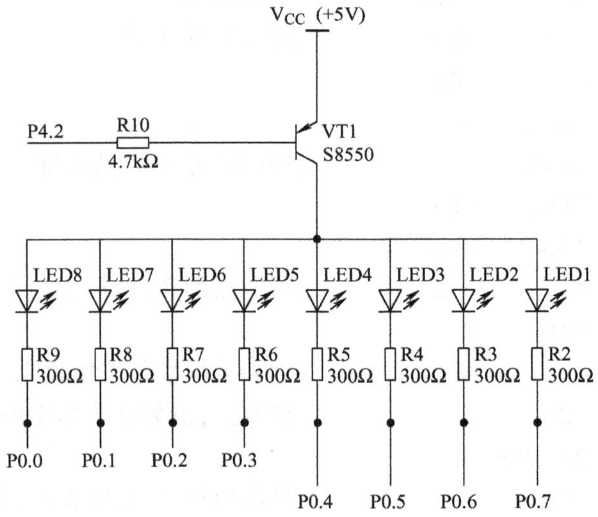

图 5-26　流水灯控制参考电路

```
sbit LED_EN = P4^2;

unsigned char a = 1, n = 0;

main()
{
TMOD = 0x01;
TH0 = 0x3c;
TL0 = 0xb0;
IE = 0x82;
TR0 = 1;
LED_EN = 0;
while(1);
}

T0_int() interrupt 1
{TH0 = 0x3c;
TL0 = 0xb0;
n++;
if(n>6)
{
n = 0;
P0 = ~a;
```

```
a=a<<1;
if(a==0)a=1;
}
}
```

本章小结

本章讲述了 MCS-51 系列单片机的中断系统、定时器/计数器和串行通信口，包括单片机的中断概念、中断系统结构、定时器/计数器结构、定时器/计数器工作方式、串行通信基础、串行口工作模式及其他运用。应重点掌握各功能模块的控制寄存器和程序设计方法。

习　题

1. 什么是中断？中断有何优点？

2. MCS-51 系列单片机的中断系统由哪些功能部件组成？分别作什么用？

3. MCS-51 系列单片机有几个中断源？各中断标志如何产生，又如何清除？

4. 中断响应时间是否确定不变，为什么？

5. MCS-51 系列单片机响应中断的条件是什么？CPU 响应中断，要进行哪些操作？不同的中断源的中断入口地址是多少？

6. 什么是中断优先级？单片机对中断优先级的处理原则是什么？

7. MCS-51 系列单片机的外部中断有哪两种触发方式？它们对触发脉冲或电平有什么要求？

8. 简述 MCS-51 系列单片机的中断响应过程。

9. MCS-51 系列单片机内部有几个定时器/计数器？它们由哪些寄存器组成？

10. MCS-51 系列单片机的定时器/计数器有哪几种工作方式？各有什么特点？

11. 定时器/计数器用作定时器时，其定时时间与哪些因素有关？用作计数器时，对外界频率有何限制？

12. MCS-51 系列单片机的时钟频率为 12MHz，编程使 P1.0 和 P1.1 分别输出周期为 2ms 和 500μs 的方波。

13. MCS-51 系列单片机的串行口由哪些功能部件组成？各有什么作用？

14. MCS-51 系列单片机串行口设有几个控制寄存器？它们的作用是什么？

15. MCS-51 系列单片机串行口有几种工作方式？如何选择？各方式的特点和波特率如何确定？

第6章 单片机接口技术

知识要点

1）单片机的3种总线扩展方式。
2）单片机与开关量和数字量的接口技术。
3）单片机与模拟量的接口技术。

能力训练

1）能编程实现单片机对LED、蜂鸣器的控制。
2）能编程实现单片机对LED、键盘的控制。
3）能编程实现单片机对模拟量的控制。

6.1 单片机的总线结构

MCS－51系列单片机虽然已集成了计算机基本的功能部件，能满足小型测控系统的需要，但对于较复杂的应用系统，往往还需要扩展一些外围芯片，以弥补片内硬件资源的不足。常见的3种扩展方式为：通用三总线、I^2C总线和SPI总线。

6.1.1 单片机通用三总线结构

一般单片机为通用三总线结构形式，即地址总线、数据总线、控制总线。图6-1所示为MCS－51系列单片机并行接口实现的扩展三总线结构。图中数据总线由P0口提供，其宽度为8位。该口是三态双向口，是应用系统中使用最频繁的通道。单片机与外部交换的所有信息，几乎都通过P0口传送。数据总线要连到多个外围芯片上，而在某一时刻只有端口地址与单片机发出的地址相符的芯片才能与之通信。

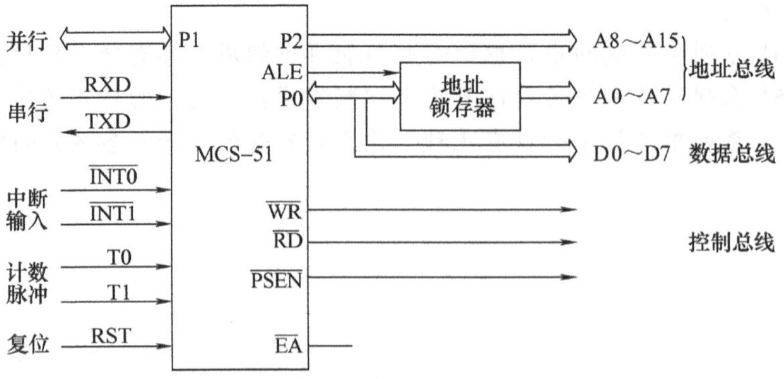

图6-1 MCS－51系列单片机的扩展三总线

地址总线宽度为 16 位，可寻址范围为 $2^{16}B = 64KB$。地址总线的低 8 位 A7 ~ A0 由 P0 口经地址锁存器提供，高 8 位 A15 ~ A8 由 P2 口直接提供。由于 P0 口是数据、地址分时复用的，故 P0 口输出的低 8 位地址必须用地址锁存器进行锁存。P2 口一直提供高 8 位地址，故不需要外加地址锁存器。P0、P2 口在系统扩展中用作地址后，不能再作为一般 I/O 口使用。

地址信号是在 ALE 信号变高电平时出现的，在 ALE 信号由高变低时，将出现在 P0 口上的地址信号 A7 ~ A0 锁存到地址锁存器中，直到下一次 ALE 变高时，地址才发生变化。在 ALE 无效的期间 P0 口传送数据，用作数据总线口，因此，P0 口实为分时复用的地址/数据总线。

控制总线由 P3 口的第二功能扩展出读/写控制信号，包括$\overline{WR}$、$\overline{RD}$、$\overline{PSEN}$、ALE 及$\overline{EA}$。其中$\overline{WR}$、$\overline{RD}$用于片外数据存储器的读/写控制，当执行片外数据存储器操作指令 MOVX 时，这两个信号分别自动生成。$\overline{PSEN}$用于片外程序存储器的读控制，当执行片外程序存储器读操作指令 MOVC 时，该信号自动生成。ALE 用于锁存 P0 口输出的低 8 位地址线，$\overline{EA}$用于选择片内或片外程序存储器。

用作单片机地址锁存器的芯片有 74LS373、74LS373、8282、74LS377 等。图 6-2 是 74LS373 的引脚图和功能表，当输出使能端$\overline{OE}$为高电平时，74LS373 的输出端 Q0 ~ Q7 全为高阻态；当输出使能端$\overline{OE}$为低电平、锁存端 LE 为高电平时，输出随输入变化；锁存端 LE 由高电平变低电平时，输出端 8 位信息被锁存，直到 LE 端再次有效。

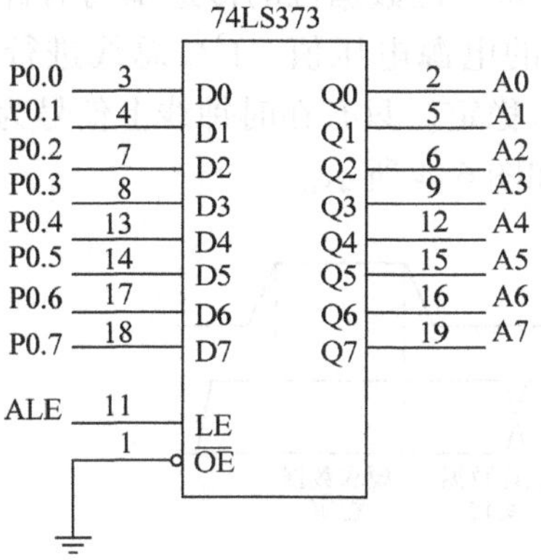

74LS373功能表

OE	LE	D	Q
L	H	H	H
L	H	L	L
L	L	X	Q0
H	X	X	HZ

图 6-2　74LS373 的引脚图和功能表

6.1.2 单片机 I^2C 总线结构

1. I^2C 总线概述

I^2C 总线是 PHILIPS 公司推出的芯片间串行传输总线。它用两根线实现了完善的全双工同步数据传送，可以极为方便地构成多机系统和外围器件扩展系统。

I^2C 总线是由数据线 SDA 和时钟线 SCL 构成的串行总线，可发送和接收数据。在 CPU 与被控 IC（Integrated Circuit，集成电路）之间、IC 与 IC 之间进行双向传送，最高传送速率可达 100kbit/s。I^2C 总线连接示意图如图 6-3 所示，各种被控制电路均并联在这条总线上，但就像电话机一样只有拨通各自的号码才能工作，所以每个电路和模块都有唯一的地址，在信息的传输过程中，I^2C 总线上并接的每一模块电路既是主控器（或被控器），又是发送器（或接收器），这取决于它所要完成的功能。CPU 发出的控制信号分为地址码和控制量两部分，地址码用来选址，即接通需要控制的电路，确定控制的种类；控制量决定该调整的类别（如对比度、亮度等）及需要调整的量。这样，各控制电路虽然挂在同一条总线上，却彼此独立，互不相关。

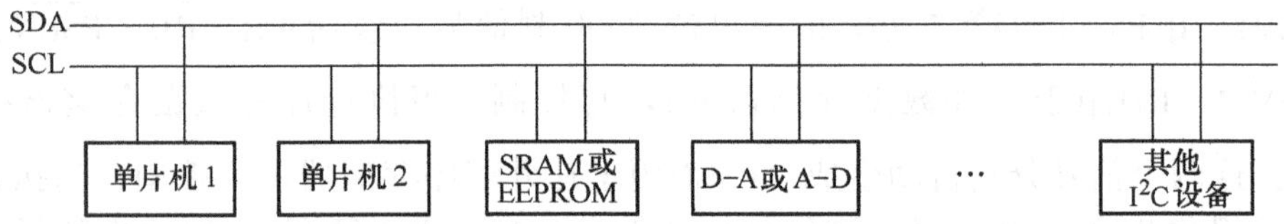

图 6-3　I^2C 总线连接示意图

目前有很多半导体集成电路上集成了 I^2C 接口。带有 I^2C 接口的单片机有 CYGNAL 的 C8051F0XX 系列、PHILIPSP87LPC7XX 系列、MICROCHIP 的 PIC16C6XX 系列等。很多外围器件如存储器、监控芯片等也提供 I^2C 接口。

2. I^2C 总线的数据传送

（1）数据位的有效性规定　I^2C 总线上，每一位数据位的传送都与时钟脉冲相对应，逻辑“0”和逻辑“1”的信号电平取决于相应的电源电压值。I^2C 总线进行数据传送时，时钟信号为高电平期间，数据线上数据必须保持稳定。只有在时钟线上信号为低电平期间，数据线上的高电平或低电平状态才允许变化，如图 6-4 所示。

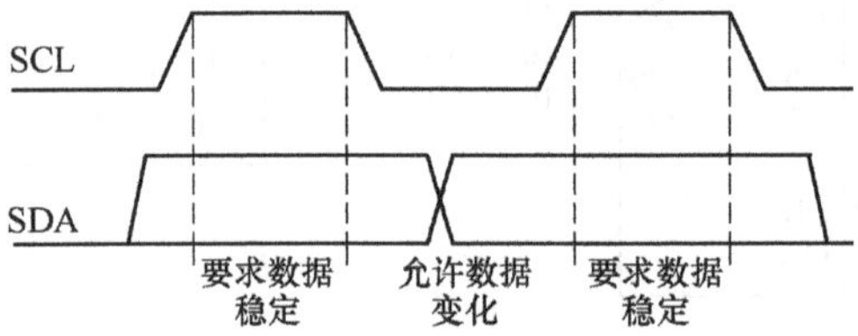

图 6-4　数据位的有效性规定

（2）起始和终止信号　根据 I^2C 总线协议规定，SCL 为高电平期间，SDA 由高电平向低电平跳变表示起始信号；SCL 为高电平期间，SDA 由低电平向高电平跳变表示终止信号，如图 6-5 所示。

起始和终止信号都是由主机发出的，在起始信号产生后，总线就处于被占用的状态；在终止信号产生后，总线就处于空闲状态。连接到 I^2C 总线上的器件，若具有 I^2C 总线的硬件接口，则很容易检测到起始和终止信号。对于不具备 I^2C 总线硬件接口的单片机，为了检测到起始和终止信号，必须保证在每个时钟周期内对数据线 SDA 采样两次。

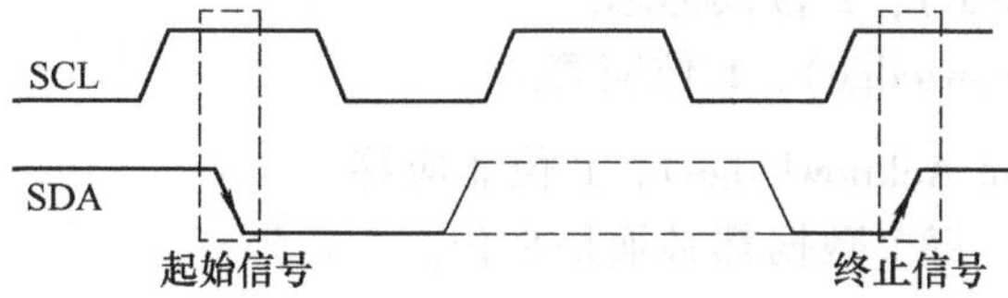

图 6-5　起始信号和终止信号

（3）数据传送格式　利用 I^2C 总线进行数据传送时，传送的字节数是没有限制的，但是每一个字节必须保证是 8 位长度。数据传送时，先传送最高位，每一个传送的字节后面必须跟随一位应答位（即一帧共有 9 位），如图 6-6 所示。接收数据的 IC 在接收到 8bit 数据后，向发送数据的 IC 发出特定的低电平脉冲，表示已收到数据。根据实际情况做出是否继续传送信号的判断。若未收到应答信号，由判断数据传送出现故障。

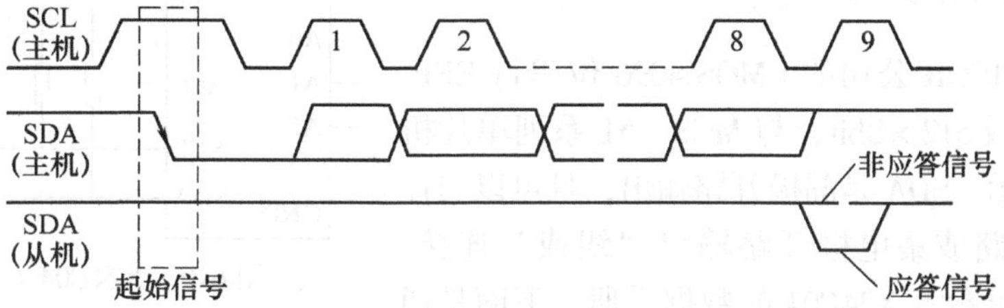

图 6-6　数据传送时序

I^2C 总线上传送的数据信号是广义的，既包括地址信号，又包括真正的数据信号。I^2C 总线规定，在起始信号后必须传送一个从机的地址（7 位），第 8 位是数据的传送方向位（R/$\overline{W}$），用“0”表示主机发送数据，用“1”表示主机接收数据。每次数据传送总是由主机产生的终止信号结束。但是，若主机希望继续占用总线进行新的数据传送，则可以不产生终止信号，马上再次发出起始信号对另一从机进行寻址。数据传送格式如图 6-7、图 6-8 所示。

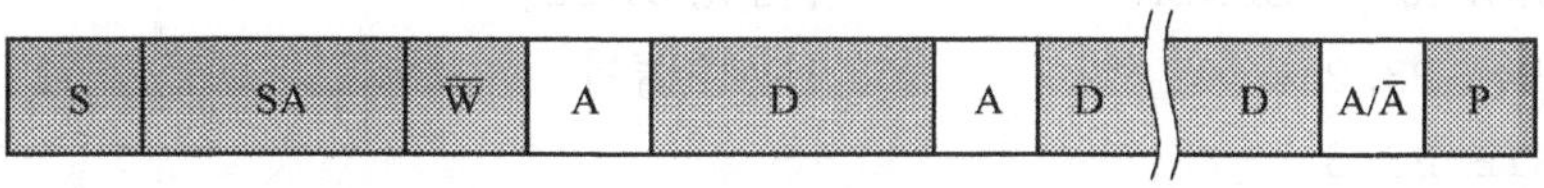

图 6-7　主机向从机发送数据的基本格式

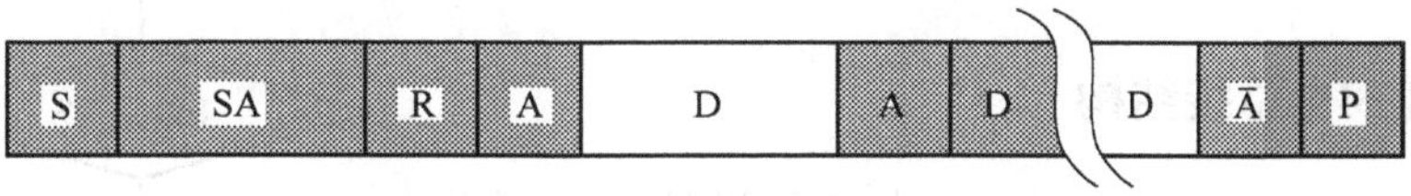

图 6-8　主机从从机接收数据的基本格式

在图 6-7 和图 6-8 中，各种符号的意义为：

1）S：起始位（START）。

2）SA：从机地址（Slave Address），7 位从机地址。

3）$\overline{W}$：写标志位（Write），1 位写标志。

4）R：读标志位（Read），1 位读标志。

5）A：应答位（Acknowledge），1 位应答。

6）$\overline{A}$：非应答位（Not Acknowledge），1 位非应答。

7）D：数据（Data），每个数据都必须是 8 位。

8）P：停止位（STOP）。

9）阴影：主机产生的信号。

10）无阴影：从机产生的信号。

应当注意的是，与图 6-7 中的情况不同的是，在图 6-8 中，主机从从机接收最后一个字节的数据时，从机可能应答也可能非应答，但不管怎样主机都可以产生停止条件。如果主机在向从机发送数据（甚至包括从机地址在内）时检测到从机非应答，则应当及时停止传输。

3. I²C 总线应用实例

X24C04 是 XICOR 公司的 CMOS 4096 位串行 EEPROM，内部组织成 512 × 8bit，与 MCS－51 系列单片机接口如图 6-9 所示。SDA 是漏极开路输出，且可以与任何数目的漏极开路或集电极开路输出“线或”连接。上拉电阻的选择可参考 X24C04 的数据手册。下面是通过 I²C 接口对 X24C04 进行单字节写操作的例程，流程图如图 6-10 所示，源程序如下：

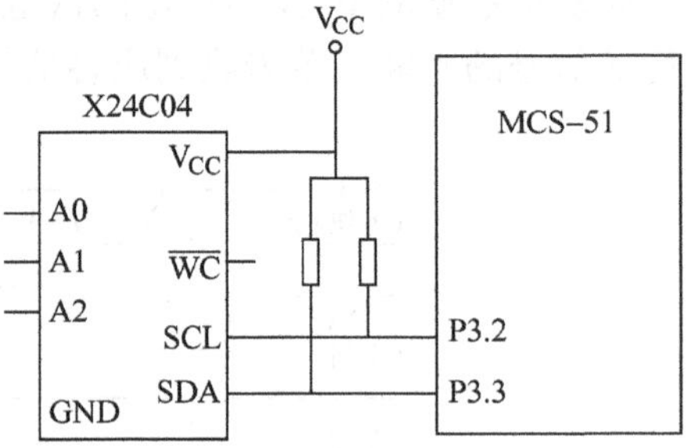

图 6-9 X24C04 与 MCS－51 系列单片机接口

```
BSEND:MOV  R2,  #08H          ;1B =8bit
SENDA:CLR  P3.2               ;
      RLC  A                  ;左移一位
      MOV  P3.3,C             ;写一位
      SETB P3.2
      DJNZ R2,  SENDA         ;写完 8bit?
      CLR  P3.2               ;应答信号
      SETB P3.3
      SETB P3.2
      RET
```

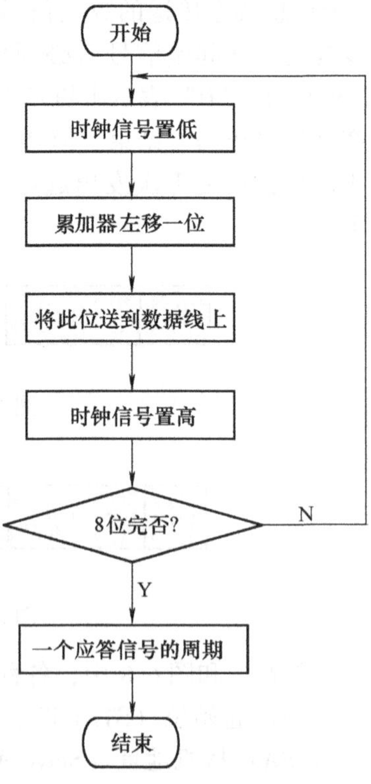

图 6-10 流程图

6.1.3 单片机 SPI 总线结构

SPI（Serial Peripheral Interface，串行外设接口）总线是一种同步串行外设接口，它可以使 MCU（控制器）与各种外围设备以串行方式进行通信以交换信息，外围设置 Flash RAM、网络控制器、LCD 显示驱动器、A－D 转换器和 MCU 等。SPI 总线系统可直接与各个厂家生产的多种标准外围器件直接接口，该接口一般使用 4 条线：串行时钟

线 SCK、主机输入/从机输出数据线 MISO、主机输出/从机输入数据线 MOSI 和低电平有效的从机选择线 SS（有的 SPI 接口芯片带有中断信号线 INT 或$\overline{\text{INT}}$，有的 SPI 接口芯片没有主机输出/从机输入数据线 MOSI）。由于 SPI 总线系统一共只需 3～4 位数据线和控制线即可实现与具有 SPI 总线接口功能的各种 I/O 器件进行接口，而扩展并行总线则需要 8 根数据线、8～16 位地址线、2～3 位控制线，因此，采用 SPI 总线接口可以简化电路设计，节省很多常规电路中的接口器件和 I/O 口线，提高设计的可靠性。由此可见，在 MCS－51 系列等不具有 SPI 接口的单片机组成的智能仪器和工业测控系统中，当传输速度要求不是太高时，使用 SPI 总线可以增加应用系统接口器件的种类，提高应用系统的性能。

1. SPI 总线的组成

利用 SPI 总线可在软件的控制下构成各种系统，如一个主 MCU 和几个从 MCU 构成的系统、几个从 MCU 之间相互连接构成的多主机系统（分布式系统）、一个主 MCU 和一个或几个从 I/O 设备构成的各种系统等。在大多数应用场合，可使用一个 MCU 作为主控机来控制数据，并向一个或几个从外围器件传送该数据。从外围器件只有在主控机发命令时才能接收或发送数据。其数据的传输格式是高位（MSB）在前，低位（LSB）在后。SPI 总线接口系统的典型结构如图 6-11 所示。

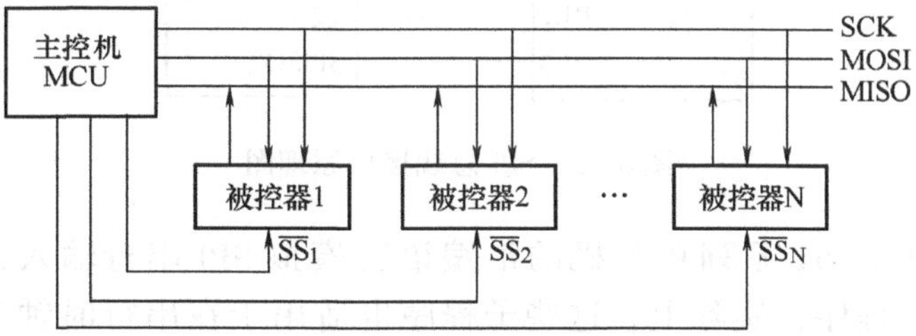

图 6-11　SPI 总线的组成

当一个主控机通过 SPI 与几种不同的串行 I/O 芯片相连时，必须使用每片的允许控制端，这可通过 MCU 的 I/O 端口输出线来实现，但应特别注意这些串行 I/O 芯片的输入输出特性。首先是输入芯片的串行数据输出是否有三态控制端，未选中芯片时，输出端应处于高阻态。若没有三态控制端，则应外加三态门，否则 MCU 的 MISO 端只能连接 1 个输入芯片。其次是输出芯片的串行数据输入是否有允许控制端，只有在此芯片允许时，SCK 脉冲才能把串行数据移入该芯片，在禁止时，SCK 对芯片无影响。若没有允许控制端，则应在外围用门电路对 SCK 进行控制，然后再加到芯片的时钟输入端。当然，也可以只在 SPI 总线上连接 1 个芯片，而不再连接其他输入或输出芯片。

2. SPI 在 MCS－51 系列单片机中的实现方法

对于不带 SPI 串行总线接口的 MCS－51 系列单片机来说，可以使用软件来模拟 SPI 的操作，包括串行时钟、数据输入和数据输出。对于不同的串行接口外围芯片，它们的时钟时序是不同的。对于在 SCK 的上升沿输入（接收）数据和在下降沿输出（发送）数据的器件，一般应将其串行时钟输出口 P1.1 的初始状态设置为 1，而在允许接口后再置

P1.1 为 0。这样，MCU 在输出 1 位 SCK 时钟的同时，将使接口芯片串行左移，从而输出 1 位数据至 MCS－51 系列单片机的 P1.3 口（模拟 MCU 的 MISO 线），此后再置 P1.1 为 1，使 MCS－51 系列单片机从 P1.0（模拟 MCU 的 MOSI 线）输出 1 位数据（先为高位）至串行接口芯片。至此，模拟 1 位数据输入输出便宣告完成。此后再置 P1.1 为 0，模拟下 1 位数据的输入输出，依此循环 8 次，即可完成 1 次通过 SPI 总线传输 8 位数据的操作。对于在 SCK 的下降沿输入数据和上升沿输出数据的器件，则应取串行时钟输出的初始状态为 0，即在接口芯片允许时，先置 P1.1 为 1，以便外围接口芯片输出 1 位数据（MCU 接收 1 位数据），之后再置时钟为 0，使外围接口芯片接收 1 位数据（MCU 发送 1 位数据），从而完成 1 位数据的传送。

图 6-12 所示为 MCS－51 系列单片机与存储器 X25F008（E^2PROM）的硬件连接图，图中 P1.0 模拟 MCU 的数据输出端（MOSI），P1.1 模拟 SPI 的 SCK 输出端，P1.2 模拟 SPI 的从机选择端，P1.3 模拟 SPI 的数据输入端（MISO）。

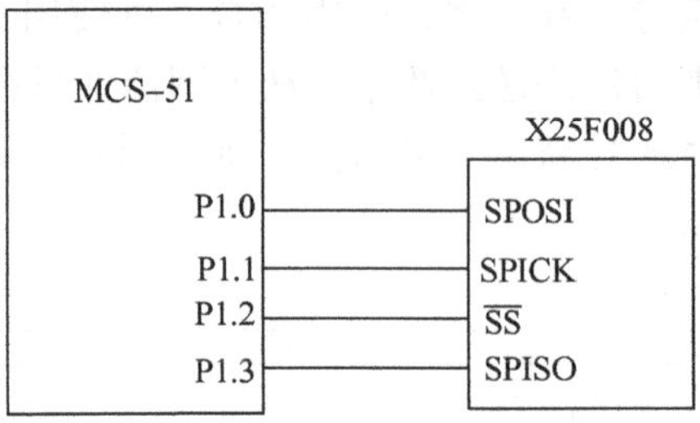

图 6-12　SPI 总线接口原理图

下面介绍用 MCS－51 系列单片机的汇编语言模拟 SPI 串行输入、串行输出和串行输入/输出的 3 个子程序，实际上，这些子程序也适用于在串行时钟的上升沿输入和下降沿输出的其他各种串行外围接口芯片（如 A－D 转换芯片、网络控制器芯片、LED 显示驱动芯片等）。对于下降沿输入、上升沿输出的各种串行外围接口芯片，只要改变 P1.1 的输出电平顺序，即先置 P1.1 为低电平，之后置 P1.1 为高电平，再置 P1.1 为低电平，则这些子程序也同样适用。

（1）MCU 串行输入子程序 SPIIN　从 X25F008 的 SPISO 线上接收 8 位数据并放入寄存器 R0 中的应用子程序如下：

```
SPIIN:  SETB P1.1            ;使 P1.1(时钟)输出为 1
        CLR  P1.2            ;选择从机
        MOV  R1,#08H         ;置循环次数
SPIIN1: CLR  P1.1            ;使 P1.1(时钟)输出为 0
        NOP  ;延时
        NOP
        MOV  C,P1.3          ;从机输出 SPISO 送进位位 C
        RLC  A               ;左移至累加器 ACC
        SETB P1.1            ;使 P1.0(时钟)输出为 1
        DJNZ R1,SPIIN1       ;判断是否循环 8 次(8 位数据)
```

```
        MOV  R0,A              ;8 位数据送 R0
        RET
```

（2）MCU 串行输出子程序 SPIOUT 将 MCS－51 系列单片机中 R0 寄存器的内容传送到 X25F008 的 SPOSI 线上的程序如下：

```
SPIOUT：  SETB P1.1           ;使 P1.1(时钟)输出为 1
          CLR  P1.2           ;选择从机
          MOV  R1,#08H        ;置循环次数
          MOV  A,R0           ;8 位数据送累加器 ACC
SPIOUT1： CLR  P1.1           ;使 P1.1(时钟)输出为 0
          NOP  ;延时
          NOP
          RLC  A              ;左移至累加器 ACC 最高位至 C
          MOV  P1.0,C         ;进位位 C 送从机输入 SPOSI 线上
          SETB P1.1           ;使 P1.1(时钟)输出为 1
          DJNZ R1,SPIOUT1     ;判是否循环 8 次(8 位数据)
          RET
```

（3）MCU 串行输入/输出子程序 SPIIO 将 MCS－51 系列单片机 R0 寄存器的内容传送到 X25F008 的 SPOSI 中，同时从 X25F008 的 SPISO 接收 8 位数据的程序如下：

```
SPIIO：  SETB P1.1            ;使 P1.1(时钟)输出为 1
         CLR  P1.2            ;选择从机
         MOV  R1,#08H         ;置循环次数
         MOV  A,R0            ;8 位数据送累加器 ACC
SPIIO1： CLR  P1.1            ;使 P1.1(时钟)输出为 0
         NOP  ;延时
         NOP
         MOV  C,P1.3          ;从机输出 SPISO 送进位位 C
         RLC  A               ;左移至累加器 ACC 最高位至 C
         MOV  P1.0,C          ;进位位 C 送从机输入
         SETB P1.1            ;使 P1.1(时钟)输出为 1
         DJNZ R1,SPIIO1       ;判断是否循环 8 次(8 位数据)
         RET
```

6.2 单片机与开关量

6.2.1 发光二极管

发光二极管简称 LED（Light Emitting Diode）是半导体二极管的一种，可以把电能转化

成光能。发光二极管与普通二极管一样由一个 PN 结组成，也具有单向导电性。当给发光二极管加上正向电压后，从 P 区注入到 N 区的空穴和由 N 区注入到 P 区的电子，在 PN 结附近数微米内分别与 N 区的电子和 P 区的空穴复合，产生自发辐射的荧光。不同的半导体材料中电子和空穴所处的能量状态不同，电子和空穴复合时释放出的能量多少也不同，释放出的能量越多，则发出的光的波长越短。常用的有发红光、绿光或黄光的发光二极管。发光二极管的反向击穿电压大于5V。它的正向伏安特性曲线很陡，使用时必须串联限流电阻以控制通过发光二极管的电流。

如图 6-13 所示，MCS－51 系列单片机 P1 口的 8 个引脚分别接到了 8 个发光二极管上，每个引脚电路中都串接 360Ω 的限流电阻，当每个引脚输出低电平时，所连接的发光二极管将点亮，当每个引脚输出高电平时，所连接的发光二极管将熄灭。

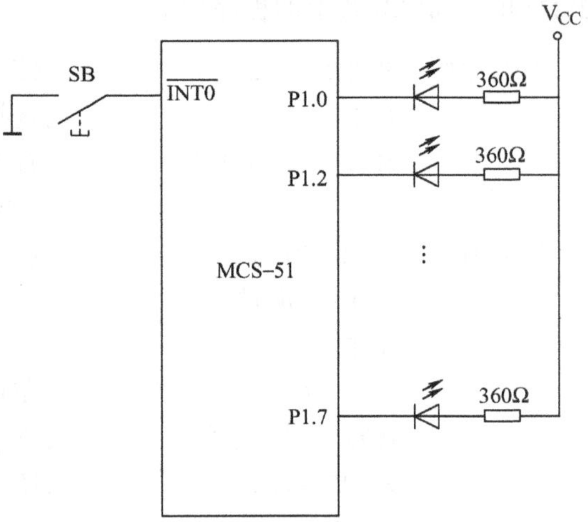

图 6-13　单片机的 P1 口驱动 8 个发光二极管

6.2.2　蜂鸣器

蜂鸣器是一种一体化结构的电子讯响器，采用直流电压供电，广泛应用于计算机、打印机、复印机、报警器、电子玩具、汽车电子设备、电话机及定时器等电子产品中用作发声器件。蜂鸣器主要分为压电式蜂鸣器和电磁式蜂鸣器两种类型。压电式蜂鸣器主要由多谐振荡器、压电蜂鸣片、阻抗匹配器及共鸣箱、外壳等组成。有的压电式蜂鸣器外壳上还装有发光二极管。多谐振荡器由晶体管或集成电路构成。当接通电源后（1.5～15V 直流工作电压），多谐振荡器起振，输出 1.5～2.5kHz 的音频信号，阻抗匹配器推动压电蜂鸣片发声。电磁式蜂鸣器由振荡器、电磁线圈、磁铁、振动膜片及外壳等组成。接通电源后，振荡器产生的音频信号电流通过电磁线圈，使电磁线圈产生磁场。振动膜片在电磁线圈和磁铁的相互作用下，周期性地振动发声。

如图 6-14 所示，单片机的引脚 P2.4 通过一个晶体管来控制蜂鸣器 H2，当 P2.4 输出高电平时，晶体管导通，蜂鸣器发声；当 P2.4 输出低电平时，蜂鸣器停止发声。

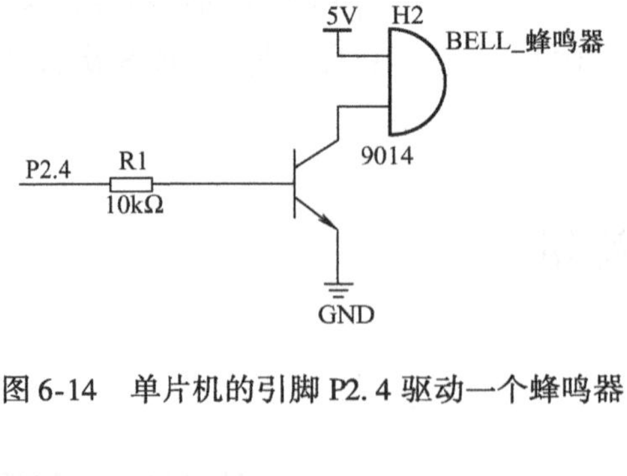

图 6-14　单片机的引脚 P2.4 驱动一个蜂鸣器

6.2.3 继电器

1. 普通继电器接口

普通继电器是电磁式继电器，常用的有线圈式继电器和簧式继电器两种。线圈式继电器由线圈、衔铁和触点组成。线圈通电产生磁场，衔铁受磁场作用，带动触点移动使触点导通。线圈所需驱动电流较小，但触点可开关较大的电流。簧式继电器由两个磁性簧片组成，受磁场作用时，两个簧片相接触而导通。普通继电器的接口电路如图6-15所示，线圈两端并联的二极管为续流二极管，用来抑制反向电动势，加快继电器开关速度。

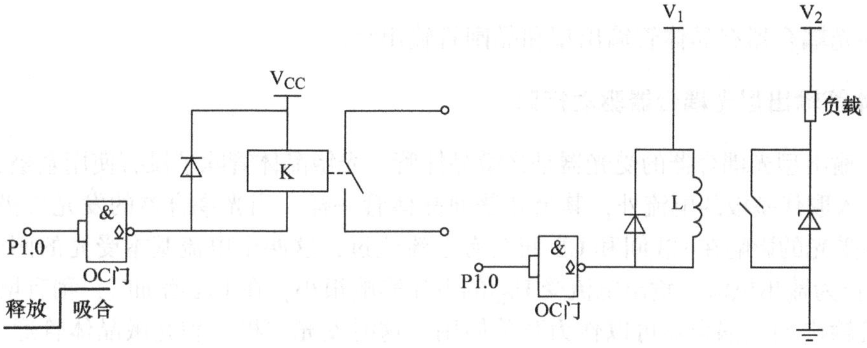

a) 线圈式继电器　　b) 簧式继电器

图6-15　单片机与普通继电器接口

普通继电器的开关响应时间较大，单片机应用系统中使用普通继电器时，控制程序中必须考虑开关响应时间的影响。

2. 固态继电器接口

固态继电器简称SSR（Solid State Relay），是一种无触点电子继电器。它是一种四端口器件，两端输入，两端输出，它们之间用光耦合器隔离。固态继电器输入端要求输入很小的控制电流，与TTL、HTL、CMOS等集成电路具有较好的兼容性，而其输出端则用双向晶闸管来接通和断开负载电源。与普通电磁式继电器和磁力开关相比，SSR具有开关速度快、工作频率高、体积小、重量轻、寿命长、无机械噪声、工作可靠、耐冲击等一系列特点。在单片机控制应用系统中，已越来越多地用固态继电器取代传统的电磁式继电器和磁力开关作开关量输出控制。

SSR有多种类型和规格，使用场合也不相同。目前国产的SSR要求有0.5～20mA的驱动电流，最小工作电压可达3V。对于一般TTL电路，如54/74、54H/74H和54S/74S等系列的门输出，可直接驱动；而对CMOS电路，则应再加缓冲驱动器。图6-16所示为单片机与固态继电器接口电路。

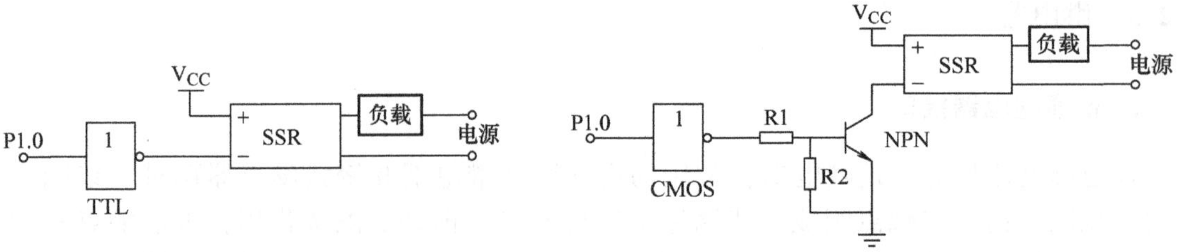

a) TTL器件与固态继电器接口　　b) CMOS器件与固态继电器接口

图 6-16　单片机与固态继电器接口

6.2.4　光耦合器

常用的光耦合器有晶体管输出型和晶闸管输出型。

1. 晶体管输出型光耦合器驱动接口

晶体管输出型光耦合器的受光器是光敏晶体管。光敏晶体管除了没有使用基极，以光作为晶体管的输入取代基极的电流外，其余和普通晶体管一样。当光耦合器的发光二极管发光时，光敏晶体管受光的影响在 CB 间和 CE 间会有电流流过，这两个电流基本受光的照度控制，常用 CE 电流作为输出电流，输出电流受 U_{CE} 的电压影响很小，在 U_{CE} 增加时，稍有增加。

晶体管输出型光耦合器可以作为开关使用，这时发光二极管和光敏晶体管通常处于关断状态。在发光二极管通过电流脉冲时，光敏晶体管在电流脉冲持续的时间内导通。

图 6-17 是晶体管输出型光耦合器 4N25 的接口电路。若 P1.0 输出一个脉冲，则在输出端输出一个相位相同的脉冲，4N25 的耦合脉冲信号是隔离单片机与输出部分，使两部分的电流相互独立。

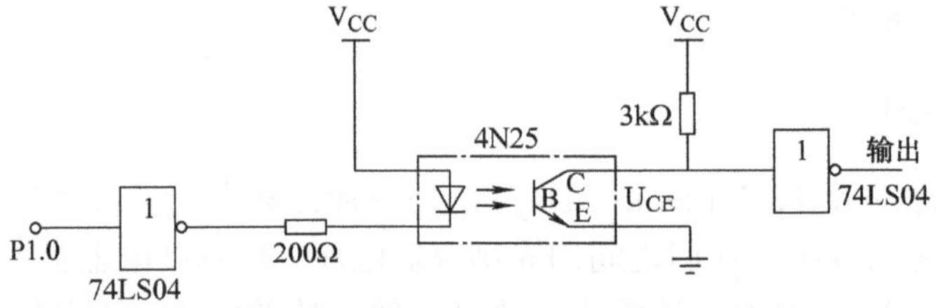

图 6-17　光耦合器 4N25 接口电路

光耦合器也常用于较远距离的信号隔离传送。一方面光耦合器可以起到隔离两个系统地线的作用，使两个系统的电源相互独立，消除地电位不同所产生的影响；另一方面，光耦合器的发光二极管是电流驱动器件，可以形成电流环路的传送形式。由于电流驱动电路是低阻抗电路，对噪声的敏感度低，因此提高了通信系统的抗干扰能力，常用于在高噪声干扰的环境下传输信号。

2. 晶闸管输出型光耦合器驱动接口

晶闸管输出型光耦合器的输出端是光敏晶闸管。当光耦合器的输入端有一定的电流流入时，晶闸管即导通。有的光耦合器的输出端还配有过零检测电路，用于控制晶闸管过零触发，以减少电器在接通电源时对电网的影响。

图6-18是晶闸管输出型光电耦合器4N40的接口电路。4N40是常用的单向晶闸管输出型光耦合器，也称固态继电器。当输入端有15～30mA电流时，输出端的晶闸管导通，输出端的额定电压为400V，额定电流为300mA。输入输出端隔离电压为1500～7500V。4N40的第6引脚是输出晶闸管控制端，不使用此端时，此端可对阴极接一个电阻。

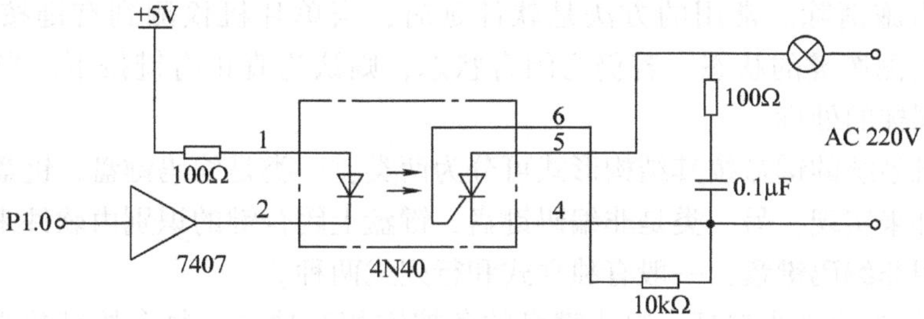

图6-18　光耦合器4N40接口电路

6.2.5　功率晶体管

常用的功率晶体管有达林顿管和MOSFET。达林顿管是一种复合晶体管，采用多级放大来提高晶体管增益，驱动电路如图6-19所示，具有很高输入阻抗和电流增益。目前，在大功率开关控制电路中，大功率MOSFET越来越受人们的重视，它已在许多控制电路中取代了晶闸管。这是因为MOSFET具有高增益、低损耗以及耐高压等优良性能，它可作为高速开关，所需驱动电压和功率较低，容易实现并联驱动。

MOSFET的偏置电路设计很简单，只要在MOSFET栅极、源极之间加上一偏置电压（一般大于10V），管子就能工作在导通状态，源漏极之间相当于开关接通，其使用方法和双极晶体管相同。功率MOSFET可由外围驱动器直接驱动，典型的驱动电路如图6-20所示。

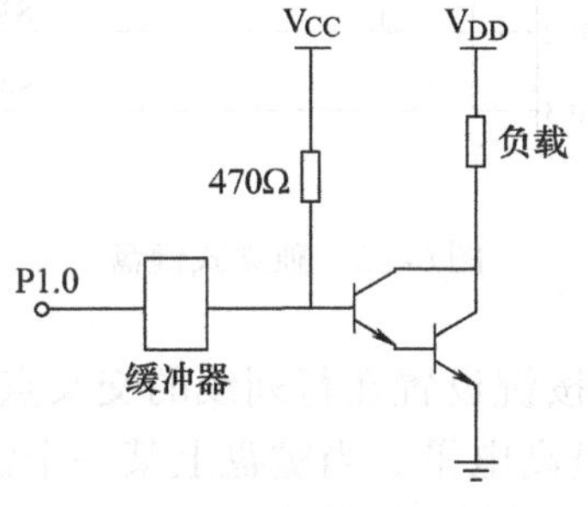

图6-19　达林顿管驱动电路

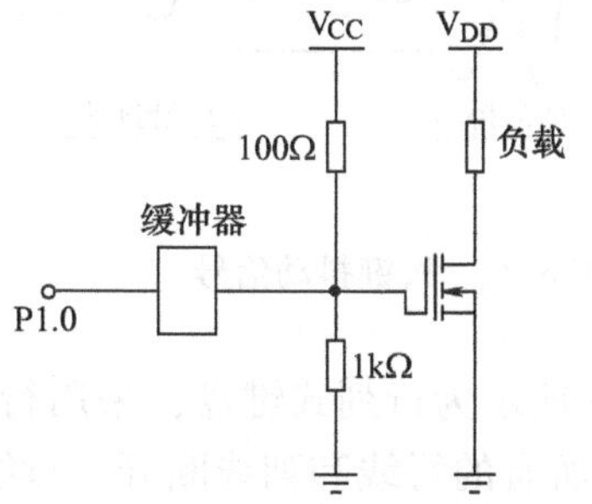

图6-20　功率MOSFET驱动电路

6.3　单片机与数字量

6.3.1　键盘

键盘是由若干个按键组成的开关矩阵，它是一种廉价的输入设备。一个键盘，通常包括数字键（0~9）、字母键（A~Z）以及一些功能键。操作人员可以通过键盘向计算机输入数据、地址、指令或其他控制命令，实现人机对话。

键盘上的按键是一个简单的开关，当按键按下时，相当于开关闭合；按键松开时，相当于开关断开。按键在闭合和断开时，触点会存在抖动现象，按键抖动时的信号如图6-21所示。抖动时间的长短与开关的机械特性有关，一般为5~10ms。抖动会造成一次按键的多次处理，应采取措施消除。常用的方法是软件延时，当单片机检测到有键按下时，先延时10ms，然后再检测按键的状态，若仍为闭合状态，则认为真正有键按下。当检测到按键释放时，也需做同样的处理。

用于计算机系统的键盘按其结构形式可分为两类：一类是编码键盘，键盘上闭合键的识别由专用的硬件来实现；另一类是非编码键盘，键盘上闭合键的识别由软件来识别。单片机系统中普遍使用非编码键盘，一般有独立式和行列式两种。

图6-22所示为独立式键盘，组成键盘的各按键相互独立，每个按键独立地与一个I/O端口相连，无按键按下时，引脚为高电平，键按下时，引脚电平被拉低。I/O口内部有上拉电阻时，外部可不接上拉电阻。独立式键盘虽然硬件、软件结构简单，但在按键数量较多的情况下，将占有较多的I/O端口，所以在按键数量较多的情况下，一般不采用独立式键盘接口电路，而采用可以有效减少I/O端口数量的矩阵式键盘。

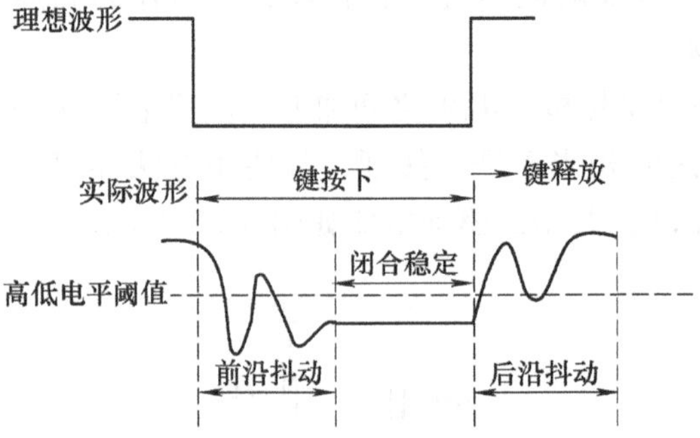

图6-21 按键抖动信号

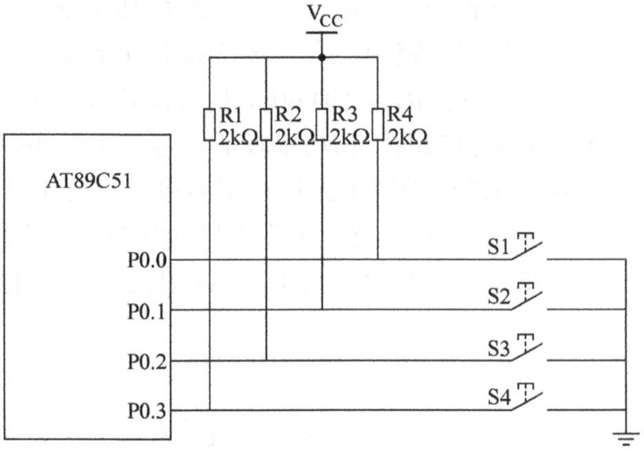

图6-22 独立式键盘

图6-23所示为行列式键盘，采用行、列线结构，按键设置在行列线的交叉点上。没有键闭合时，所有的行线和列线断开，行线H0~H3都呈高电平。当键盘上某一个键闭合时，则该键所对应的列线与行线短路，此时该行线的电平将由被短接的列线电平决定。

CPU对键盘扫描可以采取程序控制的随机方式，CPU空闲时扫描键盘或采取定时控制方式，每隔一定的时间CPU就对键盘扫描一次。也可以采取中断方式，每当键盘上有键闭合时，向CPU请求中断，CPU响应中断后，对键盘扫描，以识别一个键处于闭合状态，并对该键输入信息做出相应处理。

图6-23所示为行列式键盘，可采用以下方法完成是否有键按下及按下的是哪一个键的判断。

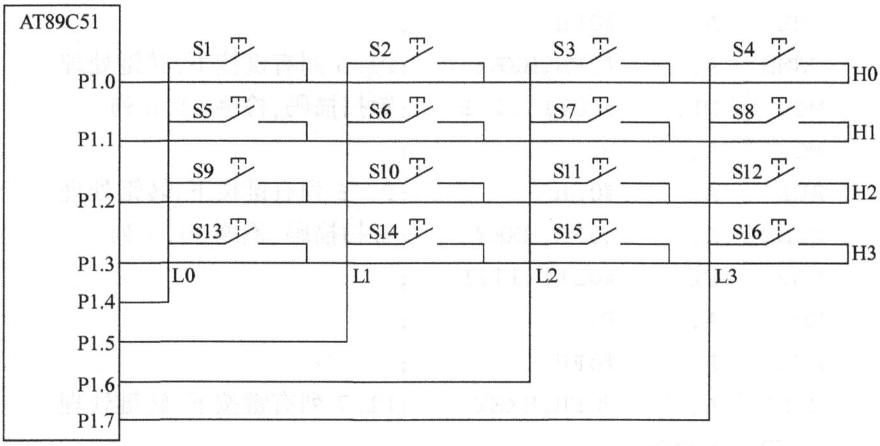

图 6-23 行列式键盘

1. 扫描法

将行线所接的端口设定为输入口，列线所接的端口设定为输出口。首先是通过列线发出低电平信号，如果该列线所连接的键没有按下，则行线所接的端口得到的全是“1”信号。如果有键按下，则得到非全“1”信号，判断出有按键按下，接下来判断按下的是哪一个键。先让 L0 这一列为低电平，其余列线为高电平，读行线状态，如行线状态不全为“1”，则说明所按键在该列，否则不在该列。然后让 L1 列为低电平，其余列线为高电平，判断 L1 列有无按键按下。按此类推，就可找出所按键的行列位置。对于图 6-23 所示电路，按键判断程序如下：

```
SMKEY:  MOV    P1,    #0FH          ;置 P1 口高 4 位为“0”、低 4 位为输入状态
        MOV    A,     P1            ;读 P1 口
        ANL    A,     #0FH          ;屏蔽高 4 位
        CJNE   A,     #0FH,HKEY     ;有键按下,转 HKEY
        SJMP   SMKEY                ;无键按下转回
HKEY:   LCALL  DELAY10              ;延时 10ms,去抖
        MOV    A,     P1
        ANL    A,     #0FH
        CJNE   A,     #0FH,WKEY     ;确认有键按下,转判哪一个键按下
        SJMP   SMKEY                ;是抖动转回
WKEY:   MOV    P1,    #11101111B    ;置扫描码,检测 P1.4 列
        MOV    A,     P1            ;
        ANL    A,     #0FH          ;
        CJNE   A,     #0FH,PKEY     ;P1.4 列有键按下,转键处理
        MOV    P1,    #11011111B    ;置扫描码,检测 P1.5 列
```

```
        MOV     A,      P1              ;
        ANL     A,      #0FH            ;
        CJNE    A,      #0FH,HKEY       ;P1.5 列有键按下,转键处理
        MOV     P1,     #10111111B      ;置扫描码,检测 P1.6 列
        MOV     A,      P1              ;
        ANL     A,      #0FH            ;P1.6 列有键按下,转键处理
        CJNE    A,      #0FH,HKEY       ;置扫描码,检测 P1.7 列
        MOV     P1,     #01111111B      ;
        MOV     A,      P1              ;
        ANL     A,      #0FH            ;
        CJNE    A,      #0FH,HKEY       ;P1.7 列有键按下,转键处理
        LJMP    SMKEY                   ;
PKEY:   …       …                       ;键处理
```

2. 线反转法

线反转法先将行线作为输出线，列线作为输入线，行线输出全“0”，读入列线的值。然后将行线和列线的输入输出关系互换，并且将刚才读到的列线值从列线所接的端口输出，再读取行线的输入值，那么在闭合键所在的行线上值必为0。这样，当一个键被按下时，必定可读到一对唯一的行列值。对于图6-23所示电路，按键判断程序如下：

```
SMKEY:  MOV     P1,     #0FH            ;置 P1 口高 4 位输出“0”、低 4 位为输入状态
        MOV     A,      P1              ;读 P1 口
        ANL     A,      #0FH            ;屏蔽高 4 位
        CJNE    A,      #0FH,HKEY       ;有键按下,转 HKEY
        SJMP    SMKEY                   ;无键按下转回
HKEY:   LCALL   DELAY10                 ;延时 10ms,去抖
        MOV     A,      P1              ;
        ANL     A,      #0FH            ;
        MOV     B,      A               ;行线状态在 B 的低 4 位
        CJNE    A,      #0FH,WKEY       ;确认有键按下,转判哪一个键按下
        SJMP    SMKEY                   ;是抖动转回
WKEY:   MOV     P1,     #0F0H           ;置 P1 口高 4 位为输入、低 4 位输出“0”
        MOV     A,      P1
        ANL     A,      #0F0H           ;屏蔽低 4 位
        ORL     A,      B               ;列线状态在高 4 位,与行线状态合成在 B 中
PKEY:   …       …                       ;键处理
```

6.3.2　LED 显示器

显示器是最常用的输出设备，特别是发光二极管（LED）显示器，由于其结构简单、价

格低廉和接口容易，在单片机系统中得到广泛的应用。

1. LED 显示器的结构

LED 显示器是由若干个发光二极管组成的显示字段，当发光二极管导通时相应的一个点或一个笔划发光，就能显示出各种字符，常用的 7 段 LED 数码显示器的结构如图 6-24 所示，有共阳极、共阴极两种结构，点亮时每段工作电流一般为 5 ~ 15mA。

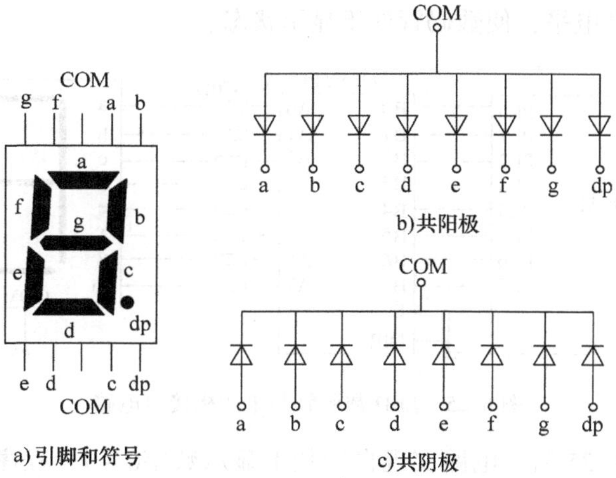

图 6-24　7 段 LED 数码显示器

为了显示字符和数字，需为 LED 显示器提供显示段码（或称字形代码），组成一个“8”字形的 7 段，再加上一个小数点位，共计 8 段，各段码的对应关系见表 6-1。

表 6-1　十六进制数及空白与 P 的显示段码

字形	共阳极段码	共阴极段码	字形	共阳极段码	共阴极段码
0	C0H	3FH	9	90H	6FH
1	F9H	06H	A	88H	77H
2	A4H	5BH	B	83H	7CH
3	B0H	4FH	C	C6H	39H
4	99H	66H	D	A1H	5EH
5	92H	6DH	E	86H	79H
6	82H	7DH	F	84H	71H
7	F8H	07H	空白	FFH	00H
8	80H	7FH	P	8CH	73H

2. 显示方式及接口

控制 LED 显示器点亮的方法有静态显示和动态显示两种方法。静态显示，就是显示某一字符时，相应的发光二极管恒定导通或截止，这种方法，每一显示位都需要一个 8 位的输出口控制，占用的硬件较多，一般仅用于显示位数较少的场合。动态显示是一位一位地轮流点亮各位显示器，对每一位显示器而言，每隔一段时间点亮一次，利用人的视觉暂留达到显示的目的。显示器的亮度跟导通的电流有关，也和点亮的时间与间隔的比例有关。动态显示器因其硬件成本较低，而得到广泛的应用。

（1）静态显示实例

例 6-1　图 6-25 是 LED 数码管与单片机接口的电路实例。图中单片机的 P1 口经 74LS245 驱动后与 LED 数码管笔段端连接，通过 I/O 端口的输出来控制数码管显示内容，数码管的公共端保持为高电平，使数码管处于显示状态。

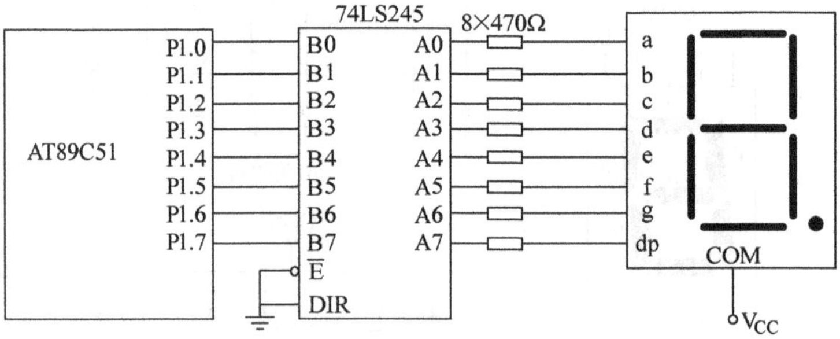

图 6-25　LED 数码管与单片机接口电路

解： 如果要让图 6-25 所示电路实现自动加 1 显示数字0 ~9，程序框图如图 6-26 所示，程序清单如下：

```
          ORG     0000H
          LJMP    START
          ORG     0100H
START:    MOV     R7,#00H           ;计数初值,存放于寄存器 R7 中
          MOV     DPTR,#DSEG_TBL    ;将笔段码首地址值 DSEG_TBL 传送到 DPTR
LOOP:     MOV     A,R7              ;将计数值传送至 A
          MOVC    A,@ A + DPTR      ;执行查表指令,将笔段码送至 A
          MOV     P1,A              ;将笔段码传到 P1,控制数码管显示
          LCALL   DELAY_05S         ;调用延时子程序延时 0.5s
          INC     R7                ;计数值加 1
          CJNE    R7,#10H,LOOP      ;如果计数值不等于 10,则跳回显示新计数值
          MOV     R7,#00H           ;如果计数值等于 10,则计数值再清零
          LJMP    LOOP              ;跳回显示新计数值
          ORG     1000H
DSEG_TBL: DB  0C0H,0F9H,0A4H,0B0H,99H,92H,82H,0F8H,80H,90H
          ;0、1、2、3、4、5、6、7、8、9 字段码
```

（2）动态显示实例

例 6-2　如图 6-27 所示，用 2 个数码管显示 2 位数字，采用动态显示方式。数码管的控制包括两个方面，一是控制每个数码管的亮灭，即位控制，每个数码管由单片机一位 I/O 端

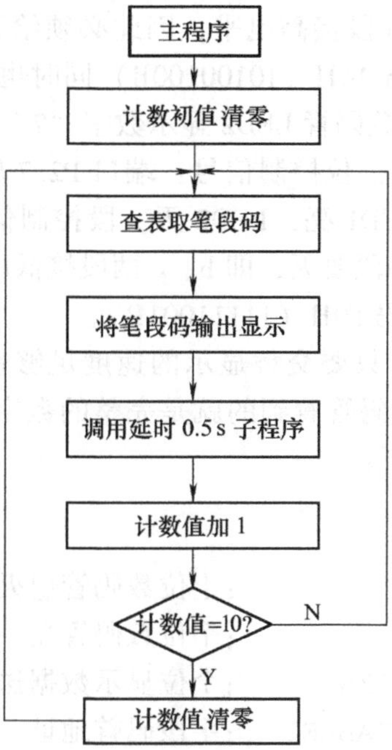

图 6-26 加“1”计数显示程序流程图

口控制；另一方面控制数码管具体显示什么数据，即段控制，需要 8 个 I/O 端口。

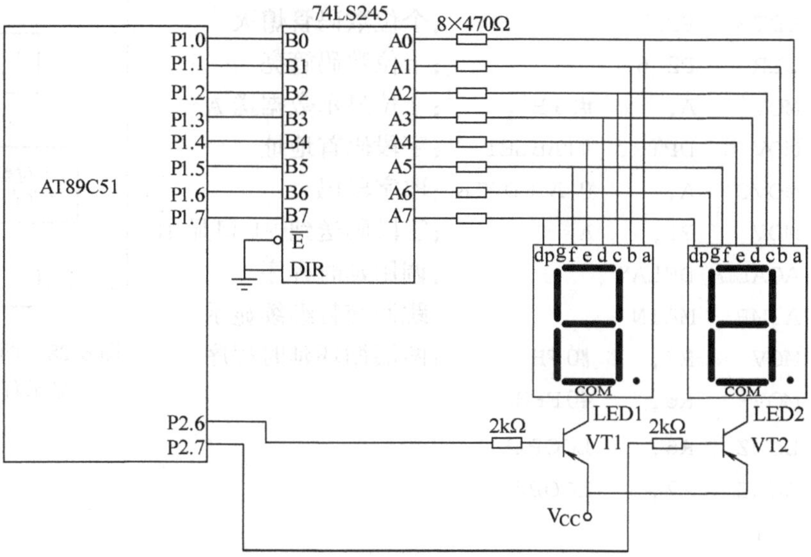

图 6-27 数码管动态显示接口电路

解：为了使各数码管轮流显示，分时复用段控制端口。例如要在数码管上显示数据 12，显示过程分解如下：

第一步：在个位上显示“2”。位控制信号：端口 P2. 7 输出低电平，P2. 6 输出高电平。晶体管 VT2 导通，VT1 截止，LED2 亮，而 LED1 灭。段控制信号：要使共阳极数码管显示数码“2”，数码管 LED2 的字段 a、b、d、e、g 段点亮，而 c、f、dp 字段灭，即 a、b、d、e、g 段需接低电平，而 c、f、dp 段接高电平，因此必须给其段控制端口 P1 送笔段码 A4H (10100100B)。虽然 P1 的笔段码 A4H (10100100B) 同时也送给了数码管 LED1，但由于数码管 LED1 熄灭，所以只有个位数码管 LED2 显示数字“2”。

第二步：在十位上显示“1”。位控制信号：端口 P2.7 输出高电平，P2.6 输出低电平。晶体管 VT1 导通，VT2 截止，LED1 亮，LED2 灭。段控制信号：要使共阳极数码管显示数据 1，即 b、c 两段亮，而其他各段要灭，即 b、c 两段接低电平，而其他段接高电平。因此必须给其段控制端口 P1 送笔段码 F9H (11111001B)。

重复以上第一步和第二步，只要交替显示的速度足够快（每秒循环显示 48 次以上），利用人眼的视觉暂留，人眼在数码管看到的就是完整的数字 12，而不会有闪烁感。程序框图如图 6-28 所示，程序清单如下：

```
          ORG     0050H
MAIN:     SETB    P2.6                 ;十位数码管熄灭
          CLR     P2.7                 ;个位数码管亮
          MOV     A,      #02H         ;个位显示数据送 A
          MOV     DPTR,   #TABLE1      ;字段码首地址
          MOVC    A,      @ A + DPTR   ;取字段码
          MOV     P1,     A            ;字段码送到 P1 口显示
          ACALL   DELAY                ;调用延时程序
          SETB    P2.7                 ;个位数码管熄灭
          CLR     P2.6                 ;十位数码管亮
          MOV     A,      #01H         ;十位显示数据送 A
          MOV     DPTR,   #TABLE1      ;字段码首地址
          MOVC    A,      @ A + DPTR   ;取字段码
          MOV     P1,     A            ;字段码送到 P1 口显示
          ACALL   DELAY                ;调用延时程序
          AJMP    MAIN                 ;跳回交替继续显示
DELAY:    MOV     R7,     #0FH         ;两层循环延时程序
LOOP2:    MOV     R6,     #0FFH
LOOP1:    DJNZ    R6,     LOOP1
          DJNZ    R7,     LOOP2
          RET
TABLE1:DB 0C0H,0F9H,0A4H,0B0H,99H,92H,82H,0F8H,80H,90H
                                       ;共阳数码管段码表
```

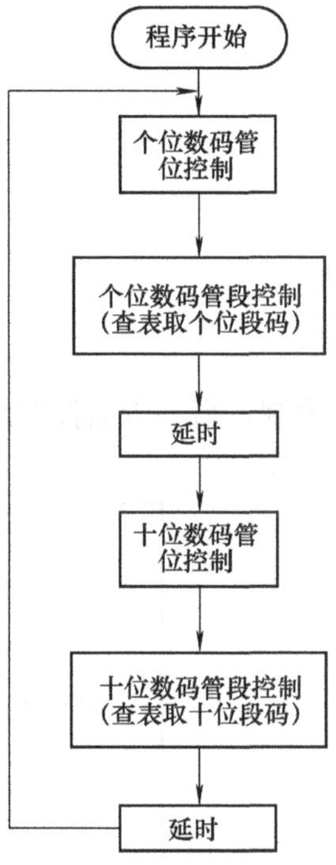

图 6-28 两位数码动态显示程序框图

例 6-3 如图 6-29 所示电路，待显数据 (00H ~ 09H) 放在 7FH ~ 7AH 单元中（分别对应十万位 ~ 个位），通过查表实现动态显示。图中数码管为共阴极数码管，P0 口送段代码，P1 口送位选信号。

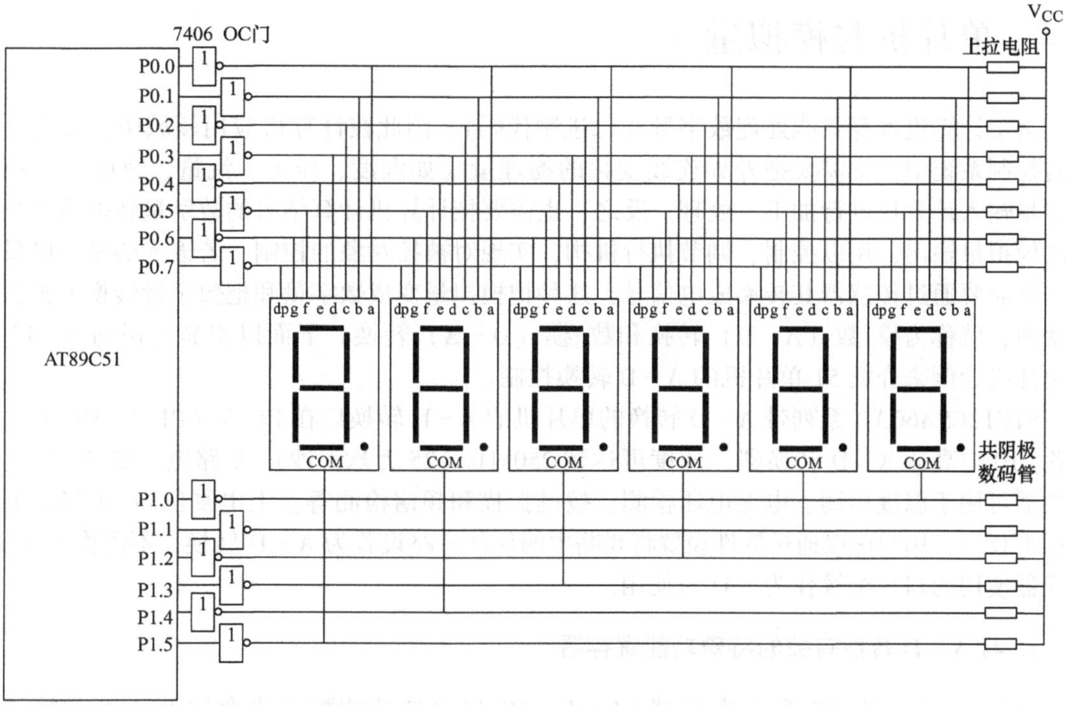

图 6-29　数码管动态显示接口电路

解：由于用了反相驱动器 7406，要用共阳极译码表，显示程序如下：

```
        ORG     1000H
DIR:    MOV     DPTR, #DSEG              ;数码管译码表首址
        MOV     R0,    #7AH              ;待显缓冲区个位地址
        MOV     R3,    #01H              ;个位的位选信号 =01H
LD1:    MOV     A,     @ R0              ;通过 R0 间接寻址
        MOVC    A,     @ A + DPTR        ;查表
        MOV     P0,    A                 ;字段码送到 P0 口
        MOV     P1,    R3                ;字位选择送到 P1 口
        LCALL   DELY                     ;调延时 1ms 子程序
        INC     R0                       ;R0 指向下一字节
        MOV     A,     R3
        JB      ACC.5,LD2                ;判断是否发完 6 个数?
        RL      A                        ;R1 指向下一个位
        MOV     R3,    A                 ;位选信号存回 R1
        SJMP    LD1                      ;跳去再显示下一个数
LD2:    RET                              ;发完 6 个数就返回
DSEG:   DB      0C0H,0F9H,0A4H,0B0H,99H  ;共阳极译码表
        DB      92H,82H,0F8H,80H,90H
```

6.4　单片机与模拟量

由于计算机本身只能处理数字量（二进制代码），因此在计算机应用领域中，特别是在实时控制系统中，常需要把外界连续变化的物理量（如温度、压力、流量、速度）变换成数字量输入计算机进行加工、处理。反之，也需要把计算机计算结果的数字量转换成连续变化的模拟量输出，用以控制、调节执行机构，实现对被控对象的控制。若输入的是非电量信号，就需要通过传感器其转换成电信号，这种把模拟量变成数字量和把数字量转换成模拟量的变换，就称为模-数（A-D）转换和数-模（D-A）转换。下面以宏晶公司的STC12系列单片机为例来介绍51单片机的A-D转换控制。

STC12C5A60AD系列带A-D转换的单片机的A-D转换口在P1口（P1.7~P1.0），有8路、10位高速A-D转换器，速度可达到250kHz（25万次/秒）。8路电压输入型A-D转换器可用于温度检测、电池电压检测、按键扫描和频谱检测等。上电复位后P1口为弱上拉型I/O口，用户可以通过软件设置将8路中的任何一路设置为A-D转换，不需作为A-D转换器使用的口可继续作为I/O口使用。

1. 与A-D转换有关的特殊功能寄存器

（1）P1口模拟功能配置寄存器P1ASF　P1口模拟功能配置寄存器P1ASF的格式见表6-2，需作为A-D转换器使用的口，要先将P1ASF特殊功能寄存器中的相应位置为“1”，将相应的口设置为模拟功能，见表6-3。

表6-2　P1口模拟功能配置寄存器P1ASF

寄存器名	地址	B7	B6	B5	B4	B3	B2	B1	B0
P1ASF	9DH	P17ASF	P16ASF	P15ASF	P14ASF	P13ASF	P12ASF	P11ASF	P10ASF

表6-3　将相应的口设置为模拟功能

P1ASF [7:0]	P1，x的功能	其中P1ASF寄存器地址为：[9DH]（不能够进行位寻址）
P1ASF.0=1	P1.0口作为模拟功能A-D使用	
P1ASF.1=1	P1.1口作为模拟功能A-D使用	
P1ASF.2=1	P1.2口作为模拟功能A-D使用	
P1ASF.3=1	P1.3口作为模拟功能A-D使用	
P1ASF.4=1	P1.4口作为模拟功能A-D使用	
P1ASF.5=1	P1.5口作为模拟功能A-D使用	
P1ASF.6=1	P1.6口作为模拟功能A-D使用	
P1ASF.7=1	P1.7口作为模拟功能A-D使用	

（2）A-D转换控制寄存器ADC_CONTR　A-D转换控制寄存器ADC_CONTR的格式见表6-4，其中：

ADC_START为模数转换器（ADC）转换启动控制位，设置为“1”时，开始转换，转换结束后为0。ADC_FLAG为模数转换器转换结束标志位，当A-D转换完成后，ADC_

FLAG ＝1，要由软件清零。不管是 A－D 转换完成后由该位申请产生中断，还是由软件查询该标志位 A－D 转换是否结束，当 A－D 转换完成后，ADC_FLAG ＝1，一定要软件清零。SPEED1 和 SPEED0 用来设置 A－D 转换所需时间，见表 6-5。CHS2、CHS1、CHS0 用来选择模拟输入通道，见表 6-6。

表 6-4 A－D 转换控制寄存器 ADC_CONTR

寄存器名	地址	B7	B6	B5	B4	B3	B2	B1	B0
ADC_CONTR	BCH	ADC_POWER	SPEED1	SPEED0	ADC_FLAG	ADC_START	CHS2	CHS1	CHS0

表 6-5 设置 A－D 转换所需时间

SPEED1	SPEED0	A－D 转换所需时间
1	1	90 个时钟周期转换一次，CPU 工作频率 21MHz 时，A－D 转换速度约 250kHz（约等于 21MHz/90）
1	0	180 个时钟周期转换一次
0	1	360 个时钟周期转换一次
0	0	540 个时钟周期转换一次

表 6-6 模拟输入通道选择

CHS2	CHS1	CHS0	模拟输入通道选择
0	0	0	选择 P1.0 作为 A－D 输入来用
0	0	1	选择 P1.1 作为 A－D 输入来用
0	1	0	选择 P1.2 作为 A－D 输入来用
0	1	1	选择 P1.3 作为 A－D 输入来用
1	0	0	选择 P1.4 作为 A－D 输入来用
1	0	1	选择 P1.5 作为 A－D 输入来用
1	1	0	选择 P1.6 作为 A－D 输入来用
1	1	1	选择 P1.7 作为 A－D 输入来用

（3）A－D 转换结果特殊功能寄存器 ADC_RES、ADC_RESL 和辅助寄存器 AUXR1　A－D 转换结果特殊功能寄存器 ADC_RES、ADC_RESL 和辅助寄存器 AUXR1 的格式见表 6-7。AUXR1 寄存器的 ADRJ 位是 A－D 转换结果寄存器（ADC_RES，ADC_RESL）的数据格式调整控制位。ADRJ＝0 时，10 位 A－D 转换结果的高 8 位存放在 ADC_RES 中，低 2 位存放在 ADC_RESL 的低 2 位中。ADRJ＝1 时，10 位 A－D 转换结果的高 2 位存放在 ADC_RES 中低 2 位中，低 8 位存放在 ADC_RESL 中。

表 6-7 A－D 转换结果特殊功能寄存器 ADC_RES、ADC_RESL 和辅助寄存器 AUXR1

寄存器名	地址	含义	B7	B6	B5	B4	B3	B2	B1	B0
ADC_RES	BDH	A－D 转换结果寄存器高								
ADC_RESL	BEH	A－D 转换结果寄存器低								
AUXR1	A2H	辅助寄存器 1	—	PCA_P4	SPI_P4	S2_P4	GF2	ADRJ	—	DPS

1）ADRJ = 0 时，A－D 转换结果计算公式如下：

取 10 位结果(ADC_RES[7:0],ADC_RESL[1:0]) = 1024 × V_{IN}/V_{CC}

取 8 位结果 ADC_RES[7:0] = 256 × V_{IN}/V_{CC}

2）ADRJ = 1 时，A－D 转换结果计算公式如下：

取 10 位结果(ADC_RES[1:0],ADC_RESL[7:0]) = 1024 × V_{IN}/V_{CC}

式中，V_{IN}为模拟输入通道输入电压；V_{CC}为单片机实际工作电压，用单片机工作电压作为模拟参考电压。

(4) 中断允许寄存器 IE　中断允许寄存器 IE 的格式见表 6-8 所示，如果要允许 A－D 转换中断则需要将相应的控制位置 1：

1）EADC 是 ADC 中断的中断控制位，将 EADC 置 1，允许 ADC 中断。

2）EA 是单片机总中断控制位，此位不置 1，也是无法允许 ADC 中断的。

A－D 中断服务程序中要用软件清除 A－D 中断请求标志位 ADC_FLAG（也是 A－D 转换结束标志位）。

表 6-8　中断允许寄存器 IE

寄存器名	地址	B7	B6	B5	B4	B3	B2	B1	B0
IE	A8H	EA	ELVD	EADC	ES	ET1	EX1	ET0	EX0

2. A－D 转换实例

(1) 系统任务　用 STC12C5A60AD 单片机进行温度的检测和显示，使用热敏电阻作为温度传感器，单片机检测到温度信号后将其显示在 LED 数码管上。

(2) 系统硬件原理图　温度检测由热敏电阻 RT 提供电压变化值，通过单片机的端口 P1.7 输入 ADC1 通道，经 A－D 转换后显示在 LED 数码管上，如图 6-30 所示。

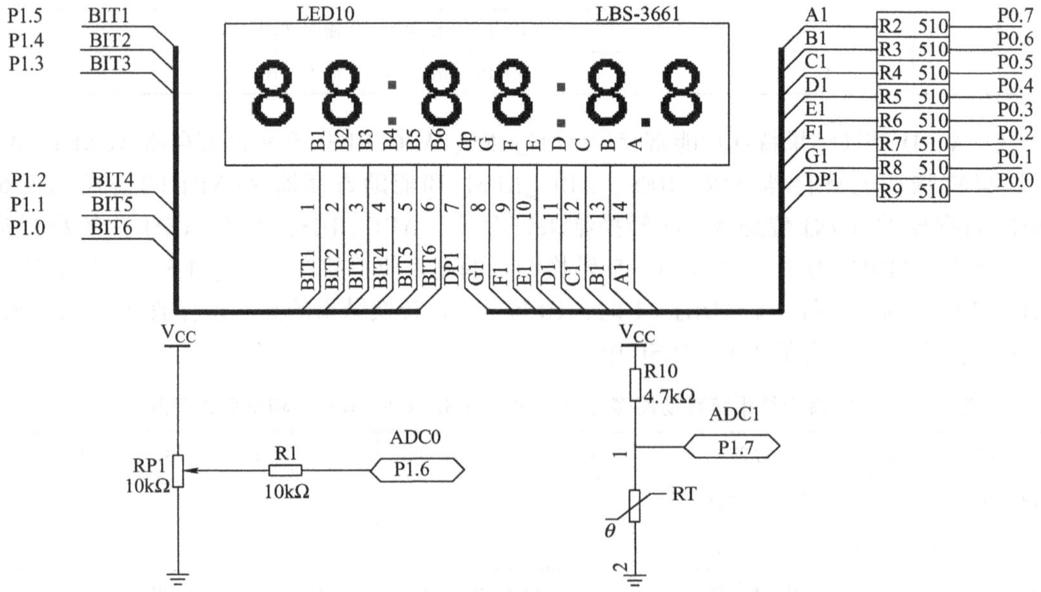

图 6-30　温度检测系统原理图

(3) 系统软件设计

```
#include"stc_new_8051.h"
#include <intrins.h>
#define NOP()_nop_();_nop_();_nop_();_nop_();_nop_();_nop_();
unsigned char disp[] ={0xfc,0x60,0xda,0xf2,0x66,0xb6,0xbe,0xe0,0xfe,
0xf6,0x00};
unsigned char buffer[6] ={0};
unsigned char num =0,n =0x10;
sbit beep =P3^6;
delay(unsigned int T)
{
while(T--);
}
//函数 AD 为进行 A-D 转换的子程序,转换结束后将结果值 ad_value 送回主函数
unsigned int AD(unsigned char CH)
{
unsigned int ad_value;
ADC_CONTR &=0xf8;
NOP();
ADC_CONTR |=CH;
NOP();
ADC_CONTR |=0x08;
NOP();
while((ADC_CONTR&0x10)!=0x10);
NOP();
ADC_CONTR &=0xef;
NOP();
ad_value =ADC_RES;
ad_value <<=2;
ad_value +=(ADC_RESL&0x03);
return(ad_value);
}
//主函数,主要进行定时器、A-D 转换、数码管显示的初始化
main()
{
unsigned int adc_value;
long int I;
```

```
TMOD =0x10;
TH1 = (65536 -4000)/256;
TL1 = (65536 -4000)% 256;
IE =0x88;
TR1 =1;
P1ASF =0XC0;
ADC_CONTR =0X80;
NOP();
P1M0 =0X3F;
P1M1 =0xC0;
P3M0 =0x40;
P3M1 =0x00;
beep =0;
while(1)
{
adc_value =AD(7);
i =adc_value;
i =i* 5000/1024;
if(i >4500)beep =1;
else if(i <1500){beep =1;delay(50000);beep =0;delay(50000);}
else beep =0;
buffer[0] =i% 10000/1000;
buffer[1] =i% 1000/100;
buffer[2] =i% 100/10;
buffer[3] =i% 10;
}}
//定时器中断函数,主要功能是将检测到的温度值显示在 LED 数码管上
T1_int()interrupt 3
{
TH1 = (65536 -4000)/256;
TL1 = (65536 -4000)% 256;
P1 =n;
P0 = ~disp[buffer[num]];
n >> =1;
num ++;
if(num >3){num =0;n =0x10;}
}
```

实训项目 6：数码管驱动与控制

1. 功能及要求

功能：用单片机实现 LED 数码管的静态与动态驱动显示。

要求：1）设计一个电路，用单片机驱动 LED 数码管。

2）编写一控制程序，控制 LED 数码管显示，可分为静态显示和动态显示。

2. 电路设计

数码管驱动电路如图 6-31 所示，数码管选用 6 位一体共阳极数码管，单片机 P1.0 ~ P1.5 作为位选控制，P0.0 ~ P0.7 作为字形显示控制。需要注意的是数码管的 A 段是接到 P0.7 上，小数点 DP 接 P0.0 上，这与通常的接法相反。

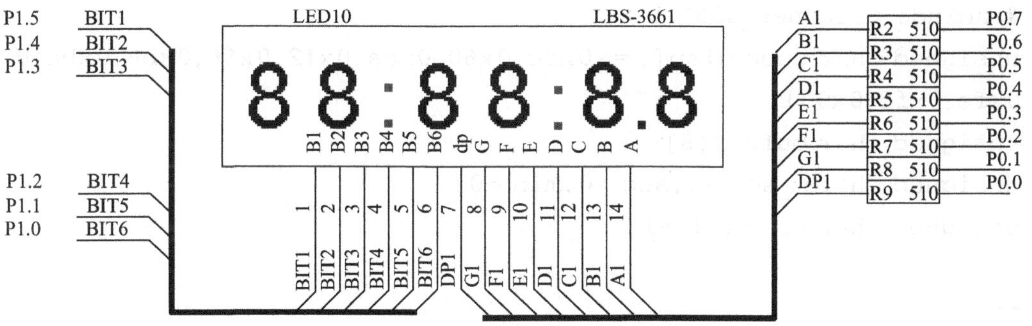

图 6-31　数码管驱动参考电路图

3. 程序设计

下面分别给出了用 C 语言编写的数码管静态驱动程序和动态驱动程序，其中静态显示程序控制在 BIT6 上显示 0 ~ 9，动态显示程序控制在 6 只数码管上显示 543210。

静态显示 C 语言程序：

```
#include <stc_new_8051.h>
sbit led_bit = P1^0;
unsigned char a = 0;
unsigned char disp[] = {0xfc,0x60,0xda,0xf2,0x66,0xb6,0xbe,0xe0,0xfe,
0xf6};
delay(unsigned int T)
{unsigned char i;
for(i = 0;i < 2;i + +)
while(T - -);
}
```

```
main()
{
P1M0 =0x01;
P1M1 =0x00;
led_bit =1;
while(1)
{
for(a =0;a <10;a + +)
{
P0 = ~disp[a];
delay(50000);
}}}
```

动态显示 C 语言程序：

```
#include <stc_new_8051.h>
unsigned char code disp[] ={0xfc,0x60,0xda,0xf2,0x66,0xb6,0xbe,0xe0,
0xfe,0xf6,0x00};
unsigned char buffer[6];
unsigned char m_sec =0,sec =0,min =0;
unsigned char num =0,b =1;

main()
{
P1M0 =0x3f;
P1M1 =0x00;
TMOD =0x10;
TH1 = (65536 -4000)/256;
TL1 = (65536 -4000)% 256;
IE =0x88;
TR1 =1;
while(1);
}

T1_int()interrupt 3
{TH1 = (65536 -4000)/256;
TL1 = (65536 -4000)% 256;
P0 = ~disp[num];
num + +;
P1 =b;
```

```
b=b<<1;
if(num>=6)
{b=1;num=0;}
}
```

本章小结

单片机常见的三种扩展方式为：通用三总线、I^2C 总线和 SPI 总线。

LED 显示器有静态和动态两种显示方法。静态显示的特点是亮度高，显示程序简单；但占用的 I/O 线较多，一般显示器位数较少时采用静态显示。动态显示采用动态扫描方式，其特点是占用的 I/O 线较少，但显示程序复杂。一般显示器位数较多时，采用动态显示。

在单片机应用系统中，常常用单片机的输出信号去控制或驱动发光二极管（LED）、普通继电器、固态继电器、数字继电器、达林顿晶体管和大功率场效应晶体管（简称功率 MOSFET）等电子器件。

在实时控制系统中，常需要把外界连续变化的物理量（如温度、压力、流量、速度）变换成数字量输入计算机进行加工、处理。反之，也需要把计算机计算结果的数字量转换成连续变化的模拟量输出，用以控制，调节执行机构，实现对被控对象的控制。

习　题

1. I^2C 总线的优缺点是什么？
2. I^2C 总线的起始信号和终止信号如何定义？
3. 简述 SPI 总线的通信原理。
4. 简述单片机系统扩展的基本原则和实现方法。
5. 如何构造 MCS－51 系列单片机的系统总线？
6. 简述 7 段 LED 显示器的静态和动态显示原理。
7. 7 段 LED 显示器有动态扫描方式和静态显示方式，这两种显示方式要求 MCS－51 系列单片机怎样安排接口电路？
8. 用 89C51 最小系统构成一个 7 段 LED 显示器（共阴极）的控制电路，要求实现：

1）外框 6 段依次发光，成顺时针旋转状，且任意时刻仅有一段发光。

2）由一个手动开关 S 控制旋转速度，可选择段切换时间为 0.2s 或 0.5s。

画出与 7 段 LED 显示器及手动开关 S 有关的控制电路，列出程序流程，编写程序并加注释（延时 100ms 的子程序 D100MS 为已知条件可调用）。

第7章　单片机的系统设计

知识要点

1）单片机控制系统设计的一般原则、系统设计步骤。

2）单片机系统开发常用的一些软件开发工具和硬件开发工具。

能力训练

1）掌握 Keil 软件的基本操作。

2）掌握 PROTEUS 软件的基本操作。

7.1　系统设计概述

单片机控制系统是指以单片机为核心（主控制器），配置适当的外围设备，以程序运行方式对某特定要求实现控制的系统。一个单片机控制系统由硬件系统和软件系统组成。硬件系统包含系统扩展，即单片机内部的功能单元（如 ROM、RAM、I/O、定时器/计数器、中断系统等）不能满足应用系统的要求时，必须在片外进行扩展，选择适当的芯片，设计相应的电路和系统配置（即按照系统功能要求配置外围设备，如键盘、显示器、打印机、A－D、D－A 转换器等，要设计合适的接口电路）两个部分；软件系统包含系统初始化程序（即对系统用到的片内功能模块和片外扩展模块控制字的设置）和控制程序（功能算法实现、定时器/计数器及中断管理、外部模块读写、I/O 口控制、可靠性和抗干扰设计等）两个部分。

7.1.1　系统设计的一般原则

1. 总体原则

单片机控制系统大多数用于工业环境或嵌入到其他设备中完成某种特定的控制功能。单片机控制系统应充分发挥单片机固有的（体积小、功耗低、控制功能强等）特点，系统不宜过大和太复杂。因此，在设计系统时应注意把握以下几个方面的总体原则：

1）系统的高可靠性和实时性。

2）系统硬件的最简化和软件的通用化。

3）系统的操作、维护和升级应较为方便。

2. 系统硬件设计原则

在系统设计总体原则指导下，系统的硬件设计应遵循以下基本原则：

1）尽可能选择典型电路，并符合单片机常规用法，为硬件系统的标准化、模块化打下良好的基础。

2）系统扩展与外围设备的配置水平应充分满足应用系统的功能要求，并留有适当余地，以便进行二次开发。

3）硬件结构应结合应用软件方案一并考虑。硬件结构与软件方案会产生相互影响，考虑（分工）原则是：软件能实现的功能尽可能由软件实现，以简化硬件结构。但必须注意，由软件实现的硬件功能，一般响应时间比硬件实现长，且占用 CPU 时间。

4）系统中的相关器件要尽可能做到性能匹配。如选用 CMOS 芯片单片机构成低功耗系统时，系统中所有芯片都应尽可能选择低功耗产品。

5）可靠性及抗干扰设计是硬件设计必不可少的一部分，它包括芯片及器件选择、去耦滤波、印制电路板布线、通道隔离等。

6）单片机外围电路较多时，必须考虑其驱动能力。驱动能力不足时，系统工作不可靠，可通过增设线驱动器增强驱动能力或减少芯片功耗来降低总线负载。

7）系统的硬件设计应尽量“单片”实现。系统器件越多，器件之间的相互干扰也越强，功耗也越大，也不可避免地降低了系统的稳定性。随着单片机片内集成的功能越来越强，真正的片上系统（SoC）已经可以实现。目前大多数单片机产品在片内集成了大容量 FLASH 存储器、SRAM、A－D 模块、D－A 模块、丰富的并口和串口、看门狗、上电复位电路、温度传感器等。

3. 系统软件设计原则

单片机控制系统软件设计一般应遵循以下原则：

1）系统软件总体设计应采用模块化设计方法，各模块功能程序应具备通用性，以便日后碰到类似的功能程序时，可以直接调用，避免重复功能程序设计，缩短系统开发周期。

2）适当地使用软件陷阱、指令冗余等设计技术，提高系统的可靠性。

3）充分利用单片机的片内资源，能用软件实现的功能就不要扩展相应的硬件。

4）对开关量的输入/输出尽量使用 PLC 普遍采用的扫描技术。

5）使用数字滤波技术、先进成熟的控制算法提高信号抗扰能力和系统的控制精度。

6）采用合理的数据结构来简化数据的存储和检索。

7）在保证实现控制功能的前提下，尽可能地使用执行时间短（机器周期数少）、占用内存少（指令字节数少）的指令编写程序。

7.1.2　系统设计的步骤

一个完整单片机控制系统的设计步骤可以用图 7-1 表示。

7.1.3　系统的可靠性设计

单片机控制系统的可靠性设计是一个很复杂的问题，因为影响系统稳定可靠工作的因素太多，而且往往有许多不确定的因素。但是，总体说来一个单片机系统的可靠性是其自身软硬件与其所处工作环境综合作用的结果。因此，提高单片机系统可靠性的方法与措施主要是：尽量减少引起系统不可靠或影响系统可靠的外界因素、尽量提高系统自身抗干扰能力及

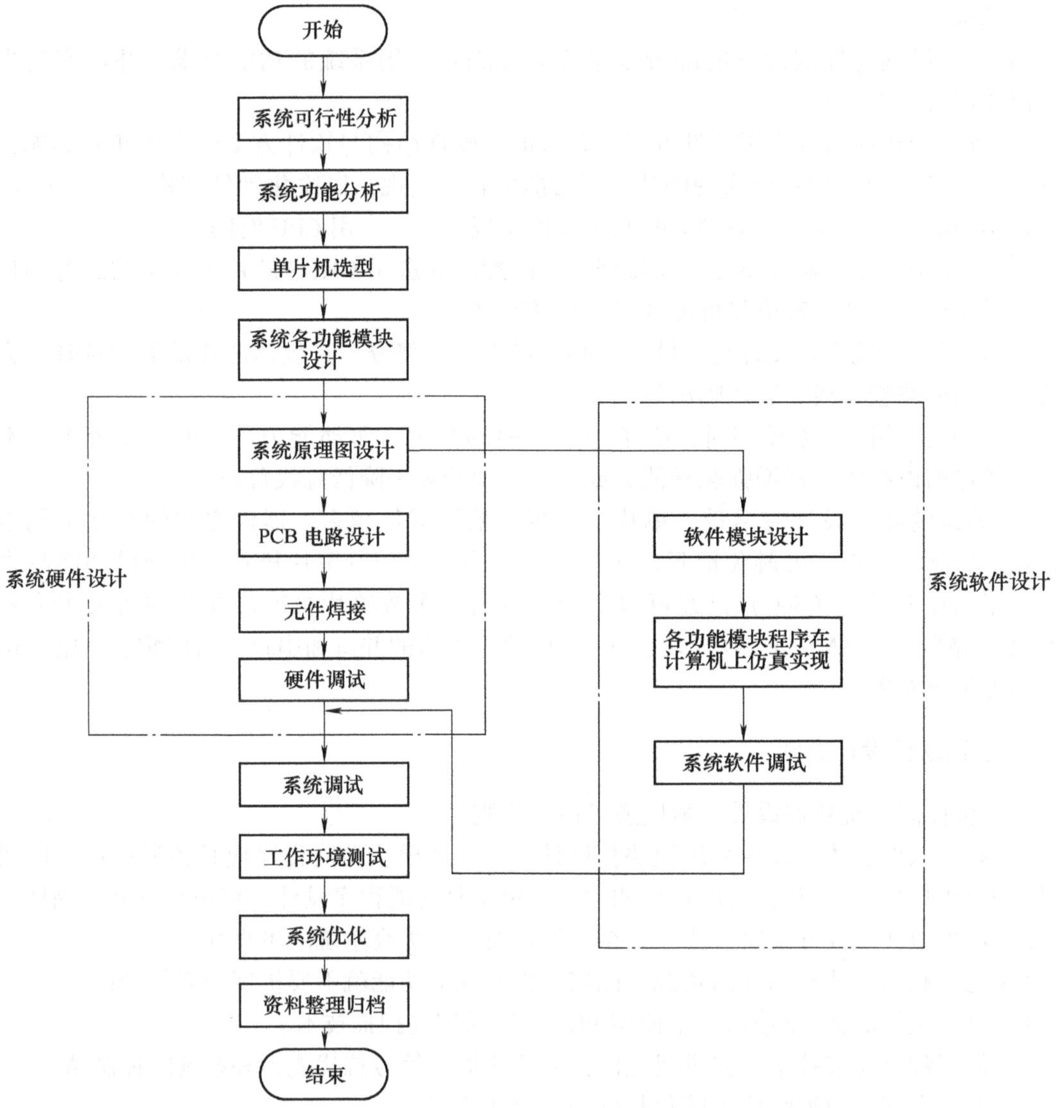

图 7-1 单片机控制系统设计流程图

降低自身运行的不稳定性。在设计系统时注意以下几个方面的问题有利于提高系统的可靠性。

1. 元器件选择

1）选择抗干扰性能强和频率低的单片机（如 STC 系列单片机可抗击 4kV 静电等）。

2）选择元件参数时考虑余量（如系统工作电源为 5V，选用耐压 25V 的电容、功耗 1/8W 的电阻、1/4W 的电阻等）。

3）对于功率驱动来说，尽量选用无触点器件（如固态继电器，与机械继电器相比，固态继电器更加可靠，具有更快的反应速度和抗噪声功能）。

2. 系统设计

1）输出信号加锁存芯片，输入信号加缓冲芯片。

2）强电与弱电间采用光电隔离技术。

3）用好去耦电容，好的高频去耦电容可以去除高达1GHz的高频成分。陶瓷片电容或多层陶瓷电容的高频特性较好。每个集成电路的电源与地之间加一个去耦电容。每个电解电容旁边加一个小的高频旁路电容。

4）选用独立的硬件看门狗以在系统跑飞时产生复位信号。

5）闲置不用的I/O端不要悬空，使用电阻上拉到高电平或接地。

6）采用软件冗余设计、软件锁设计、程序陷阱设计等技术。

3. PCB设计

1）尽量减少过孔和PCB的面积。在高频情况下，印制电路板上的引线，过孔，电阻、电容、接插件的分布电感与电容等不可忽略。电容的分布电感不可忽略，电感的分布电容不可忽略。电阻产生对高频信号的反射，引线的分布电容会起作用，当引线长度大于噪声频率相应波长的1/20时，就产生天线效应，噪声通过引线向外发射。

2）元件布置要合理分区。元件在印制电路板上排列的位置要充分考虑抗电磁干扰问题，原则之一是各部件之间的引线要尽量短。在布局上，要把模拟信号部分、高速数字电路部分、噪声源部分（如继电器，大电流开关等）这三部分合理地分开，使相互间的信号耦合为最小。

3）处理好接地线。在印制电路板上，电源线和地线尤为重要。尽量加粗电源线的宽度。克服电磁干扰，最主要的手段就是接地。对于双面板，地线布置非常讲究，通过单点接地法，即整个系统中只有一个物理点被定义为接地参考点，其他各需要接地的点都连接到这一点上。

4）减小来自电源的噪声。电源在向系统提供能源的同时，也将其噪声加到所供电的电源上。电路中单片机的复位线、中断线以及其他一些控制线最容易受外界噪声的干扰。电网上的强干扰通过电源进入电路，即使电池供电的系统，电池本身也有高频噪声。模拟电路中的模拟信号更经受不住来自电源的干扰。

5）其他。时钟产生器尽量靠近使用该时钟的器件，石英晶体振荡器外壳要接地，用地线将时钟区圈起来，时钟线应尽量短；I/O驱动电路尽量靠近印制电路板边缘；对进入印制电路板的信号要加滤波，从高噪声区来的信号也要加滤波，同时用串终端电阻的办法，减小信号反射；尽量使用45折线，而不用90折线布线以减小高频信号对外的发射与耦合；印制电路板按频率和电流开关特性分区，噪声元件与非噪声元件距离远一些；石英晶体下面以及对噪声敏感的器件下面不要走线；弱信号电路、低频电路周围不要形成电流环路；用大容量的钽电容或聚酯电容而不用电解电容作电路充放电储能电容；使用管状电容时，外壳要接地。

7.2　系统开发工具介绍

单片机的学习及系统开发离不开软、硬件工具，而这些工具如同单片机的种类一样，品种繁杂，下面就51系列单片机常用到的软、硬件工具做简要介绍。

7.2.1　系统硬件开发工具

单片机系统开发常用的硬件工具有编程器、仿真器和逻辑分析仪。当然，对于初学者来说不一定要全部备齐，可以利用单片机的 ISP 功能加上 Keil C51 软件，进行一些小系统的开发。但是，真正做单片机的系统开发时，下面的设备是必要的。

1. 编程器

编程器的主要功能是将编好的程序和数据写到单片机或存储器中。图 7-2 所示是 Smart PRO5000U 编程器，支持 PHILIPS、ATMEL、WINBOND 等众多半导体厂商的产品。主要性能如下：

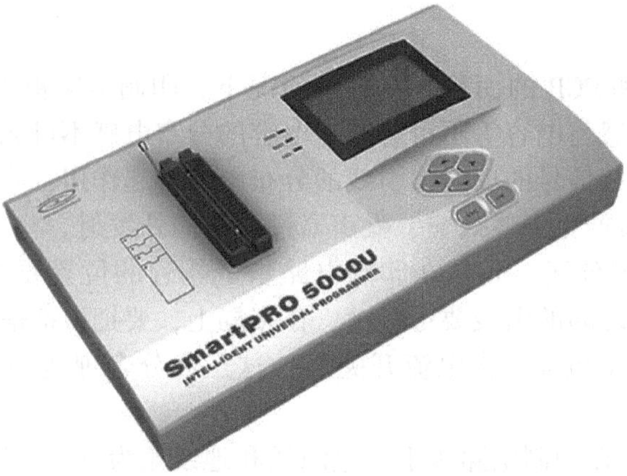

图 7-2　Smart PRO5000U 编程器

1）多器件支持：单片机、EPROM、ARM、Paged EPROM、并行和串行 EEPROM、FPGA 配置串行 PROM、FLASH 存储器（NOR 和 NAND）、BPROM、NVRAM、SPLD、CPLD、EPLD、Firmware HUB、MCU、标准逻辑器件等，器件工作电压 1.8～9V。

2）多封装支持：DIP、SDIP、PLCC、JLCC、SOIC、QFP、TQFP、PQFP、VQFP、TSOP、SOP、TSOPII、PSOP、TSSOP、SON、EBGA、FBGA、VFBGA、μBGA、CSP、SCSP 等。

3）自动识别单片机及 EPROM 型号和产量控制：支持联机和脱机两种模式。用户在进行编程时，不但可以看到已被编程芯片的次数显示，还可以在编程工程中预先设置编程芯片的次数。在实际的操作中，当编程次数达到用户预设次数时，此工程将无法继续编程芯片，由此可以达到产量控制的目的。

2. 仿真器

仿真器的主要功能是用可控制的手段来真实地模仿单片机的软件和硬件工作情况。图 7-3 和图 7-4 分别是高性能 TKS668B 仿真器软件界面和实物图。

1）硬件仿真：具备高度运行稳定性及芯片兼容性；运行频率突破 HOOKS 技术的极限，达到 32MHz；低电压仿真方面性能卓越，可以稳定运行在 2.0V 以下；能以较低的价格支持多项高级仿真功能。

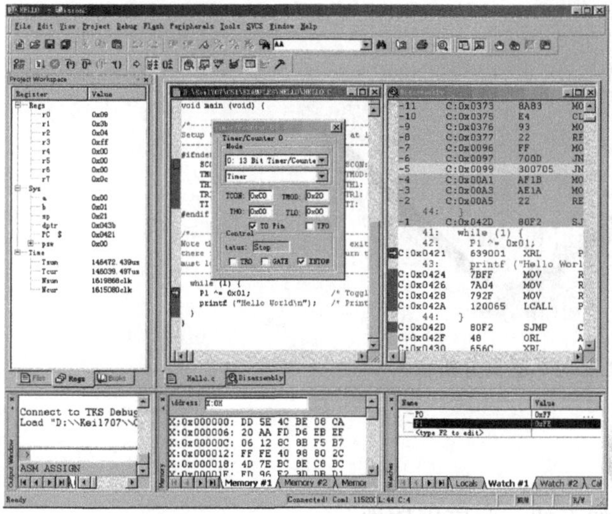

图 7-3 TKS668B 仿真器软件界面

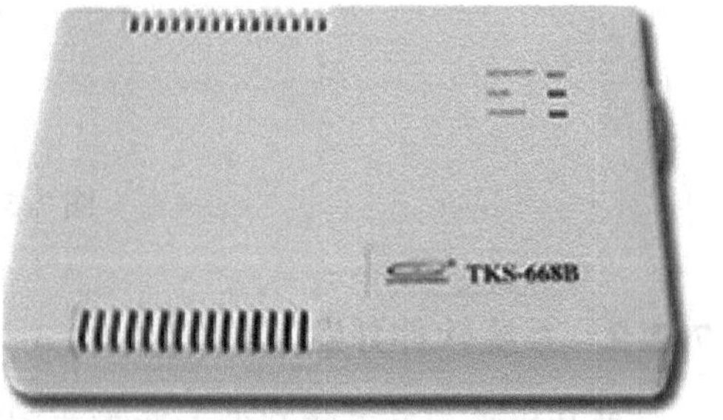

图 7-4 TKS668B 仿真器

2）软件仿真：支持 TKStudio/Keil 中英文双平台，并首次在 Keil 公司的 μVision2、μVision3 上稳定实现 64KB 超大容量 Trace 接口、4×64KB 代码数据覆盖、加彩运行轨迹显示、4×64KB 运行断点、超精密运行时间显示等多项超级仿真功能；智能导向技术可简化设计难度。

3）支持芯片：P8×C5×：P80C31、P80C32、P87C51、P87C52、P87C54、P87C58、P89C51、P89C52、P89C54、P89C58；AT89C5×：AT89C55、AT89C1051、2051、4051、AT89S5×、AT89S51、AT89S52（不能仿真 WDT）；W78E5×：W78E51、W78E52、W78E54、W78E58 等，以及所有公司的标准 80C51 系列单片机。

3. 逻辑分析仪

逻辑分析仪的主要功能是进行逻辑分析、总线分析和协议分析等。图 7-5 所示是一款 500MHz、34 通道高性能 LA5034 逻辑分析仪，其采用了大规模集成电路，整合了 USB2.0、CPLD、FPGA、嵌入式系统等技术，采用 USB 供电即插即用，相对于传统逻辑分析仪具有高性能低价格、携带方便、简单易用、扩展性好等优点，适用于各种数字电路的开发、测量、分析和调试工作。其主要性能如下：

1）采样频率 500MHz，测量带宽 120MHz，高阻抗输入，智能提示，数字滤波，信号分组，生成波形图片，自动升级，CSV 数据导出，BIN 数据导出，动态测量，标签吸附，多测量显示，波形搜索，多种界面风格等。

2）总线分析：UART 总线分析，SSI 总线分析，I^2C 总线分析，SPI 总线分析，1-Wire 总线分析，A-D 转换分析，变形米勒编码及双相曼彻斯特编码分析等。

3）协议分析：SD/MMC 卡 SPI 模式分析，MODBUS 协议分析，CF 卡 True IDE 模式分析，8051 反汇编。

图 7-5 LA5034 逻辑分析仪

7.2.2 系统软件开发工具

单片机学习及系统开发大致需要用到如下的一些应用软件。

1. Debug8051 软件

Debug8051 软件工具外观设计精美，可实现源程序汇编，程序仿真运行，P0、P1、P2、P3 端口、特殊功能寄存器及存储器状态变化动态观察，二进制、十进制、十六进制数据转换等功能，简单易学，操作方便。软件界面如图 7-6 所示。

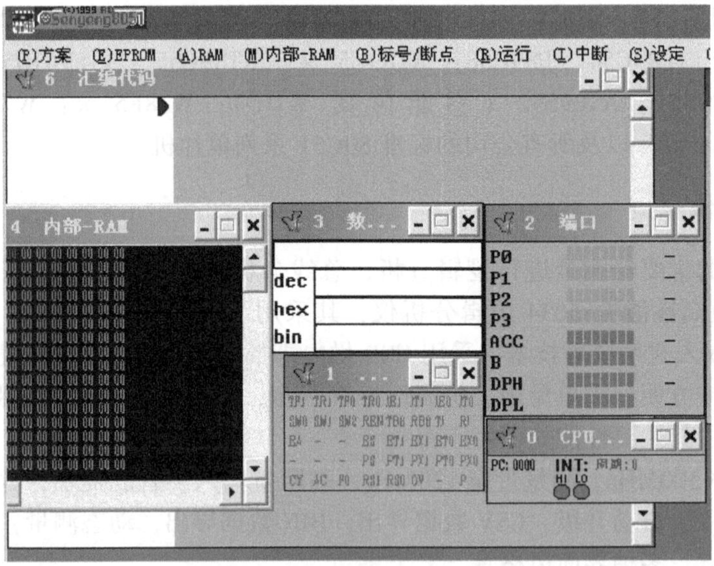

图 7-6 Debug8051 软件界面

2. Keil C51 软件

Keil C51 是德国知名公司 Keil（现已并入 ARM 公司）开发的基于 8051 内核的微控制器

（单片机）开发平台，是目前开发8051单片机的主流工具，是学习和开发单片机必须掌握的工具。Keil C51软件集编辑、编译、仿真于一体，支持汇编、PLM语言和C语言的程序设计，界面友好，易学易用。

（1）Keil C51 μVision2的菜单介绍　进入Keil C51软件后，启动界面如图7-7所示，几秒钟后出现编辑界面，如图7-8所示。

图7-7　启动Keil C51时的界面

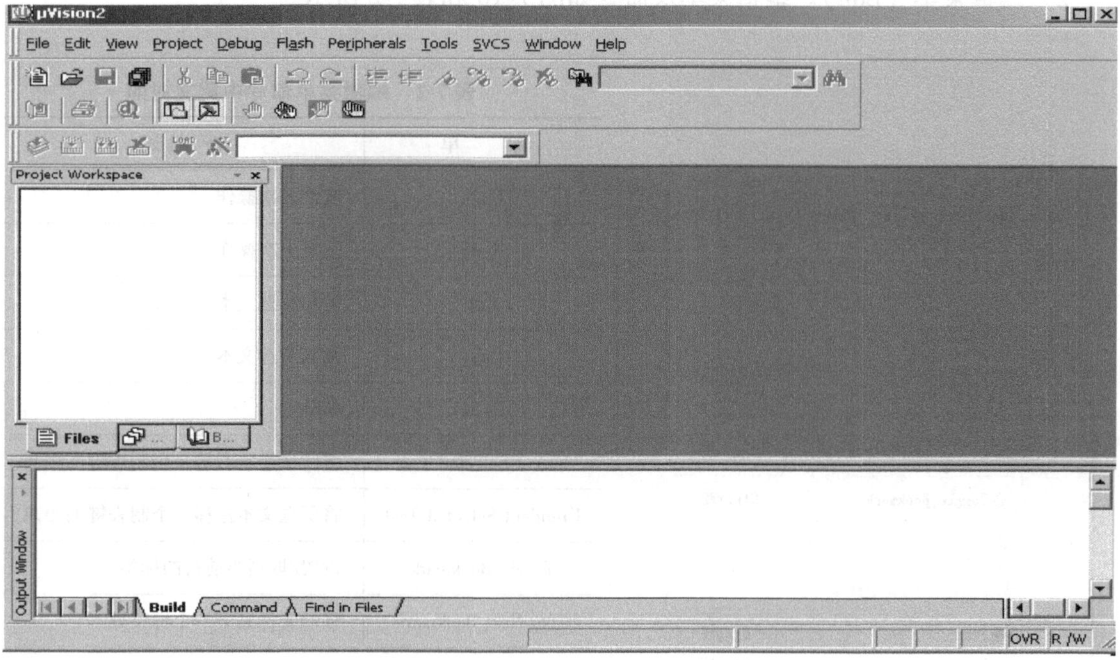

图7-8　进入Keil C51后的编辑界面

菜单栏提供各种菜单命令，下面对Keil C51的菜单命令进行说明。

1）文件菜单（File）。文件菜单及命令如图7-9和表7-1所示。

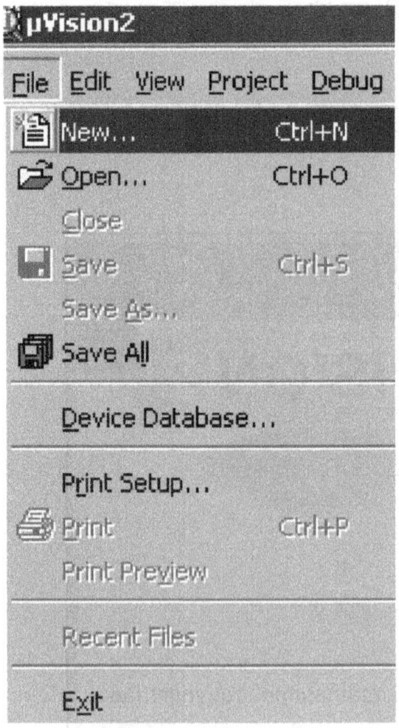

图 7-9　文件菜单

表 7-1　文件菜单命令中英文对照

菜　单	描　述
New	创建新文件
Open	打开已经存在的文件
Close	关闭当前文件
Save	保存当前文件
Save As	另外取名保存
Save All	保存所有文件
Device Database	维护器件库
Print Setup	设置打印机
Print	打印当前文件
Print Preview	打印预览
Recent Files	打开最近用过的文件
Exit	退出 µVision2

2）编辑菜单（Edit）。编辑菜单及命令如图 7-10 和表 7-2 所示。

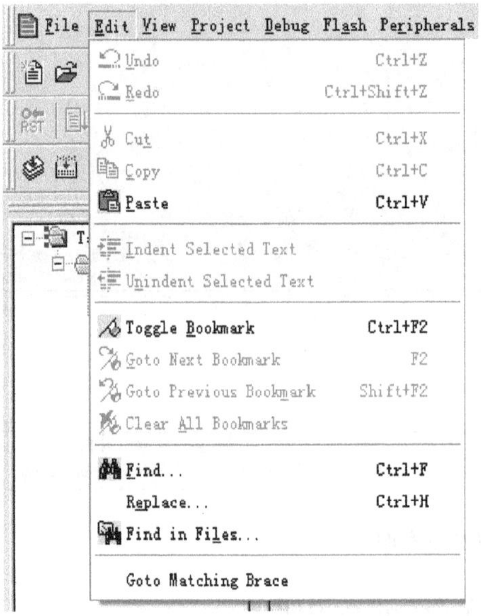

图 7-10　编辑菜单

表 7-2　编辑菜单命令中英文对照

菜　单	描　述
Undo	取消上次操作
Redo	重复上次操作
Cut	剪切所选文本
Copy	复制所选文本
Paste	粘贴
Indent Selected Text	将所选文本右移一个制表键的距离
Unindent Selected Text	将所选文本左移一个制表键的距离
Toggle Bookmark	设置/取消当前行的标签
Goto Next Bookmark	移动光标到下一个标签处
Goto Previous Bookmark	移动光标到上一个标签处
Clear All Bookmarks	清除当前文件的所有标签
Find	查找

3）视图菜单（View）。视图菜单及命令如图 7-11 和表 7-3 所示。

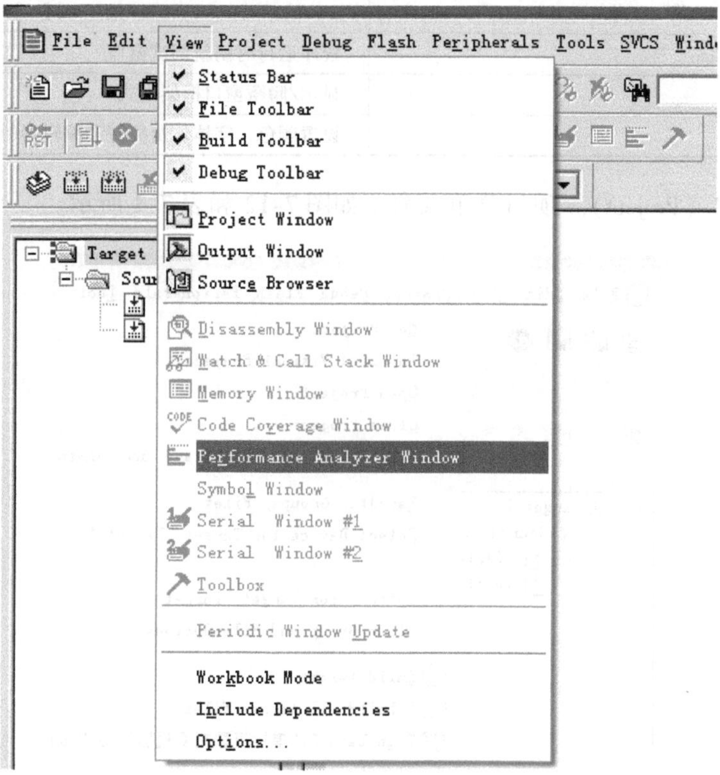

图 7-11　视图菜单

表 7-3　视图菜单命令中英文对照

菜　　单	描　　述
Status Bar	显示/隐藏状态条
File Toolbar	显示/隐藏文件菜单条
Build Toolbar	显示/隐藏编译菜单条
Debug Toolbar	显示/隐藏调试菜单条
Project Window	显示/隐藏项目窗口
Output Window	显示/隐藏输出窗口
Source Browser	打开资源浏览器
Disassembly Window	显示/隐藏反汇编窗口
Watch&Call Stack Window	显示/隐藏观察和堆栈窗口
Memory Window	显示/隐藏存储器窗口
Code Coverage Window	显示/隐藏代码报告窗口
Performance Analyzer Window	显示/隐藏性能分析窗口
Symbol Window	显示/隐藏字符变量窗口
Serial Window #1	显示/隐藏串口 1 的观察窗口
Serial Window #2	显示/隐藏串口 2 的观察窗口
Tool box	显示/隐藏自定义工具条

（续）

菜　　单	描　　述
Periodic Window Update	程序运行时刷新调试窗口
Workbook Mode	显示/隐藏窗口框架模式
Options...	设置颜色、字体、快捷键和编辑器的选项

4）项目菜单（Project）。项目菜单及命令如图7-12和表7-4所示。

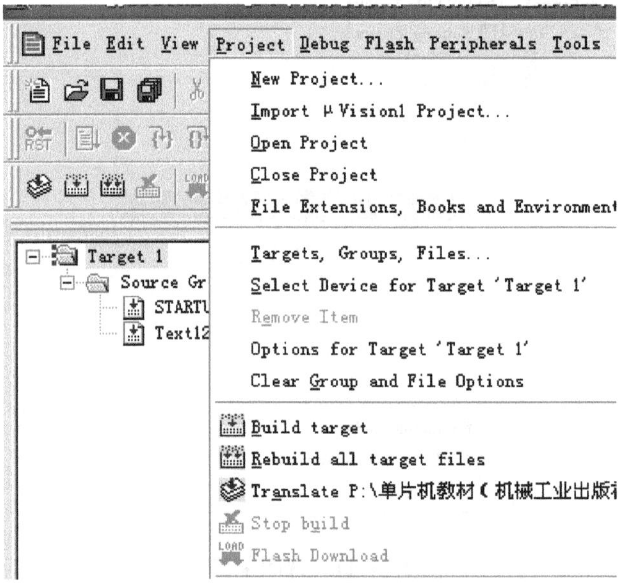

图7-12　项目菜单

表7-4　项目菜单命令中英文对照

菜　　单	描　　述
New Project …	创建新项目
Import μVision1 Project…	转化μVision1项目
Open Project	打开一个已经存在的项目
Close Project	关闭当前的项目
File Extensions, Books and Environment	定义工具、包含文件和库的路径
Targets, Groups, Files...	维护一个项目的对象、文件组和文件
Select Device for Target 'Target1'	选择对象的CPU
Remove Item	从项目中移走一个组或文件
Options for Target 'Target1'	设置对象、组或文件的工具选项
File Extensions, Books and Environments	选择不同文件类型的扩展名
Build target	编译修改过的文件并生成应用
Rebuild all target files	重新编译所有的文件并生成应用
Translate	编译当前文件
Stop build	停止生成应用的过程

5）调试菜单（Debug）。调试菜单及命令如图7-13和表7-5所示。

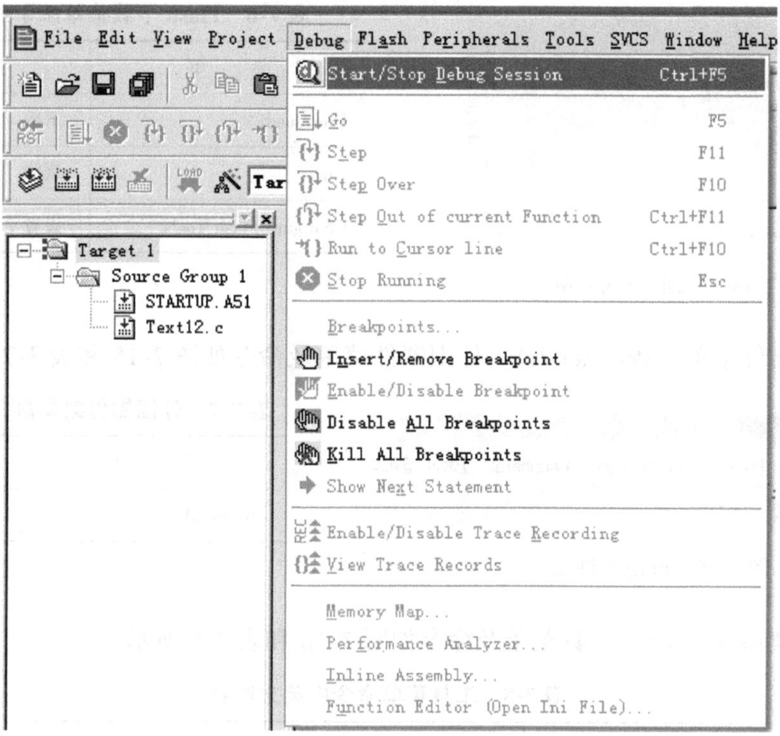

图7-13　调试菜单

表7-5　调试菜单命令中英文对照

菜　　单	描　述
Start/Stop Debug Session	开始/停止调试模式
Go	运行程序，直到遇到一个中断
Step	单步执行程序，遇到子程序则进入
Step Over	单步执行程序，跳过子程序
Step Out of current Function	执行到当前函数的结束
Stop Running	停止程序运行
Breakpoints	打开断点对话框
Insert/Remove Breakpoint	设置/取消当前行的断点
Enable/Disable Breakpoint	使能/禁止当前行的断点
Disable All Breakpoints	禁止所有的断点
Kill All Breakpoints	取消所有的断点
Show Next Statement	显示下一条指令
Enable/Disable Trace Recording	使能/禁止程序运行轨迹的标识
View Trace Records	显示程序运行过的指令
Memory Map...	打开存储器空间配置对话框
Performance Analyzer...	打开设置性能分析的窗口
Inline Assembly...	对某一个行重新汇编，可以修改汇编代码
Function Editor（Open Ini File）...	编辑调试函数和调试配置文件

6）Flash 下载菜单（Flash）。Flash 下载菜单及命令如图 7-14 和表 7-6 所示。

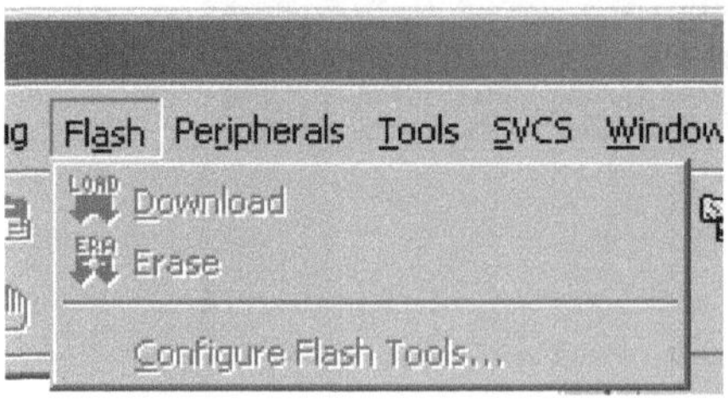

图 7-14 Flash 下载菜单

表 7-6 Flash 下载菜单命令中英文对照

菜 单	描 述
Download	下载
Erase	删除
Configure Flash Tools...	设置下载工具

7）外围器件菜单（Peripherals）。外围器件菜单及命令如图 7-15 和表 7-7 所示。

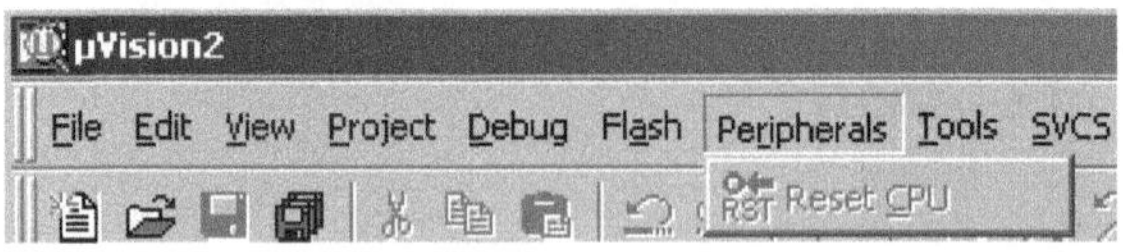

图 7-15 外围器件菜单

表 7-7 外围器件菜单命令中英文对照

菜 单	描 述
Reset CPU	复位 CPU

8）工具菜单（Tool）。工具菜单及命令如图 7-16 和表 7-8 所示。

表 7-8 工具菜单命令中英文对照

菜 单	描 述
Setup PC-Lint...	配置 Gimpel Software 的 PC-Lint 程序
Lint	用 PC-Lint 处理当前编辑的文件
Lint All C-Source Files	用 PC-Lint 处理项目中所有的 C 源代码文件
Setup Easy-Case...	配置 Siemens 的 Easy-Case 程序
Start/Stop Easy-Case	运行/停止 Siemens 的 Easy-Case 程序
Show File（Line）	用 Easy-Case 处理当前编辑的文件
Customize Tools Menu...	添加用户程序到工具菜单中

9）软件版本控制系统菜单（SVCS）。软件版本控制系统菜单及命令如图 7-17 和表 7-9 所示。

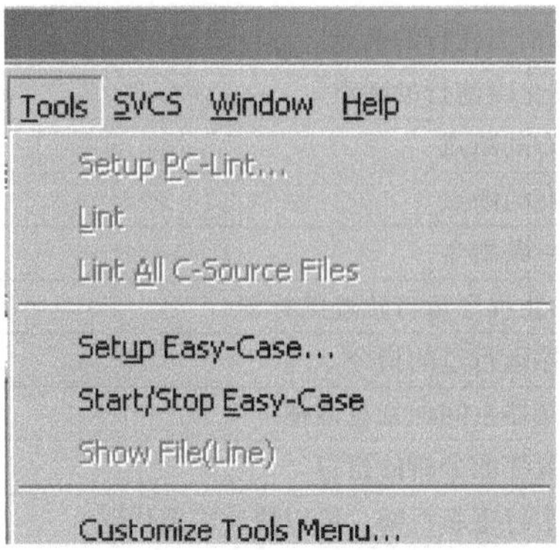

图 7-16 工具菜单

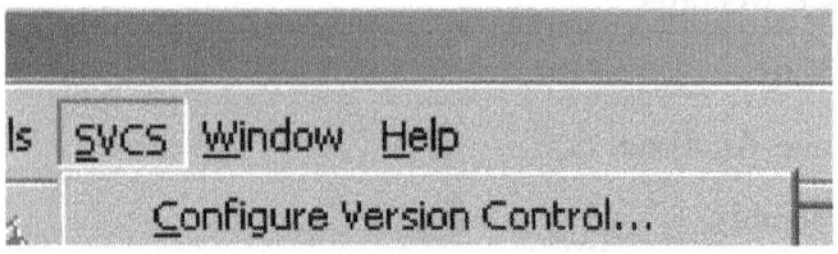

图 7-17 软件版本控制系统菜单

表 7-9 软件版本控制系统菜单命令中英文对照

菜 单	描 述
Configure Version Control…	配置软件版本控制系统的命令

10）视窗菜单（Window）。视窗菜单及命令如图 7-18 和表 7-10 所示。

表 7-10 视窗菜单命令中英文对照

菜 单	描 述
Cascade	以互相重叠的形式排列文件窗口
Tile Horizontally	以不互相重叠的形式水平排列文件窗口
Tile Vertically	以不互相重叠的形式垂直排列文件窗口
Arrange Icons	排列主框架底部的图标
Split	把当前的文件窗口分割为几个
Close All	激活指定的窗口对象

11）帮助菜单（Help）。帮助菜单如图 7-19 所示。

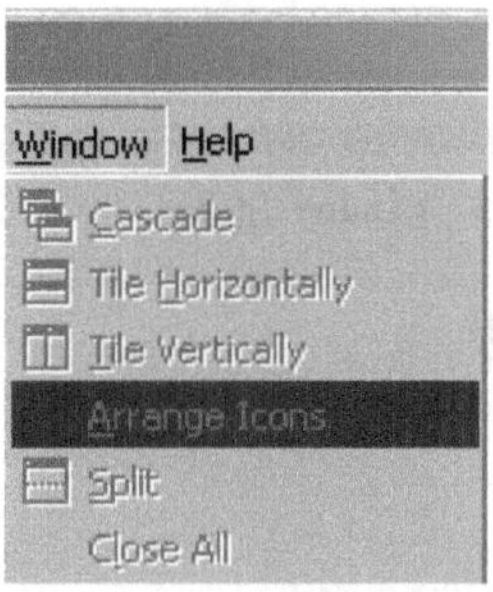

图 7-18 视窗菜单

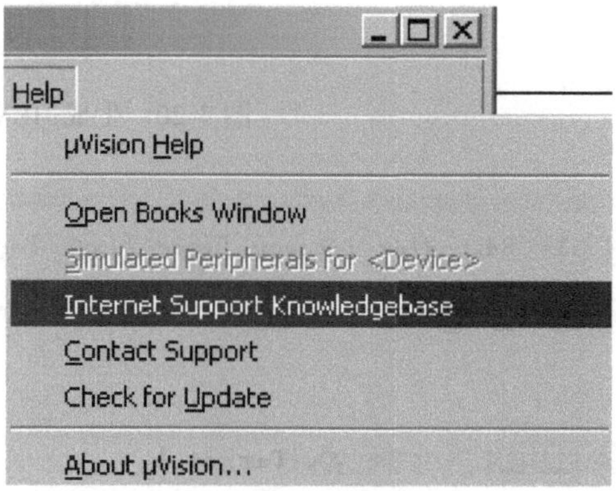

图 7-19 帮助菜单

（2）生成 HEX 文件 HEX 文件格式是用以烧录到单片机中的十六进制可执行文件格式，任何一个项目调试完成后，最终都要生成 HEX 格式文件，以便用编程器将此调试好的程序写到单片机中。下面介绍生成 HEX 文件的操作过程。

1）右击项目名称，弹出菜单如图 7-20 所示。

2）选择“Options for Target ‘Target1’”菜单命令，弹出图 7-21 所示对话框，在此对话框中设置好单片机的时钟频率 24.0MHz，选择“Output”选项卡。

3）在图 7-22 所示对话框中选择生成 HEX 文件的保存路径，给生成的 HEX 文件命名为“hello”，勾选“Create HEX File”选项，然后单击“确定”按钮，界面如图 7-23 所示。

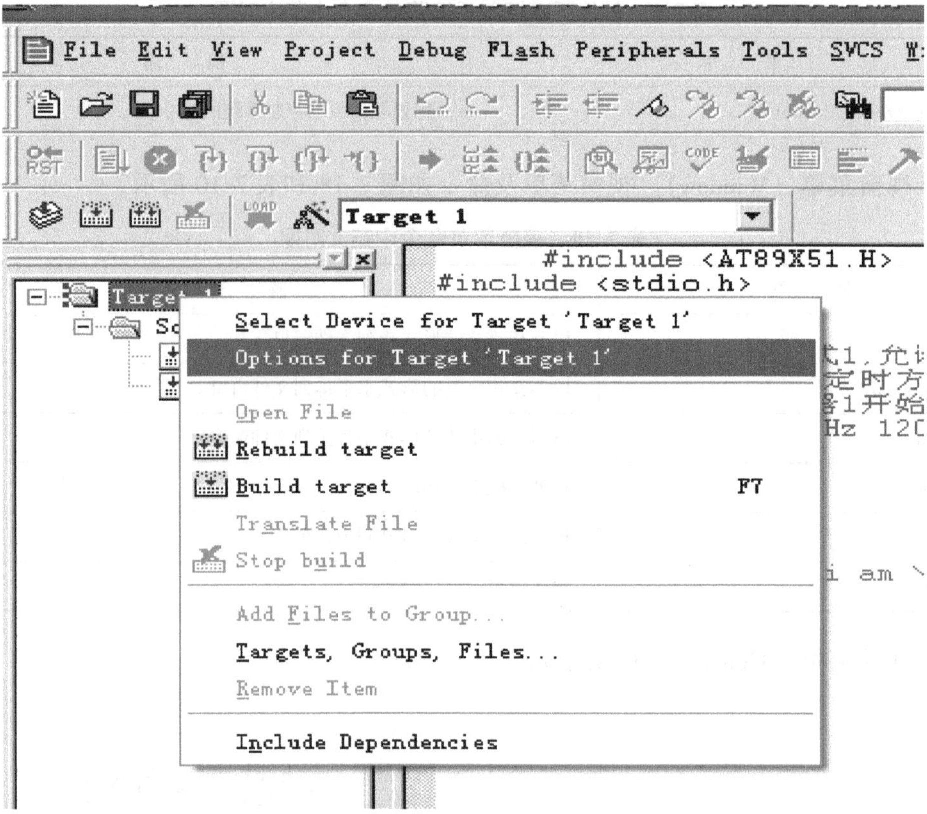

图 7-20 生成 HEX 文件操作步骤 1

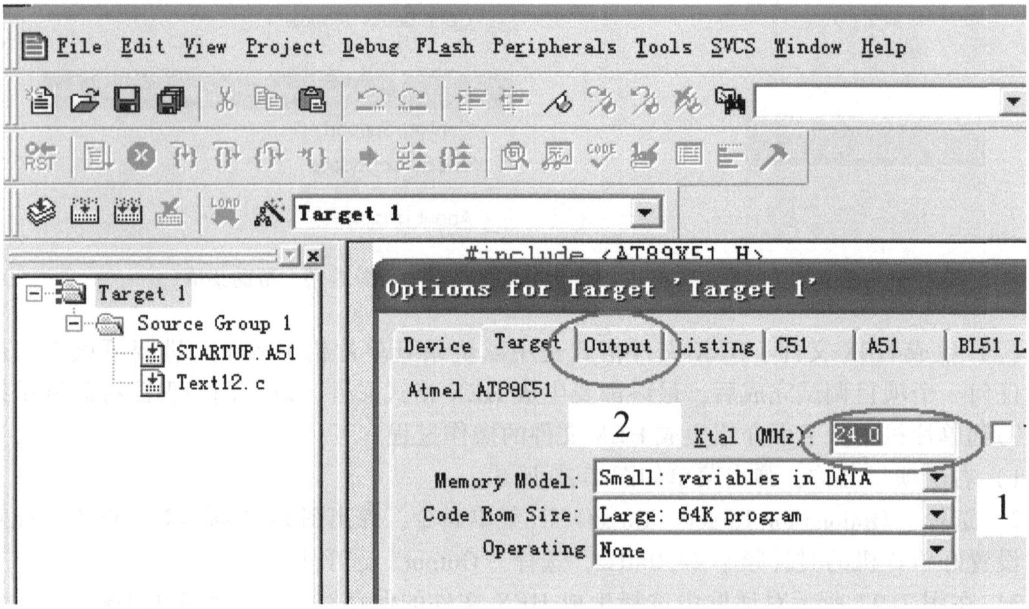

图 7-21 生成 HEX 文件操作步骤 2

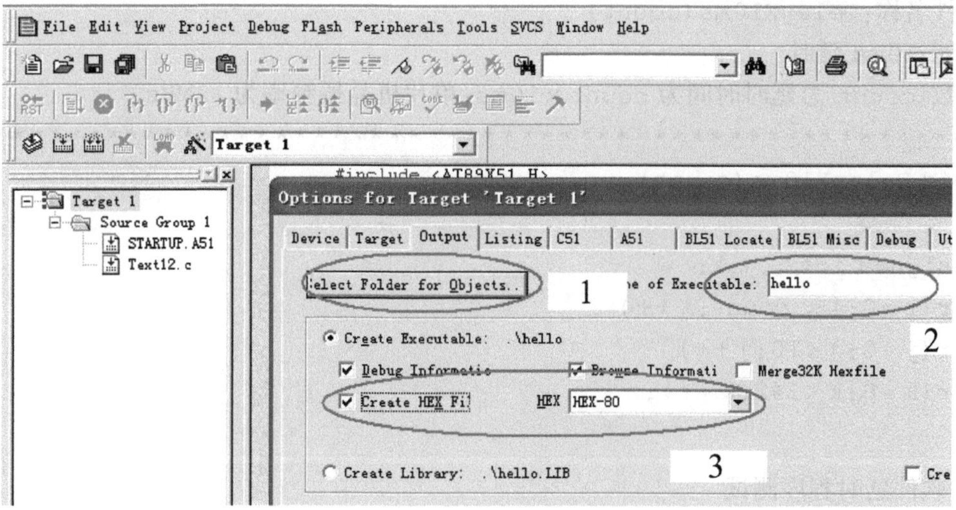

图 7-22　生成 HEX 文件操作步骤 3

4）单击编译按钮，可得一个文件名称为“hello”、后缀为“HEX”的单片机可执行文件，如图 7-23 所示，编译生成的十六进制目标程序长度为 1106B。

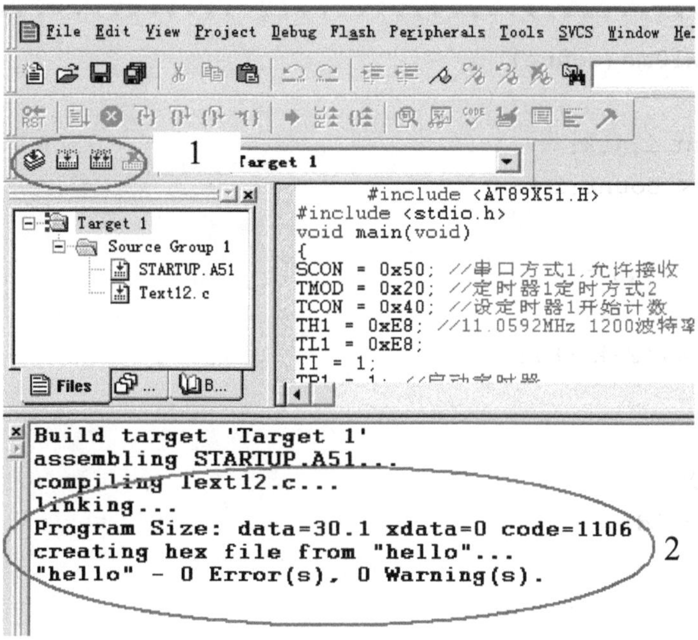

图 7-23　生成 HEX 文件操作步骤 4

（3）Keil C51 软件应用实例

1）软件延时程序

① 10ms 软件延时程序

```
/**********************************************************************
```

```
文件名称:DelayX10ms(count)
功能:10ms 延时
参数:count 总延时时间为 count ×10ms;单片机晶振频率为 12MHz
*********************************************************** /
void DelayX10ms(count)
{
unsigned int i,j,k;
for(i =0;i < count;i ++)
for(j =0;j <10;j ++)
for(k =0;k <142;k ++);
 }
```

② 软件延时程序测试

```
/***********************************************************
文件名称:DelayX10ms(count)
功能:10ms 延时
参数:count 总延时时间为 count ×10ms
*********************************************************** /
void DelayX10ms(count)
{
unsigned int i,j,k;
for(i =0;i < count;i ++)

for(j =0;j <10;j ++)

for(k =0;k <142;k ++);
 }

sfr P1 =0x90;
void main(void)
{
 {
P1 =1;

DelayX10ms(1);

P1 =0;
   }
  while(1);
```

}

a. 将上面的测试程序装入 μVision2 集成开发环境，并照图 7-24 设置单片机的晶振频率为 12MHz。

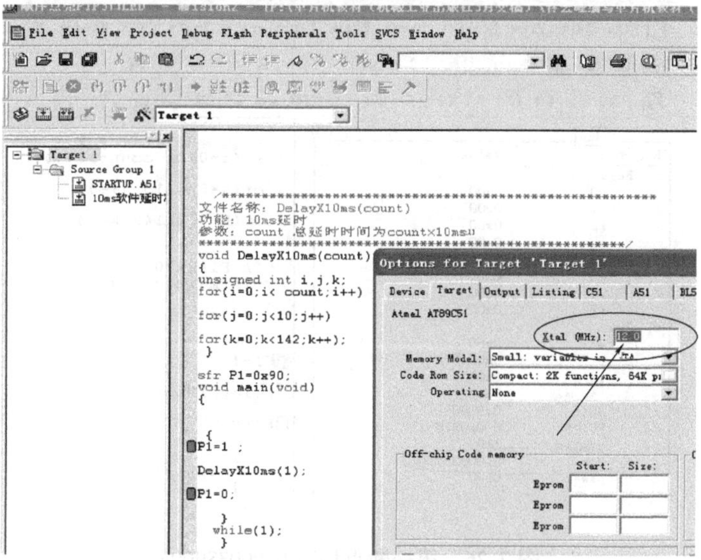

图 7-24　设置单片机晶振频率

b. 编译程序，没有错误后，单击 Debug 下拉菜单的 Start 按钮，界面如图 7-25 所示，单击一下 RST 按钮，让 CUP 复位，然后在软件延时程序“DelayX10ms(1)”的前后双击设置断点 1 和断点 2。

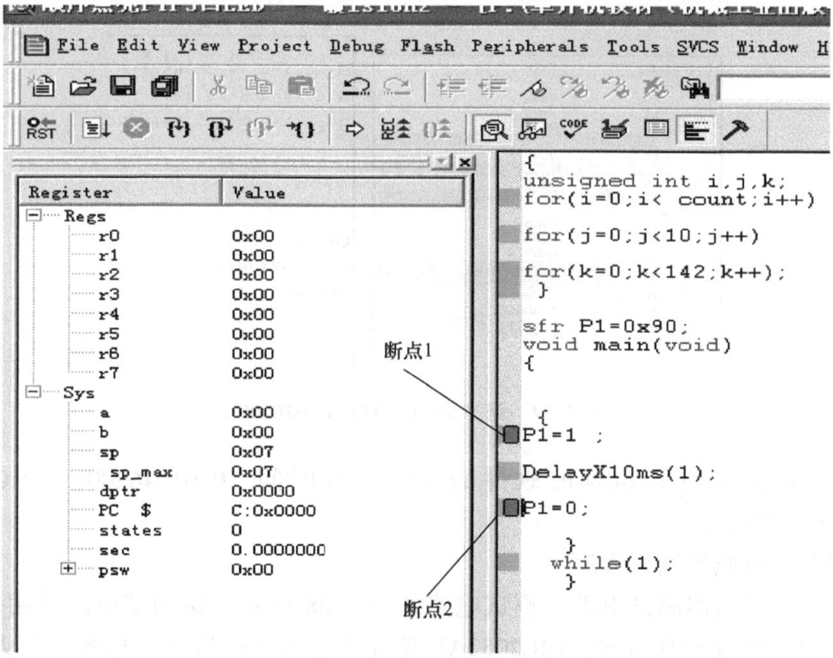

图 7-25　设置断点

c. 单击运行（RUN）按钮，可见程序运行到第一个断点用时 0.00038900s，如图 7-26 所示。

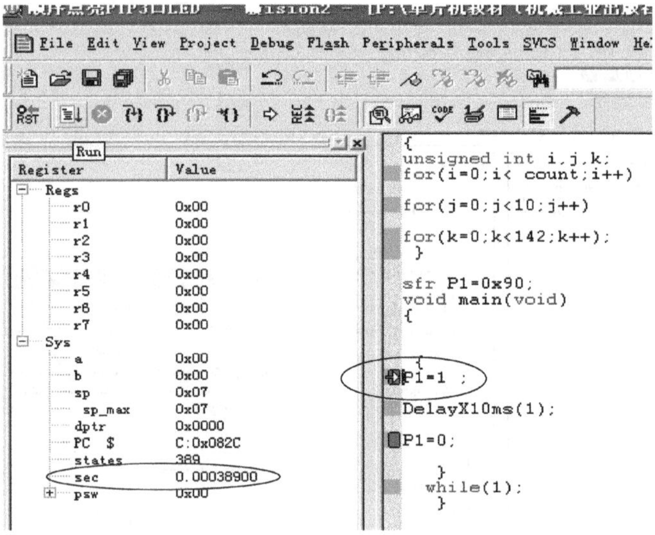

图 7-26 第一断点用时 0.00038900s

d. 再单击一下运行（RUN）按钮，可见程序运行到第二个断点用时 0.01046200s，如图 7-27 所示。

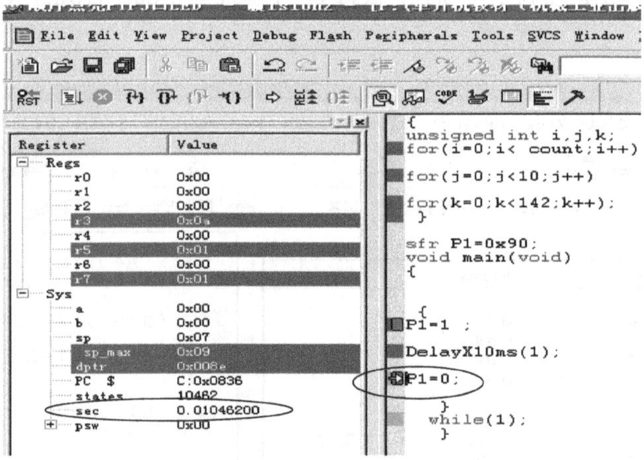

图 7-27 第二断点用时 0.01046200s

两断点用时之差就是该延时软件的实际执行时间。0.01046200s － 0.00038900s ＝ 0.010073s＝10.073ms。

2）跑马灯及蜂鸣器测试程序

① 跑马灯及蜂鸣器测试电路。测试电路如图 7-28 所示，该测试电路采用一片只有 P1 和 P3 两个端口、20 个引脚的 STC12C2052AD 单片机作为主控芯片，电路中增设了上位机接口电路、电池供电、USB 接口供电和外部稳压源供电等部分。

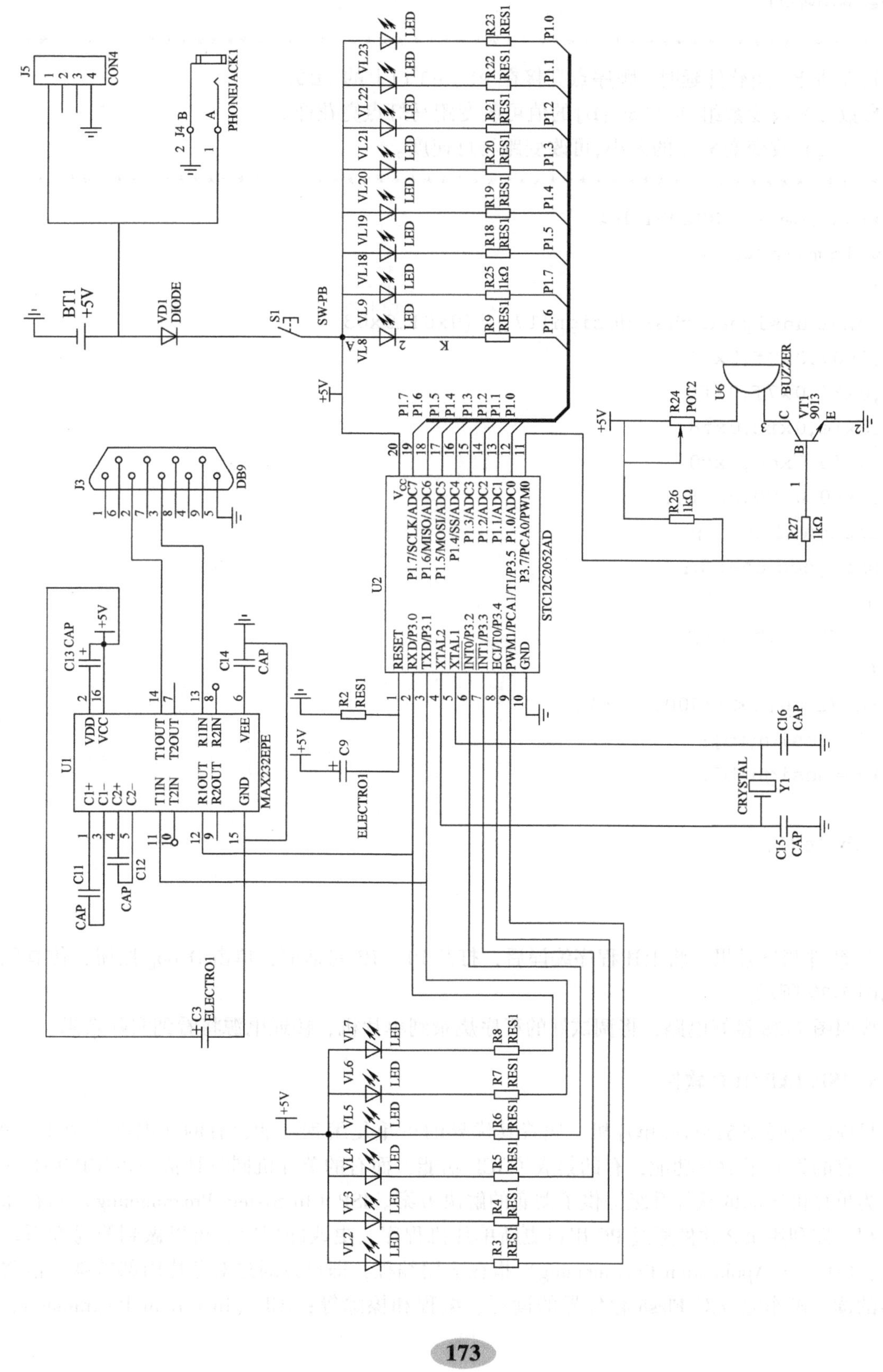

图7-28　跑马灯及蜂鸣器测试电路

② 测试程序

```
/***********************************************************
软件功能:用软件延时,顺序点亮接在 P1、P3 口上的 LED。
参数:1) 改变数组 design[b]的值可改变跑马灯点亮花样。
     2) 改变变量 a 的大小,可改变跑马灯速度。
*********************************************************** /
#include <at892051.h>
void main(void)
{
const unsigned char design[17] ={0x01,0x03
,0x07,0x0f,0x1f
,0x3f,0x7f,0xff
,0xfe,0xfc,0xf8
,0xf0,0xe0,0xc0
,0x80,0x00,0xff};
unsigned int a;
unsigned char b;
do{
for(b =0;b <17;b ++)
{
for(a =0;a <63000;a ++);
P1 =design[b];
P3 =design[b];
}
}while(1);


}
```

③ 软件测试效果。将上述程序编译后，打开 P1、P3 对话框，单击 Debug 按钮，仿真效果如图 7-29 所示。

按照图 7-28 接好电路，将调试好的程序烧录到单片机，接通电源将看到实际效果。

3. ISP/IAP/ICP 软件

目前的增强型 51Flash 单片机，凭着其优异的可重复编程功能，有的在内部集成了 ISP 功能，有的集成了 IAP 功能，有的集成了 ICP 功能，而有的单片机同时具备 ISP/ICP/IAP 功能，为单片机产品的软件升级提供了彻底的解决方案。ISP（In System Programming）指在系统编程，即利用 ISP 软件通过 PC 串口更新单片机程序，更改配置字，可以做到简易在系统调试；IAP（In Application Programming）指在应用编程，即可以通过对芯片内部特殊功能寄存器的读写操作完成对 Flash 存储器的读写、编程和擦除等；ICP（In Circuit Programming）

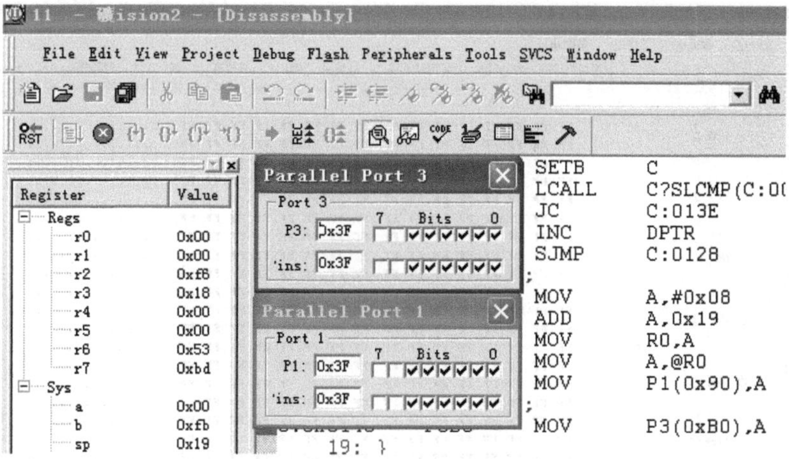

图 7-29　仿真效果

指在电路编程，使单片机不用脱离电路就可以进行再编程操作，将单片机的部分引脚引出，直接与编程器相连即可。

不同单片机厂商都开发了自己的 ISP 软件。图 7-30 ~ 图 7-32 分别是 Atmel 公司、宏晶公司、Philips 公司单片机 ISP 软件界面，选用不同公司的单片机，到相应公司下载对应的 ISP 软件，再配合串口电路即可。

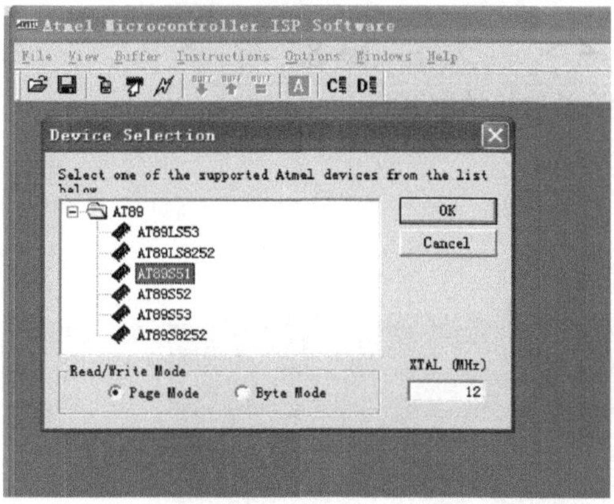

图 7-30　Atmel ISP 软件界面

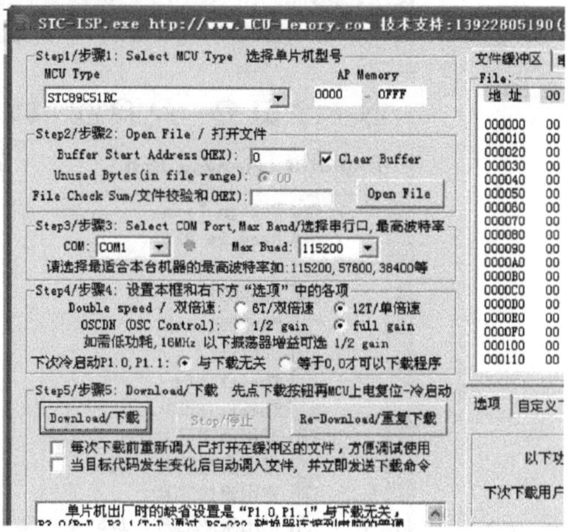

图 7-31　宏晶单片机 ISP 软件界面

4. Protel 软件

Protel 软件是总部位于澳大利亚的 Altium 公司（前身为 Protel 国际有限公司）开发的电子线路原理图设计、PCB 设计软件，是目前单片机系统硬件设计的最佳工具之一。1997 年发布了专为 Windows NT 平台构建的 Protel 98；1999 年又发布了 Protel 99 和第二个版本 Protel 99 SE；2002 年，Altium 公司重新设计了设计浏览器（DXP）平台，并发布第一个在新 DXP

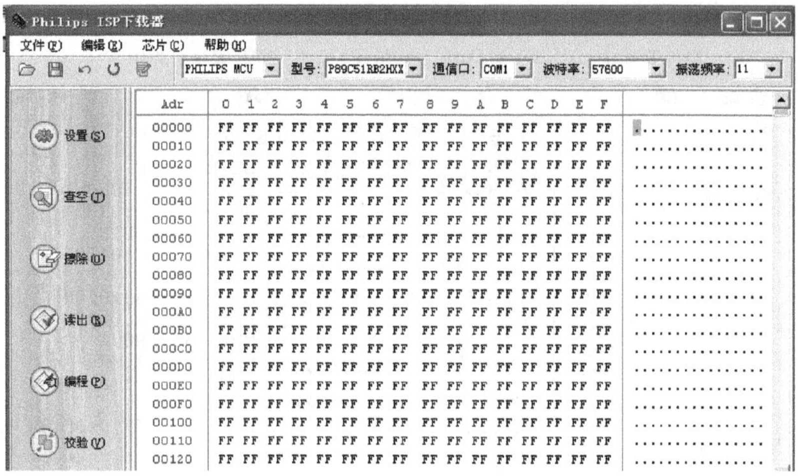

图 7-32　Philips ISP 软件界面

平台上使用的产品（Protel DXP）。Protel DXP 是 EDA 行业内第一个可以在单个应用程序中完成整个板设计处理的工具。Altium 公司目前的产品包括：Altium Designer、P－CAD、TASKING 和一系列用于交互式 FPGA 设计的硬件产品。Protel 99 SE 软件界面如图 7-33 所示。

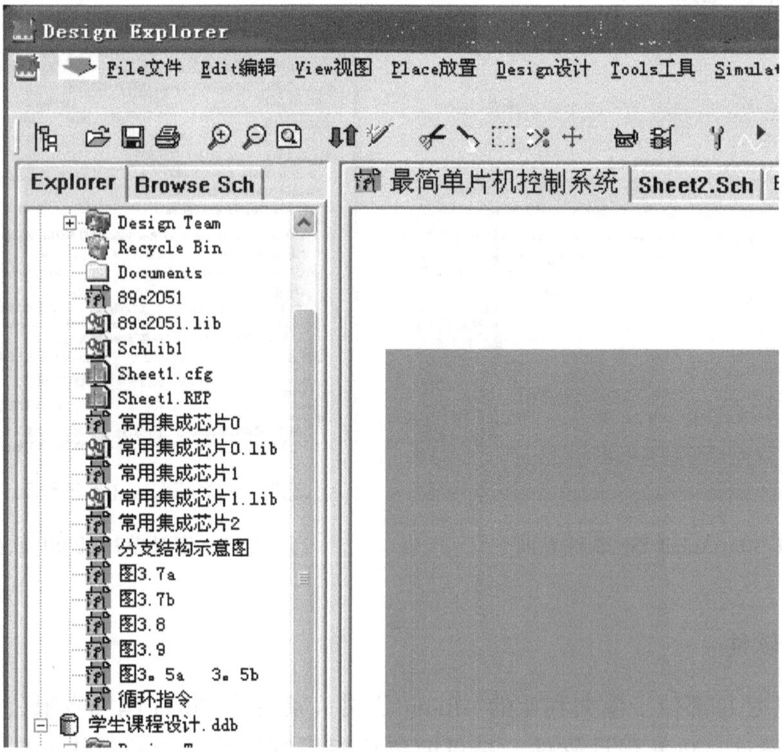

图 7-33　Protel 99 SE 软件界面

5. Proteus 软件

Proteus 软件是英国 Lab Center Electronics 公司推出的 EDA 工具软件（仿真软件）。它不仅具有其他 EDA 工具软件的仿真功能，还能仿真单片机及外围器件。它是比较好的仿真单片机及外围器件的工具。Proteus 软件可实现原理图布图、代码调试、单片机与外围电路协同仿真，并可一键切换到 PCB 设计，真正实现了从概念到产品的完整设计。其处理器模型支持 8051、HC11、PIC10/12/16/18/24/30/DsPIC33、AVR、ARM、8086 和 MSP430 等。

使用 Proteus 软件对 51 单片机进行仿真可以分为以下几步：

第一步：打开 Proteus 软件，单击“P”进行元器件的选取。如图 7-34 所示。

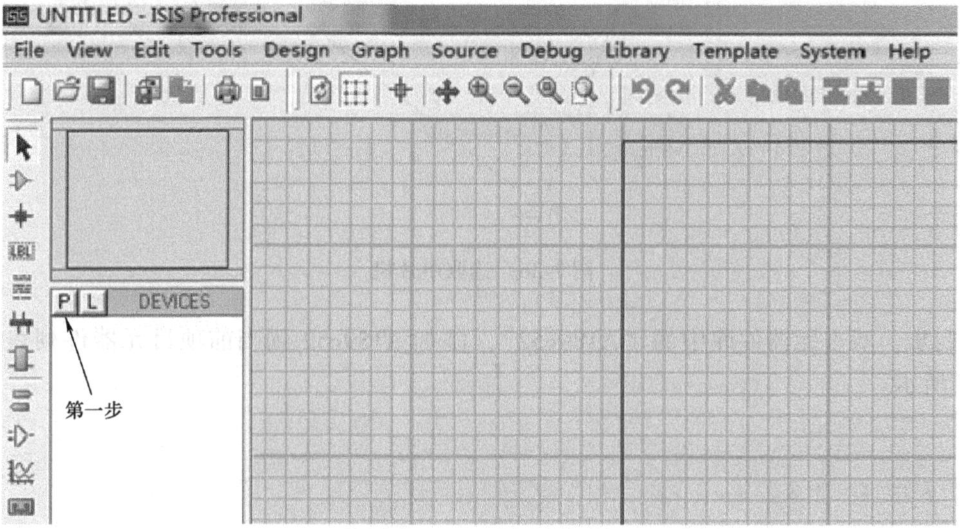

图 7-34　选取元器件

第二步：在“Pick Devices”对话框中的“Keywords”中填入元器件的名称进行元器件的选取，如图 7-35 所示。如果要选取单片机，就输入相关单片机的名称；如果要选取其他电子元器件，输入相关元器件名称的英文缩写即可，例如电阻可输入“Res”、电容可输入“Cap”、发光二极管可输入“Dio”。

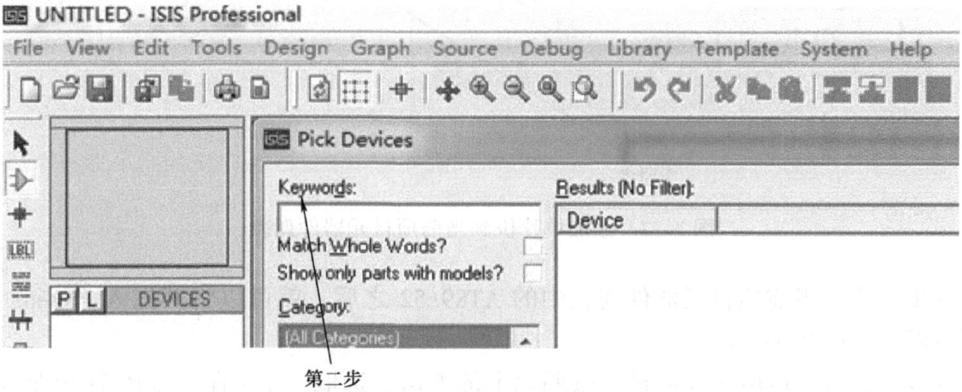

图 7-35　输入元器件名称

第三步：选取单片机，在 Keywords 中输入常用的 51 单片机“at89c52”，可以看到元器件库里出现了我们要找的芯片，如图 7-36 所示。

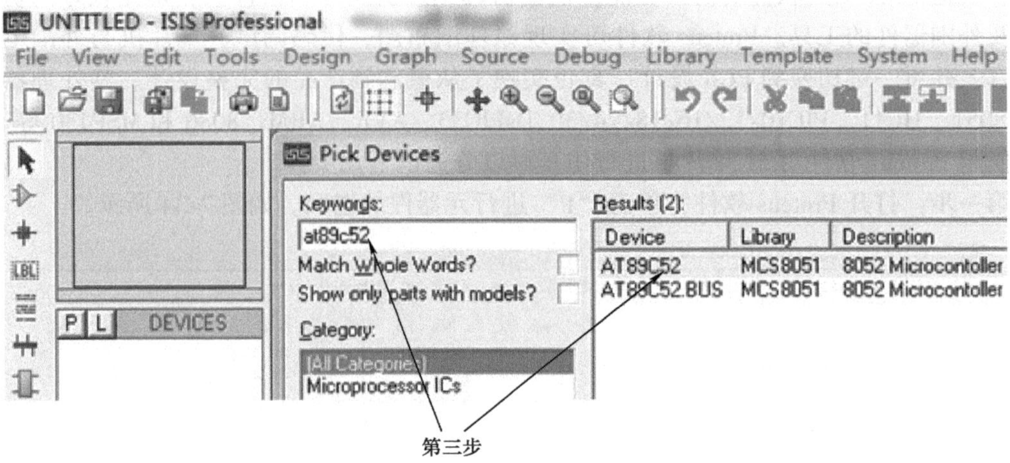

图 7-36　选取单片机

第四步：双击元器件库中的“AT89c52”，添加 AT89c52 到当前项目元器件列表中，如图 7-37 所示。

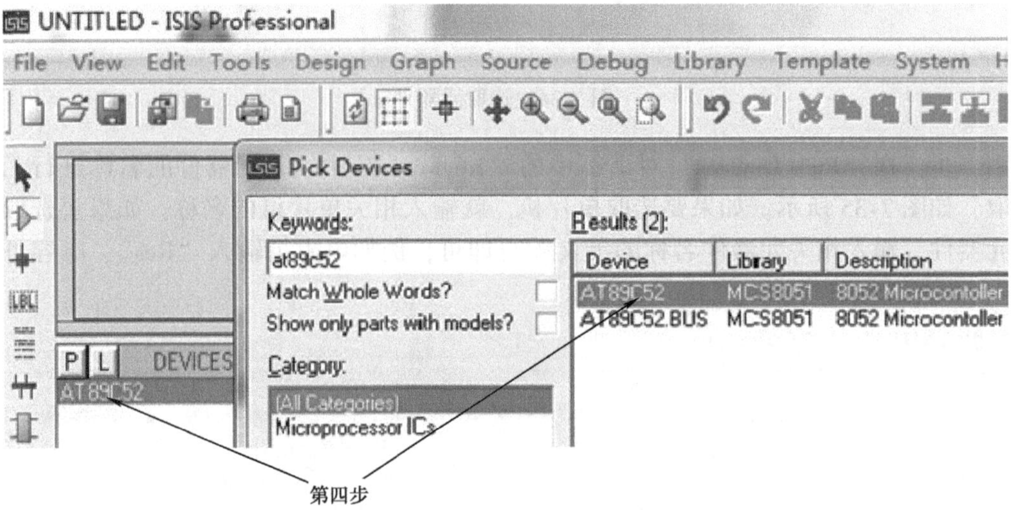

图 7-37　添加单片机到当前项目元器件列表

第五步：选中当前项目元器件列表中的 AT89c52 之后，就可以将其拖入 Proteus 软件的原理图界面，如图 7-38 所示。

第六步：选取其他电子元器件。按照以上的方法，选取一个电阻，如图 7-39 所示。

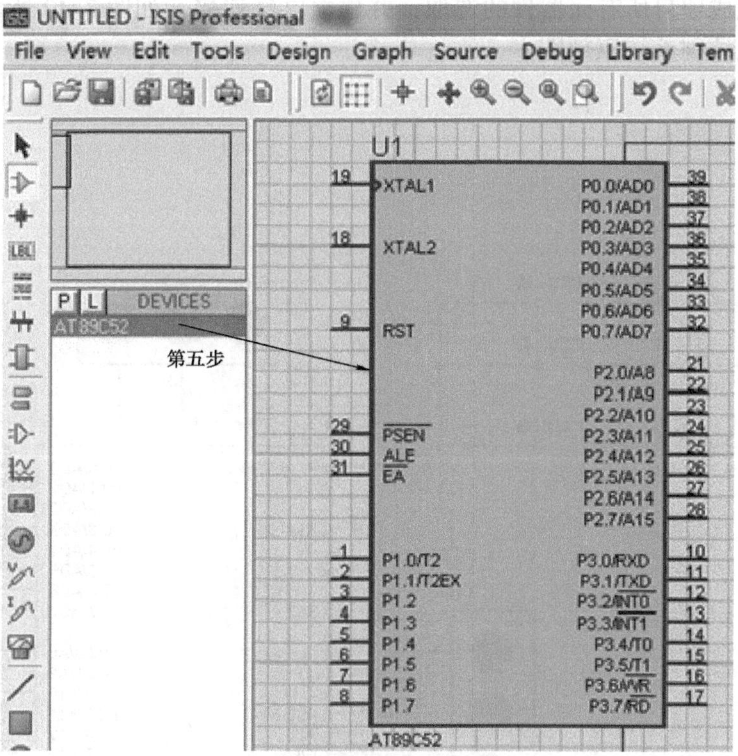

图 7-38　原理图中的单片机

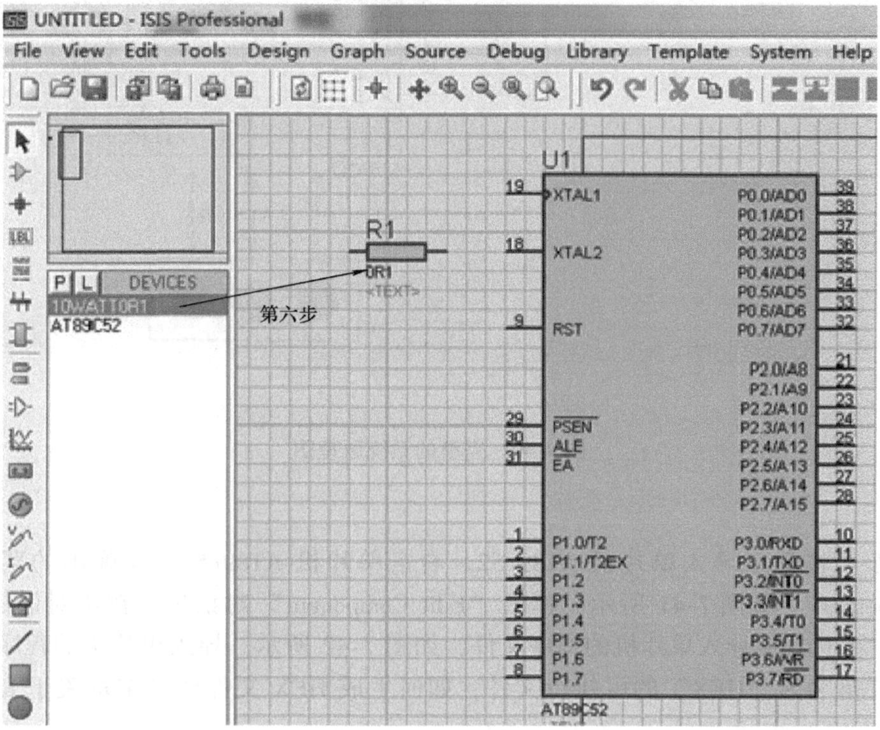

图 7-39　选取电阻

第七步：完成项目所有元器件的选取，并建立电气连接，如图 7-40 所示，创建了一个交通灯的单片机控制系统原理图。

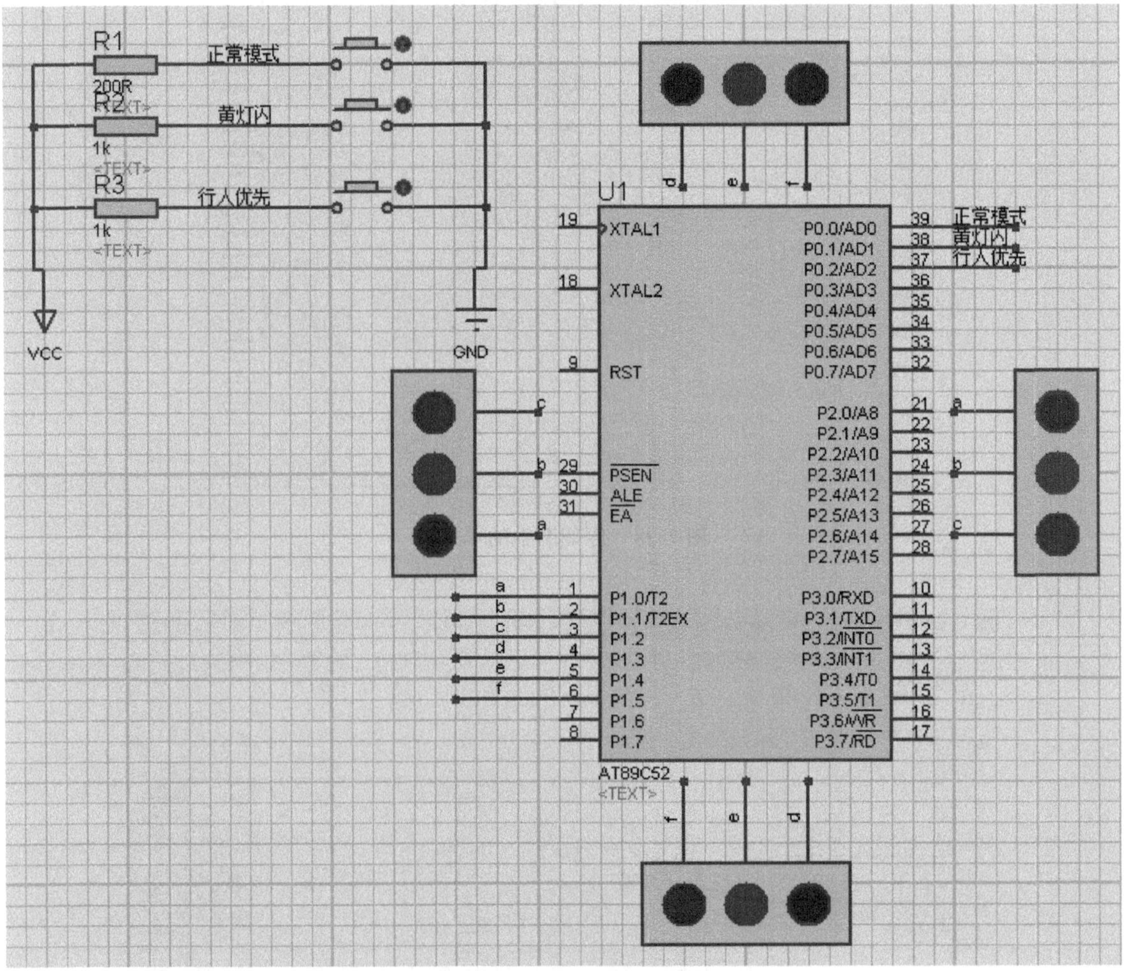

图 7-40　完整的系统原理图

第八步：将程序导入单片机 AT89c52。右击单片机 AT89c52，在弹出的菜单中选择“Edit Properties”，如图 7-41 所示，弹出“Edit Component”对话框，在该对话框的“Program File”处选择要导入单片机的程序文件，如图 7-42 所示。导入单片机的程序是 Keil 软件中文件扩展名为“HEX”的可执行文件，如何生成 HEX 文件详见本章关于 Keil 软件的内容。

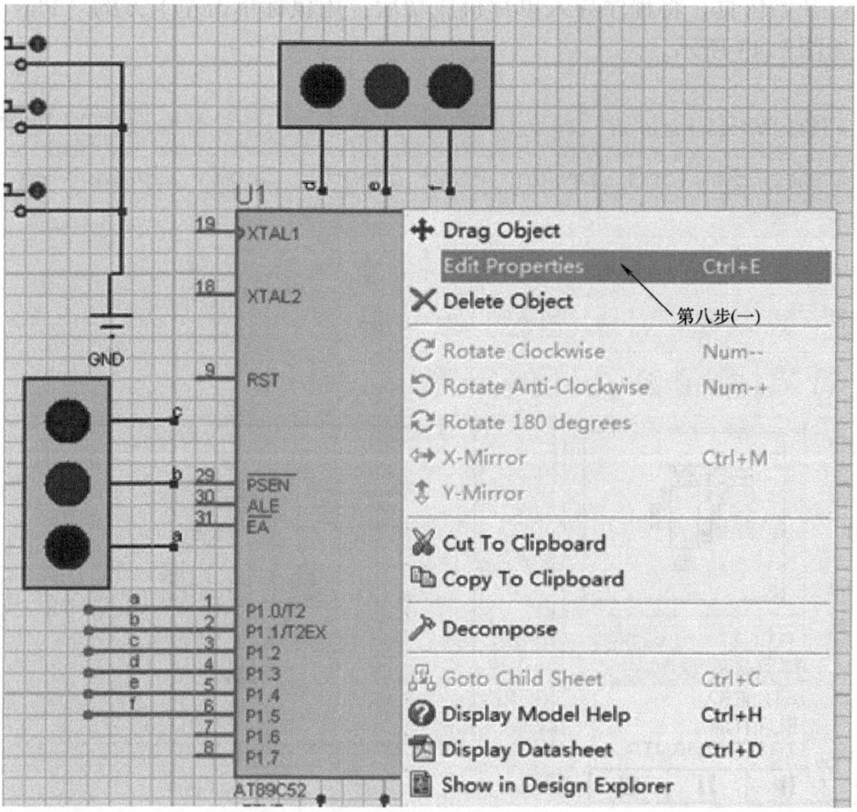

图 7-41　将程序导入单片机（一）

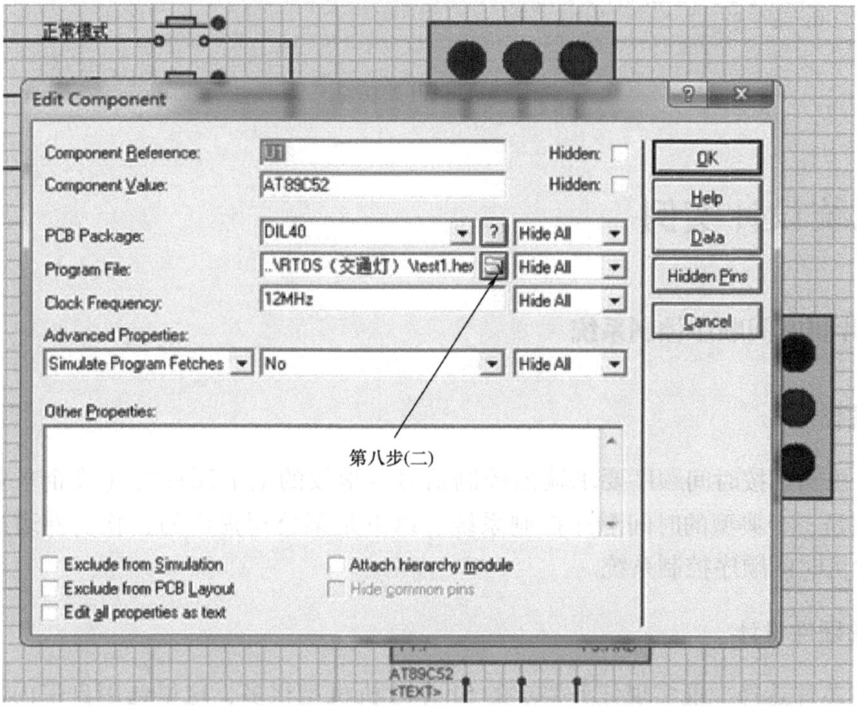

图 7-42　将程序导入单片机（二）

第九步：开始仿真。将程序导入单片机成功后，用鼠标单击左下方的“Play”按钮进行系统仿真，如图 7-43 所示。

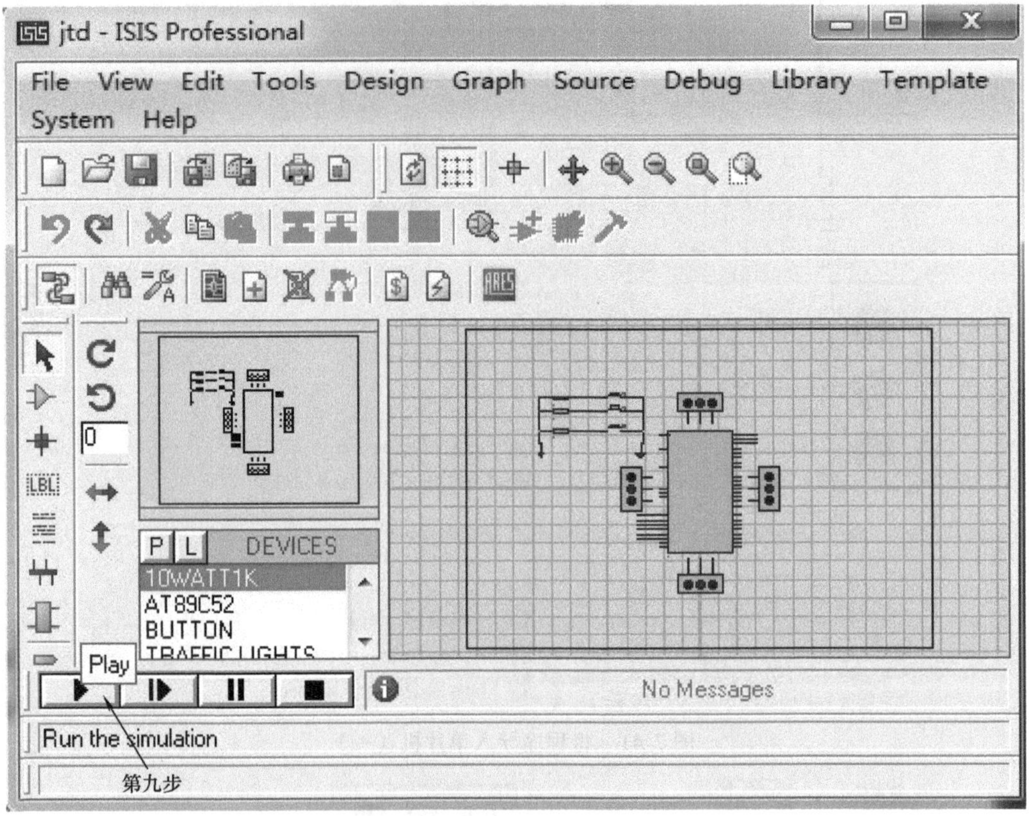

图 7-43 开始仿真

7.3 系统设计实例

7.3.1 单片机时间顺序控制系统

1. 系统任务

用单片机实现按时间顺序要求输出控制信号。学校的上下课打铃（或企事业单位作息时间）控制是一个典型的时间顺序控制系统。以下是某公司提供的、软硬件通过测试的一个实用单片机时间顺序控制系统。

2. 系统硬件设计

（1）主芯片选择 能实现任务要求的 51 单片机机型很多，这里选用自带内部 EEPROM 的 Philips 公司单片机 P89LPC932 作为主控芯片，外部通过 I^2C 总线与高精度时钟日历芯片

PCF8563 通信，通过 I/O 口控制外部电铃驱动模块，可通过 Uart 及 PC 软件对 P89LPC9932 及 PCF8563 进行设置。

平时，系统与 PC 断开连接正常工作，PCF8563 每隔一秒产生一个 INT 中断，当单片机接收到中断后，读取 PCF8563 的当前时间，并与存储在 P89LPC932 内部 EEPROM 的响铃时间表进行比较，如果与响铃时刻表中的某一时刻匹配，则驱动电铃工作。当需要更改响铃时间时，则可通过 Uart 连接上 PC，通过 PC 软件（ISP）向 P89LPC932 内部 EEPROM 写入响铃时刻表。当学校或企事业单位作息时间更改后，这种系统可以在简单、直观的软件界面的操作下，对响铃时刻表进行调整。

（2）电源电路设计　系统电源电路如图 7-44 所示，为使系统能得到可靠的工作电源，采用了三块集成芯片：

1）7805（三端稳压）芯片：提供 5V 稳压。

2）SPX1117（800mA 低压差稳压器）芯片：提供单片机 3V 工作电压。

3）CAT809（电源监控）芯片：对系统电源进行监控，当工作电压低于 2.5V 时，关闭系统电源，防止单片机出现误动作。

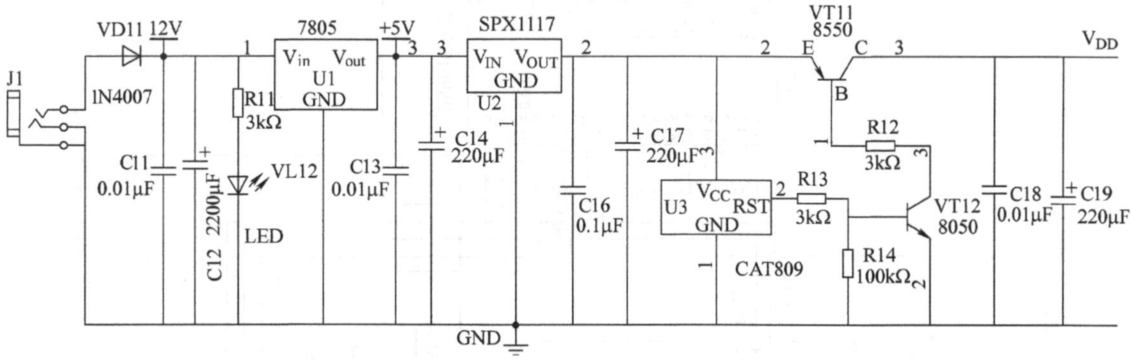

图 7-44　系统电源电路

（3）系统原理图设计　系统原理图如图 7-45 所示，除主控芯片（P89LPC932 单片机）外，共有以下五个部分：

1）系统启动控制：由 S4 按钮提供低电平给 P1.7 作为系统的启动信号。

2）复位电路：提供系统上电复位和手动复位功能。

3）输出控制：P2.7 驱动三极管带动继电器控制电铃。

4）ISP 接口电路：与上位机（PC）通过 232 接口相连，并通过 ISP 软件提供系统的初始参数设置和控制程序下载。

5）时钟芯片接口电路：实现由 PCF8563 时钟芯片为系统提供高精度时间，以便与控制时间表进行比较后，输出控制信号。

3. 系统软件设计

（1）控制参数设置

1）地址 0x00 ~ ~0x0F 存储 PCF8563 的初始化配置字，EEPROM 数据地址分配表见表 7-11，PCF8563 REG1 ~ REG16 的值参照表 7-12 进行设置，详细情况查看 PCF8563 的数据手册。

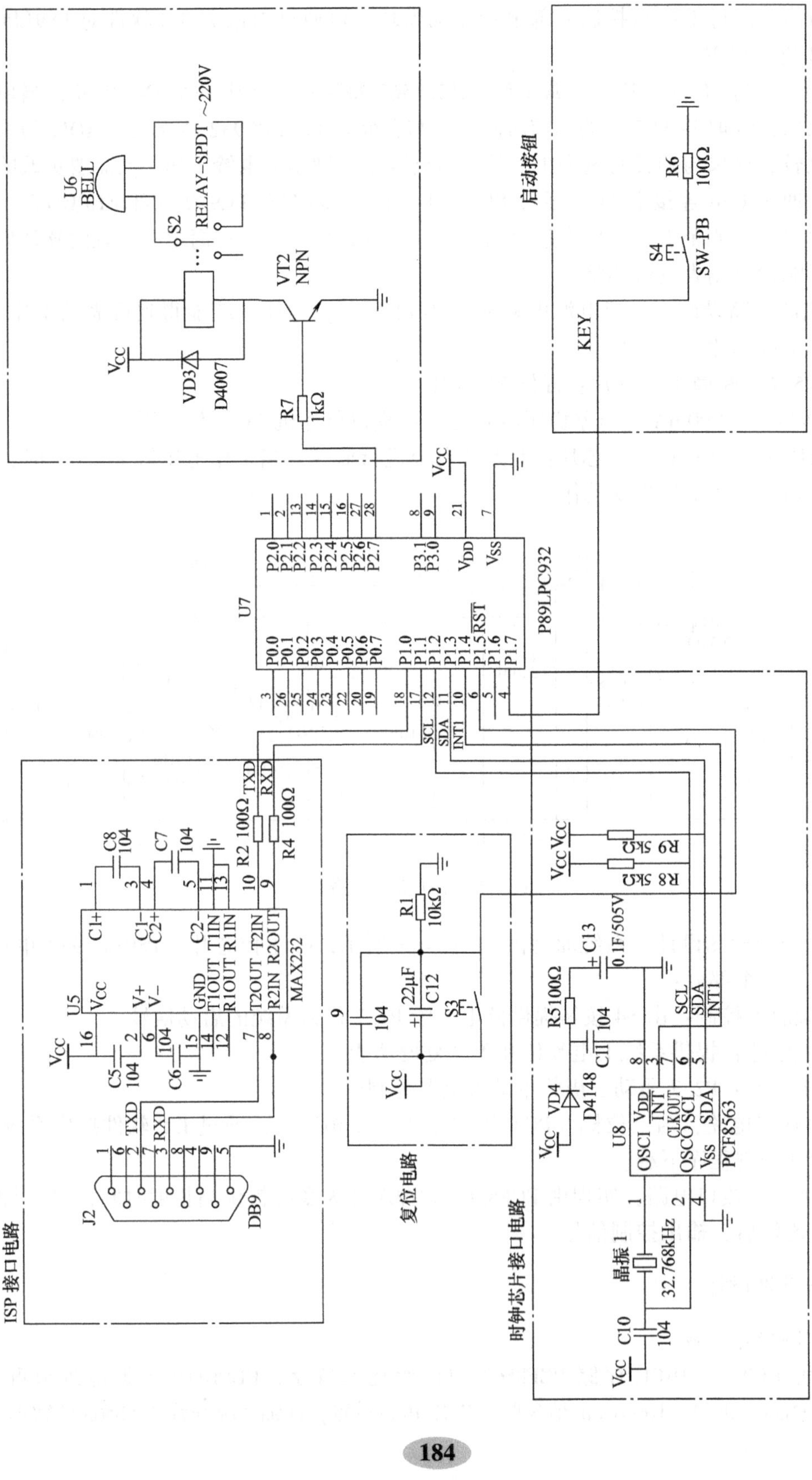
ISP接口电路
复位电路
时钟芯片接口电路
启动按钮
U7
P89LPC932
U5
MAX232
U8
PCF8563
J2
DB9
U6
BELL
RELAY-SPDT ~220V
VT2
NPN
VD3
D4007
R7
1kΩ
S4
SW-PB
R6
100Ω
KEY
R1
10kΩ
C12
22μF
S3
R2 100Ω
R4 100Ω
TXD
RXD
SCL
SDA
INT1
R8 5kΩ
R9 5kΩ
C13
0.1F/505V
R5100Ω
VD4
D4148
C11
104
晶振 1
32.768kHz
C10

图7-45　系统原理图

2）地址 0x10 ~ ~0x2C 存储时刻表的比较值。

表 7-11 EEPROM 数据地址分配表

EEPROM 地址	数 据	含 义
00H	××	PCF8563 REG1 的值
…	…	…
0FH	××	PCF8563 REG16 的值
11H	0x08	第一节课上课（小时值）
12H	0x00	第一节课上课（分钟值）
13H	0x08	第一节课下课（小时值）
14H	0x50	第一节课下课（分钟值）
15H	0x09	第二节课上课（小时值）
16H	0x00	第二节课上课（分钟值）
17H		
…	…	…

表 7-12 PCF8563 寄存器定义表

地址	寄存器名称	D7	D6	D5	D4	D3	D2	D1	D0
00H	控制/状态寄存器 1	TEST	0	STOP	0	TESTC	0	0	0
01H	控制/状态寄存器 2	0	0	0	TI/IP	AF	TF	AIE	TIE
0DH	CLKOUT 频率寄存器	FE	—	—	—	—	—	FD1	FD0
0EH	定时器控制寄存器	TE	—	—	—	—	—	TD1	TD0
0FH	定时器倒计数数值寄存器	定时器倒计数数值							
02H	秒	VL	00 ~ 59 BCD 码格式数						
03H	分钟	—	00 ~ 59 BCD 码格式数						
04H	小时	—	—	00 ~ 59 BCD 码格式数					
05H	日	—	—	00 ~ 31 BCD 码格式数					
06H	星期	—	—	—	—	—	0 ~ 6		
07H	月/世纪	C	—	—	01 ~ 12 BCD 码格式数				
08H	年	00 ~ 99 BCD 码格式数							
09H	分钟报警	AE	00 ~ 59 BCD 码格式数						
0AH	小时报警	AE	—	00 ~ 23 BCD 码格式数					
0BH	日报警	AE	—	01 ~ 31 BCD 码格式数					
0CH	星期报警	AE	—	—	—	—	0 ~ 6		

（2）程序模块说明 根据系统的运作，在设计时，将程序分为如下 8 个子模块，覆盖了系统设计时的串口初始化到看门狗清零等功能：

1）

```
Uart_Init()
{
```

```
//对串口进行初始化
}
```

2)

```
Uart_Isr()  //串口中断服务程序
{
//当 RI =1 时,从 PC 读取数据(PCF8563 的初始化值及响铃时刻表的值)
//将读取的数据写入 P89LPC932 内部 EEPROM
}
```

3)

```
8563_Init()
{
//将存储在 EEPROM 中,PCF8563 的初始化值写入 PCF8563 的寄存器
}
```

4)

```
ReadChart()//仅在系统初始化时调用一次
{
//从 EEPROM 中读取数据存储到 RAM,这样避免多次读取 EEPROM 等硬件操作
//提高程序的运行速度,减小误差

}
```

5)

```
INT1_Isr()//外部中断 1 服务程序,每秒被 PCF8563 触发一次
{
//由 PCF8563 CLKOUT 引脚产生频率为 1Hz 的方波信号
//当 PCF8563 触发外部中断 1 时,MCU 读取 PCF8563 的当前时刻值,并与 RAM 中的时
  刻表值进行比较
//如果与当前时刻表中的某一时间值匹配,则驱动响铃电路
}
```

6)

```
ReadEEPROM()
{
//根据地址参数读取一个字节的 EEPROM
}
```

7)

```
WriteEEPROM()
```

```
{
//根据地址参数写一个字节到 EEPROM
}
```

8)

```
WatchDog()
{
//看门狗模块,在程序跑飞后能够自动复位
}
```

(3) 主程序清单

```
/*********************************************************
* 文件名:LPC932_Ring.C
* 开发:www.zlgmcu.com
* 功能:自动响铃系统控制程序
* 日期:13:01 04-2-28
********************************************************* /

#include "reg932.h"
#include "HI2C_C51.h"
#define uchar unsigned char
#define PCF8563 0xA2
sbit KEY = P1^7;            //启动开关 KEY
sbit Run = P2^7;            //通过 P2^7 控制外部继电器的开关达到控制电铃的目的
uchar PCF8563_WriteBuff[0x0F];
uchar PCF8563_ReadBuff[0x0F];
uchar EEprom_DataBuff[0x2C];
uchar Temp;                 //全局变量
void PCF8563_Init();
void UART_Init();
void WatchDog_Init();
void ReadEEPROM(uchar Addr);
void WriteEEPROM(uchar Addr);
void ReadChart();
void Delay();
void Clear_WatchDog();
void INT1_ISR() interrupt 2{    //外部 INT1 中断,由 PCF8563 CLOCKOUT 引脚
                                  产生,1 次/秒
uchar i;
EA = 0;                     //关中断
```

```
IRcvStr(PCF8563,0x00,PCF8563_ReadBuff,0x10);  //从 PCF8563 读 0x10 个
                                                    寄存器
for(i =0x10;i <0x2C;i =i +2) //将读出的寄存器值与响铃时刻表中的时间进行比较
{
if((PCF8563_ReadBuff[3] = =EEPROM_DataBuff[i])&&(PCF8563_ReadBuff
[4] = =EEPROM_DataBuff[i +
1]))
{
Run =1;                  //如果有相同的时间,则驱动电铃

break;
}else
{
Run =0;                  //如果不对则关闭继电器
}
}
INT1 =1;                 //INT1 置高电平
IE1 =0;                  //清除外部中断标志
EA =1;                   //开中断
}
void UART_ISR()interrupt 4{
uchar i;
EA =0;                   //关中断
for(i =0;i <0x2C;i ++)
{
while(RI = =0);
RI =0;                   //清接收标志位为 0
Temp =SBUF;
EEPROM_DataBuff[i] =Temp;  //从上位机软件接收 PCF8563 寄存器的值及响铃时刻
//表的值到缓冲区
}
for(i =0;i <0x2C;i ++)//将缓冲区的值写入 EEPROM
{
Temp =EEPROM_DataBuff[i];
WriteEEPROM(i);          //将接收到的数据写入 EEPROM
}
EA =1;                   //开中断
}
//- - - - - - - - - - -/ Main /- - - - - - - - - - - - - - - - - - - - - - - - -
```

```
main()
{
P1M1 =0x00;              //设置 P1 口属性
P1M2 =0x00;
P2M1 =0xC0;              //设置 P2 口属性
P2M2 =0xC0;

SDA =1;                  //拉高 SDA,SCL
SCL =1;
IT1 =1;                  //INT1 下降沿触发
EX1 =1;                  //外部 INT1 中断使能
UART_Init();             //串口初始化
WatchDog_Init();         //看门狗初始化
ReadChart();             //读取 EEPROM 的值到缓冲区
while(1)
{
if(KEY = =0)             //当启动键按下后,启动系统工作
{
PCF8563_Init();          //PCF8563 初始化
}
Delay();
Clear_WatchDog();        //"喂狗"
}
}
//- - - - - - - - - - -/ Init /- - - - - - - - - - - - - - - - - - - - - - - - -
void UART_Init()
{
SCON =0x50;              //选择 BRG 作为波特率发生器,8 位 UART 模式
SSTAT =0x60;             //设置停止位结束产生中断,设置独立的 RX/TX 中断
BRGR0 =0xF0;             //设置内部晶振时的波特率为 9600bit/s
BRGR1 =0x02;
BRGCON = 0x03;           //使能波特率发生器
ES =1;                   //使能串行中断
}
void PCF8563_Init()
{
uchar i;
for(i =0;i <0x10;i ++) //从缓冲区读取 0x10 个字节到 PCF8563_WriteBuff
{
```

```
PCF8563_WriteBuff[i] =EEPROM_DataBuff[i];
}

ISendStr(PCF8563,0x00,PCF8563_WriteBuff,0x10);     //将读取的值写入
                                                    PCF8563 寄存器
}
void WatchDog_Init()
{
uchar i;
i =WDCON;                       //读取 WDCON 的值
i |=0xE4;                       //设置看门狗时钟分频,及置位 WDRUN
WDL =0xFF;                      //装入 8 位倒计数器的新值
EA =0;                          //关中断
WDCON =i;                       //给 WDCON 赋值
WFEED1 =0xA5;                   //执行清零第一部分
WFEED2 =0x5A;                   //执行清零第二部分
EA =1;                          //开中断
}
//-----------/EEPROM/----------------------
void ReadEEPROM(uchar Addr)
{
DEECON =0x00;                   //设置模式
DEEADR =Addr;                   //设置地址,并开始读操作
while((DEECON&0x80) ==0);       //等待,直到读操作完成
Temp =DEEDAT;                   //将读出的数据赋给 Temp
}
void WriteEEPROM(uchar Addr)
{
// EA =0;
DEECON =0x00;                   //设置模式
DEEDAT =Temp;                   //设置将要写入的数据
DEEADR =Addr;                   //写入地址,并开始写操作
// EA =1;
while((DEECON&0x80) ==0);       //等待直到写完成
}
void ReadChart()
{
uchar i;
for(i =0x00;i <0x2C;i ++)       //将 EEPROM 中的数据读入缓冲区
```

```
{

ReadEEPROM(i);
EEPROM_DataBuff[i] = Temp;
}
}
//-------------/ Else /--------------------
void Delay()
{
int i,j;
for(i=0;i<1500;i++)
{
for(j=0;j<1500;j++);
}
}
void Clear_WatchDog()            //"喂狗"
{
EA=0;                            //关中断
WFEED1=0xA5;                     //清零序列1
WFEED2=0x5A;                     //清零序列2
EA=1;                            //开中断
}
//-------------/End/---------------------//
```

上述系统在编程思想、方法和硬件接口设计等方面有许多可以借鉴的经验，该系统加上显示器及相应的控制软件即可作为数字钟使用。

7.3.2 单片机温度测控系统

1. 系统任务

用单片机与一块 DS18B20 构成一个温度测控系统。要求测量温度误差≤0.1℃；测量温度范围为 -20～100℃，并用数码管显示测量温度。

2. 系统硬件设计

（1）主要芯片选择　主控芯片选用 Atmel 公司带 ISP 功能的 AT89S51 单片机，温度测量选用 Dallas 公司的数字温度计 DS18B20，显示器用 4 联封装的数码管 LED84S。

（2）DS18B20 简介　数字温度计 DS18B20 是 Dallas 公司生产的 1-Wire（即单总线）器件。用它来组成一个测温系统，具有线路简单、体积小的特点，可以在一根通信线挂很多个这样的数字温度计。

1）DS18B20 的特点：

① 只需要一个端口即可实现通信。

② 在 DS18B20 中的每个器件上都有独一无二的序列号。

③ 实际应用中不需要外部任何元器件即可实现测温。

④ 测量温度范围为 -55 ~ 125℃。

⑤ 数字温度计的分辨率用户可以从 9 位到 12 位自行选择。

⑥ 内部有温度上、下限告警设置。

2）DS18B20 的引脚：TO-92 封装的 DS18B20 的引脚排列与封装见图 7-46，其引脚功能描述见表 7-13。

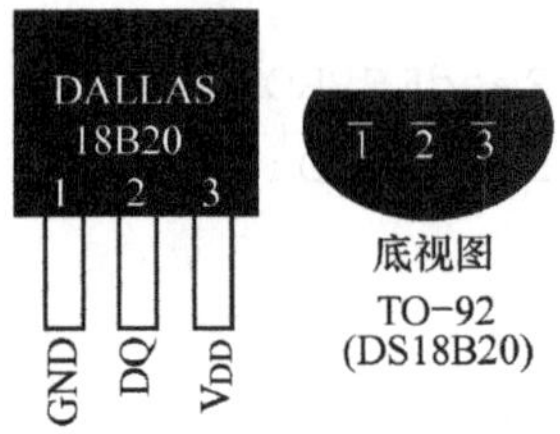

图 7-46　DS18B20 引脚与封装

表 7-13　DS18B20 引脚功能描述

序　号	名　称	引脚功能描述
1	GND	地信号
2	DQ	数据输入/输出引脚，开漏单总线接口引脚。当工作于寄生电源模式时，也可以向器件提供电源
3	V_{DD}	可选择的 VDD 引脚。当工作于寄生电源模式时，此引脚必须接地

3）DS18B20 的使用方法：由于 DS18B20 采用的是单总线协议方式，即在一根数据线实现数据的双向传输，而对 AT89S51 单片机来说，硬件上并不支持单总线协议，因此，我们必须采用软件的方法来模拟单总线的协议时序来完成对 DS18B20 芯片的访问。

DS18B20 是在一根 I/O 线上读写数据，因此，对读写的数据位有着严格的时序要求。DS18B20 有严格的通信协议来保证各位数据传输的正确性和完整性。该协议定义了几种信号的时序：初始化时序、读时序、写时序。所有时序都是将主机作为主设备，单总线器件作为从设备。而每一次命令和数据的传输都是从主机主动启动写时序开始，如果要求单总线器件回送数据，在进行写命令后，主机需启动读时序完成数据接收。数据和命令的传输都是低位在先。

DS18B20 内部集成了暂存寄存器（或称为暂存 RAM）和 EEPROM 两类存储器。暂存 RAM 为 9B，其地址分配及其相关说明见表 7-14。单片机通过命令实现对 DS18B20 的控制，其支持的主要命令见表 7-15。DS18B20 的复位时序、读、写时序分别如图 7-47 ~ 图 7-49 所示。

表 7-14　DS18B20 暂存 RAM 地址分配及其说明

寄存器名称	地　址	说　明
温度低字节	0	温度测量值的低 8 位，即 b7 b6 b5 b4 b3 b2 b1 b0
温度高字节	1	温度测量值的高 3 位及符号位，即 S S S S S b10 b9 b8
温度高限	2	温度报警上限，也可以用作自定义字节
温度高限	3	温度报警下限，也可以用作自定义字节
配置寄存器	4	格式为 0 R1 R0 1 1 1 1 1，R1 R0 为 00、01、10、11，对应的分辨率分别为 9、10、11 和 12 位（包括符号位）
保留	5	未定义
保留	6	未定义
保留	7	未定义
校验码	8	按 $X^8+X^5+X^4+1$ 对前 8 个字节进行 CRC 校验

表 7-15　DS18B20 主要命令及其功能说明

命令码	功能说明	命令码	功能说明
33H	读 ROM 中的 64 位地址序列码	BEH	读 9B 暂存寄存器
55H	只有地址码匹配的 DS18B2 才能接受后续的命令	4EH	写入温度上/下限，紧随其后是 2B 数据，对应上限和下限值
F0H	锁定总线上 DS18B20 的个数和识别其 ROM 中的 64 位地址序列码	48H	将 9B 暂存寄存器的第 3 和 4 字节复制到 EEPROM 中
ECH	只有温度超过上限或下限的 DS18B20 才做出响应	B8H	将 EEPROM 的内容恢复到暂存寄存器的第 3 和 4 字节
44H	启动 DS18B20 进行温度转换，结果存入 9B 暂存寄存器	B4H	读供电模式，寄生供电时 DS18B20 发送 0，外接电源时 DS18B20 发送 1
CCH	忽略地址序列码，适合单片 DS18B20		

① DS18B20 的复位时序：

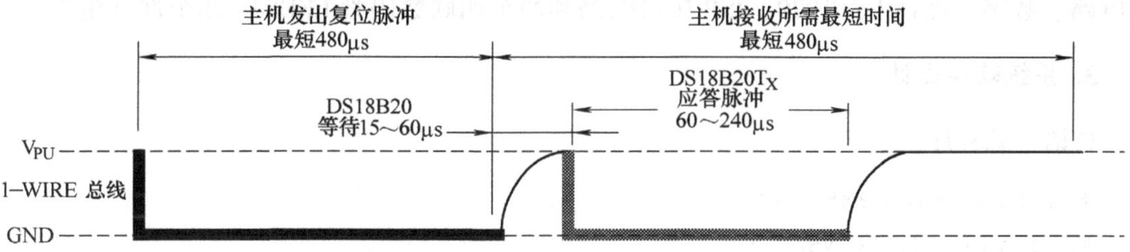

图 7-47　DS18B20 的复位时序

② DS18B20 的读时序：DS18B20 的读时序分为读“0”和读“1”两个过程。DS18B20 的读时序是从主机把单总线拉低之后，在 15s 之内就得释放单总线，以便让 DS18B20 把数据传输到单总线上。DS18B20 完成一个读时序，至少需要 60μs。

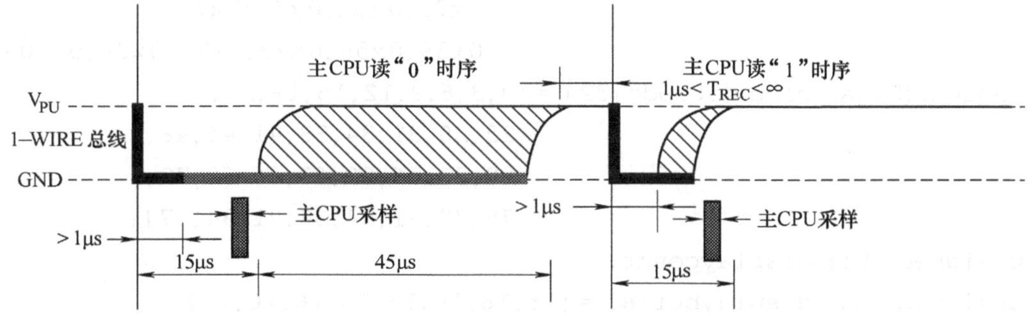

图 7-48　DS18B20 的读时序

③ DS18B20 的写时序：DS18B20 的写时序仍然分为写“0”和写“1”两个过程。DS18B20 写“0”时序和写“1”时序要求不同，当要写“0”时，单总线要被拉低至少 60μs，保证 DS18B20 能够在 15μs 到 45μs 之间能够正确地采样 I/O 总线上的“0”电平；当要写“1”时，单总线被拉低之后，在 15μs 之内就得释放单总线。

需要进一步了解 DS18B20 的详细介绍和使用方法可以参考其数据手册。

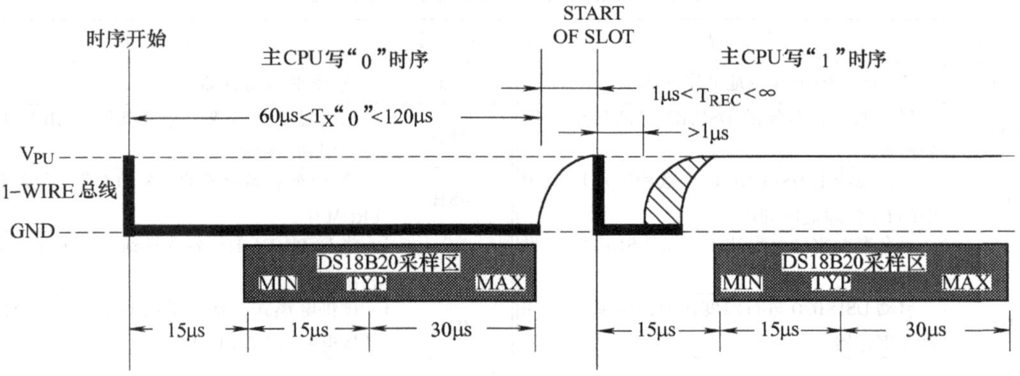

图 7-49 DS18B20 的写时序

(3) 系统原理图　系统原理图如图 7-50 所示，由主控芯片 AT89S51 连接外部时钟、复位电路、数字温度计 DS18B20、ISP 接口电路和两个四联数码管 LED84S 几个部分组成。

3. 系统软件设计

C 语言源程序：

```
#include <AT89X52.H>
#include <INTRINS.h>

unsigned char code displaybit[] = {0xfe,0xfd,0xfb,0xf7,
                                   0xef,0xdf,0xbf,0x7f};
unsigned char code displaycode[] = {0x3f,0x06,0x5b,0x4f,
                                    0x66,0x6d,0x7d,0x07,
                                    0x7f,0x6f,0x77,0x7c,
                                    0x39,0x5e,0x79,0x71,0x00,0x40};
unsigned char code dotcode[32] = {0,3,6,9,12,16,19,22,
                                  25,28,31,34,38,41,44,48,
                                  50,53,56,59,63,66,69,72,
                                  75,78,81,84,88,91,94,97};
unsigned char displaycount;
unsigned char displaybuf[8] = {16,16,16,16,16,16,16,16};
unsigned char timecount;
unsigned char readdata[8];

sbit DQ = P3^7;
bit sflag;

bit resetpulse(void)
```

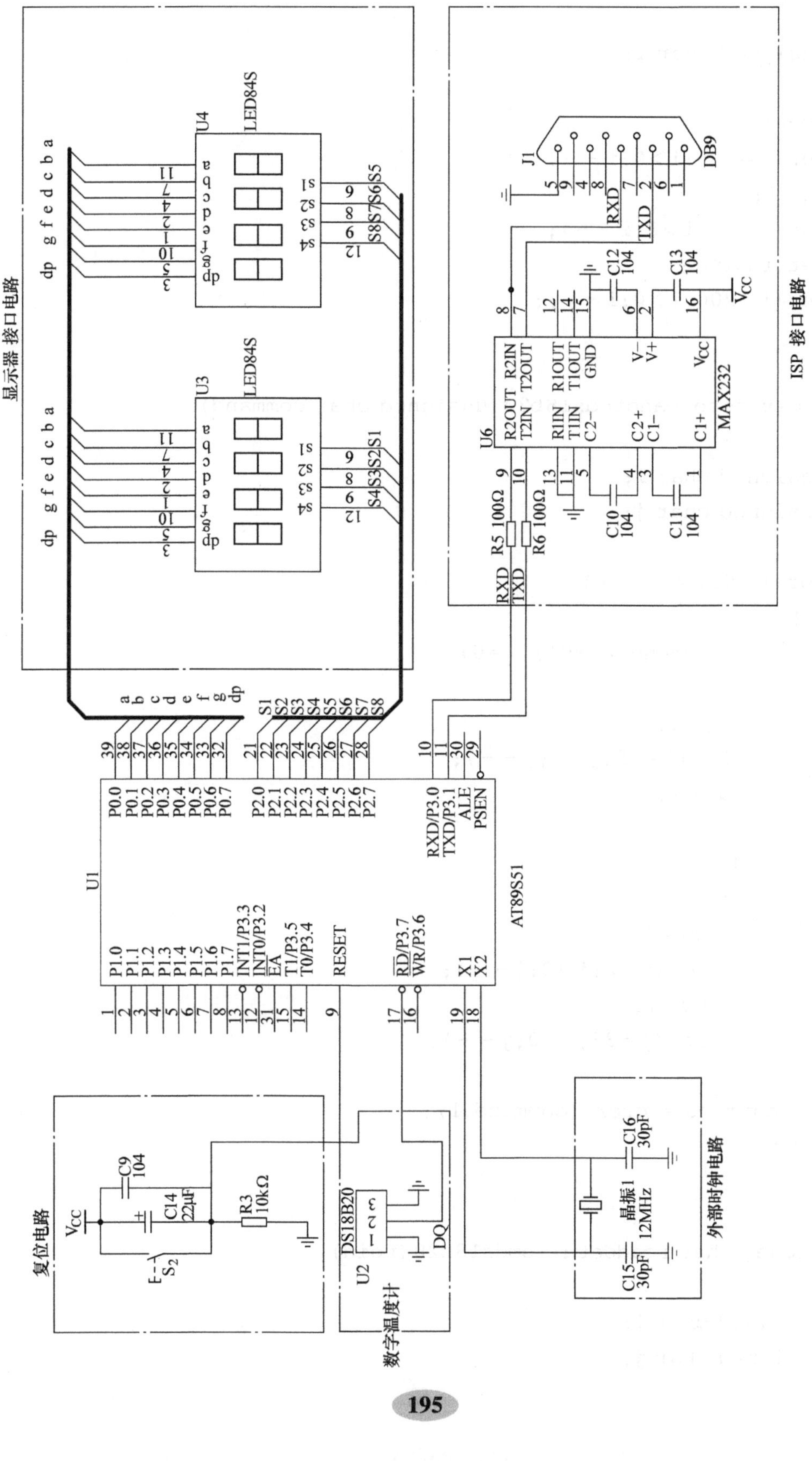

图7-50　温度测控系统原理图

```
{
  unsigned char i;

  DQ=0;
  for(i=255;i>0;i--);
  DQ=1;
  for(i=60;i>0;i--);
  return(DQ);
  for(i=200;i>0;i--);
}

void writecommandtods18b20(unsigned char command)
{
  unsigned char i;
  unsigned char j;

  for(i=0;i<8;i++)
    {
      if((command & 0x01)==0)
        {
          DQ=0;
          for(j=35;j>0;j--);
          DQ=1;
        }
        else
          {
            DQ=0;
            for(j=2;j>0;j--);
            DQ=1;
            for(j=33;j>0;j--);
          }
      command=_cror_(command,1);
    }
}

unsigned char readdatafromds18b20(void)
{
  unsigned char i;
  unsigned char j;
```

```
  unsigned char temp;

  temp =0;
  for(i =0;i <8;i ++)
    {
      temp =_cror_(temp,1);
      DQ =0;
      _nop_();
      _nop_();
      DQ =1;
      for(j =10;j >0;j - -);
      if(DQ = =1)
        {
          temp =temp |0x80;
        }
        else
          {
            temp =temp |0x00;
          }
      for(j =200;j >0;j - -);
    }
  return(temp);
}

void main(void)
{
  TMOD =0x01;
  TH0 = (65536 -4000)/256;
  TL0 = (65536 -4000)% 256;
  ET0 =1;
  EA =1;

  while(resetpulse());
  writecommandtods18b20(0xcc);
  writecommandtods18b20(0x44);
  TR0 =1;
  while(1)
    {
      ;
```

```
    }
}

void t0(void)interrupt 1 using 0
{
  unsigned char x;
  unsigned int result;

  TH0 = (65536 -4000)/256;
  TL0 = (65536 -4000)% 256;
  if(displaycount = =2)
    {
      P0 =displaycode[displaybuf[displaycount]] |0x80;
    }
    else
      {
        P0 =displaycode[displaybuf[displaycount]];
      }
  P2 =displaybit[displaycount];
  displaycount ++;
  if(displaycount = =8)
    {
      displaycount =0;
    }

  timecount ++;
  if(timecount = =150)
    {
      timecount =0;
      while(resetpulse());
      writecommandtods18b20(0xcc);
      writecommandtods18b20(0xbe);
      readdata[0] =readdatafromds18b20();
      readdata[1] =readdatafromds18b20();
      for(x =0;x <8;x ++)
        {
          displaybuf[x] =16;
        }
      sflag =0;
```

```
        if((readdata[1] & 0xf8)!=0x00)
          {
            sflag=1;
            readdata[1] = ~readdata[1];
            readdata[0] = ~readdata[0];
            result=readdata[0]+1;
            readdata[0]=result;
            if(result>255)
              {
                readdata[1]++;
              }
          }
        readdata[1]=readdata[1]<<4;
        readdata[1]=readdata[1] & 0x70;
        x=readdata[0];
        x=x>>4;
        x=x & 0x0f;
        readdata[1]=readdata[1] |x;
        x=2;
        result=readdata[1];
        while(result/10)
          {
            displaybuf[x]=result% 10;
            result=result/10;
            x++;
          }
        displaybuf[x]=result;
        if(sflag==1)
          {
            displaybuf[x+1]=17;
          }
        x=readdata[0] & 0x0f;
        x=x<<1;
        displaybuf[0]=(dotcode[x])% 10;
        displaybuf[1]=(dotcode[x])/10;
        while(resetpulse());
        writecommandtods18b20(0xcc);
        writecommandtods18b20(0x44);
      }
  }
```

实训项目 7：电子钟应用系统

1. 功能及要求

功能：用单片机实现电子钟功能。

要求：1）设计一个电路，用单片机实现电子钟功能。

2）编写控制程序，控制 6 只 LED 数码管显示小时、分钟、秒的信息。

2. 电路设计

电子钟电路如图 7-51 所示，单片机的 P1.0～P1.5 接到数码管的公共端，P0 口接到数码管的段显端。

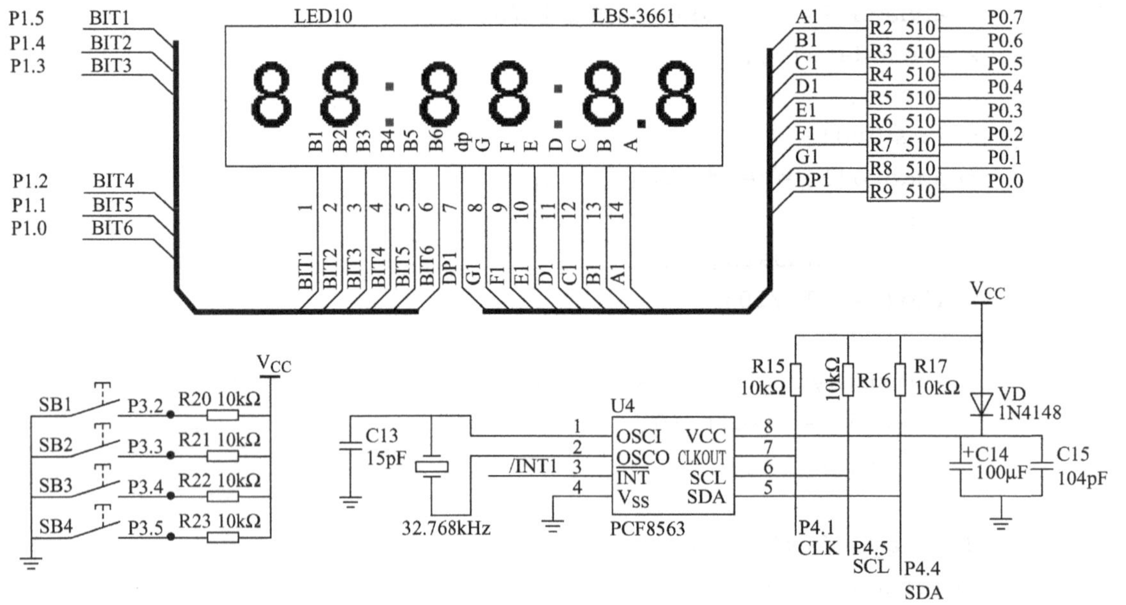

图 7-51　电子钟电路参考图

3. 程序设计

下面提供的电子钟 C 语言程序是用单片机定时器作为时间基准（没有用到时钟芯片 PCF8563），因此时间精度没有保证，只是时钟显示的功能实现。

```
#include <stc_new_8051.h>
#define Uchar unsigned char
#define Uint unsigned int
Uchar code disp[] = {0xfc,0x60,0xda,0xf2,0x66,0xb6,0xbe,0xe0,0xfe,
0xf6,0x00};
Uchar buffer[6];
```

```
Uchar sec =0,min =0,hour =0;
Uchar led_bit =0x20,num =0,n =0,a =0;
main()
{
TMOD =0x11;
TH0 =0xdc;
TL0 =0x00;
TH1 =0xee;
TL1 =0x00;
IE =0x8a;
P1M0 =0x3f;
P1M1 =0x00;
TR0 =1;
TR1 =1;
While(1);
}
T0_int()interrupt 1
{
TH0 =0xdc;
TL0 =0x00;
n ++;
if(n >99)
    {
    n =0;
    sec ++;
    if(sec >59)
        {
        sec =0;
        min ++;
        if(min >59)
            {
            min =0;
            hour ++;
            if(hour >23)hour =0;
            }
        }
    }
}
T1_int()interrupt 3
```

```
{
TH1 =0xee;
TL1 =0x00;
        buffer[0] =hour/10;
        buffer[1] =hour% 10;
        buffer[2] =min/10;
        buffer[3] =min% 10;
        buffer[4] =sec/10;
        buffer[5] =sec% 10;
if((num = =1 | |num = =3)&&a = =0)
P0 = ~(disp[buffer[num]] |0x01);
else P0 = ~disp[buffer[num]];
P1 =led_bit;
led_bit=led_bit > >1;
num ++;
if(num >5){led_bit =0x20;num =0;}
}
```

本章小结

本章讲述了单片机控制系统设计的一般原则、系统设计步骤和提高系统可靠性的一些基本方法，介绍了单片机系统开发常用的一些软件开发（学习）工具和硬件开发（学习）工具，给出了两个实用的单片机控制系统的原理图及其控制程序，且它们的软硬件均通过测试，对初学单片机系统设计的人员，无论从单片机的选型、电源电路设计、系统原理图设计、调试工具选择，还是系统程序设计等均具有较高的参考价值。

习　题

1. 单片机系统设计的一般原则是什么？
2. 单片机控制系统设计的主要步骤有哪些？
3. 影响单片机控制系统可靠性的因素有哪些？
4. 一个单片机控制系统的开发过程，常用到哪些软硬件开发工具？
5. 在单片机控制系统设计时，主控芯片（单片机）的选择应注意些什么？
6. 试以单片机为主控芯片，实现一个交通灯控制系统的设计。

附　　录

附录 A　单片机指令表

助　记　符	描　　述	字节	周期	HEX 码
	算术运算指令			
ADD A，Rn	寄存器的内容加到 A	1	1	28～2F
ADD A，dir	直接寻址字节的内容加到 A	2	1	25
ADD A，@Ri	间接寻址存储器单元的内容加到 A	1	1	26～27
ADD A，#data	立即数加到 A	2	1	24
ADDC A，Rn	寄存器的内容带进位位加到 A	1	1	38～3F
ADDC A，dir	直接寻址单元的内容带进位位加到 A	2	1	35
ADDC A，@Ri	间接寻址存储单元的内容带进位位加到 A	1	1	36～37
ADDC A，#data	立即数带进位位加到 A	2	1	34
SUBB A，Rn	从 A 中减去寄存器的内容，可借位	1	1	98～9F
SUBB A，dir	从 A 中减去直接寻址单元的内容，可借位	2	1	95
SUBB A，@Ri	从 A 中减去间接寻址存储单元的内容，可借位	1	1	96～97
SUBB A，#data	从 A 中减去立即数，可借位	2	1	94
INC A	A 的值加 1	1	1	04
INC Rn	寄存器的值加 1	1	1	08～0F
INC dir	直接寻址单元的内容加 1	2	1	05
INC @Ri	间接寻址存储单元的内容加 1	1	1	06～07
DEC A	A 的值减 1	1	1	14
DEC Rn	寄存器的值减 1	1	1	18～1F
DEC dir	直接寻址单元的内容减 1	2	1	15
DEC @Ri	间接寻址存储单元的内容减 1	1	1	16～17
INC DPTR	数据指针加 1	1	2	A3
MUL AB	A 和 B 相乘，乘积放在 A 中	1	4	A4
DIV AB	A 除以 B，商放在 A 中	1	4	84
DA A	A 的内容十进制调整	1	1	D4
	逻辑操作指令			
ANL A，Rn	寄存器与 A 相与，结果放在 A 中	1	1	58～5F
ANL A，dir	直接寻址单元与 A 相与，结果放在 A 中	2	1	55
ANL A，@Ri	间接寻址存储单元与 A 相与，结果放在 A 中	1	1	56～57
ANL A，#data	立即数与 A 相与，结果放在 A 中	2	1	54
ANL dir，A	直接寻址单元与 A 相与，结果放在直接寻址单元中	2	1	52
ANL dir，#data	立即数与直接寻址单元相与，结果放在直接寻址单元中	3	2	53

（续）

助　记　符	描　　述	字节	周期	HEX 码
	逻辑操作指令			
ORL A，Rn	寄存器与 A 相或，结果放在 A 中	1	1	48～4F
ORL A，dir	直接寻址单元与 A 相或，结果放在 A 中	2	1	45
ORL A，@Ri	间接寻址存储单元与 A 相或，结果放在 A 中	1	1	46～47
ORL A，#data	立即数与 A 相或，结果放在 A 中	2	1	44
ORL dir，A	直接寻址单元与 A 相或，结果放在直接寻址单元中	2	1	42
ORL dir，#data	立即数与直接寻址单元相或，结果放在直接寻址单元中	3	2	43
XRL A，Rn	寄存器与 A 相与或，结果放在 A 中	1	1	68～6F
XRL A，dir	直接寻址单元与 A 相与或，结果放在 A 中	2	1	65
XRL A，@Ri	间接寻址存储单元与 A 相与或，结果放在 A 中	1	1	66～67
XRL A，#data	立即数与 A 相与或，结果放在 A 中	2	1	64
XRL dir，A	直接寻址单元与 A 相与或，结果放在直接寻址单元中	2	1	62
XRL dir，#data	立即数与直接寻址单元相与或，结果放在直接寻址单元中	3	2	63
CLR A	A 清零	1	1	E4
CPL A	A 取反	1	1	F3
SWAP A	A 的内容高低半字节交换	1	1	C4
RL A	A 的内容循环左移	1	1	23
RLC A	A 的内容带进位位循环左移	1	1	33
RR A	A 的内容循环右移	1	1	03
RRC A	A 的内容带进位位循环右移	1	1	13
	数据传送指令			
MOV A，Rn	寄存器的数据传送给 A	1	1	E8～EF
MOV A，dir	直接寻址单元的内容传送给 A	2	1	E5
MOV A，@Ri	间接寻址存储单元的内容传送给 A	1	1	E6～E7
MOV A，#data	立即数据传送给 A	2	1	74
MOV Rn，A	A 的内容传送给寄存器	1	1	F8～FF
MOV Rn，dir	直接寻址单元的内容传送给寄存器	2	2	A8～AF
MOV Rn，#data	立即数据传送给寄存器	2	1	78～7F
MOV dir，A	A 的内容传送给直接寻址单元	2	1	F5
MOV dir，Rn	寄存器的内容传送给直接寻址单元	2	2	88～8F
MOV dir1，dir2	直接寻址单元的内容传送给直接寻址单元	3	2	85
MOV dir，@Ri	间接存储单元的内容传送给直接寻址单元	2	2	86～87
MOV dir，#data	立即数传送给直接寻址单元	3	2	75
MOV @Ri，A	A 的内容传送给间接寻址存储单元	1	1	F6～F7
MOV @Ri，dir	直接寻址单元的内容传送给间接寻址存储单元	2	2	A6～A7
MOV @Ri，#data	立即数传送给间接寻址存储单元	2	1	76～77
MOV DPTR，@data	立即数传动给数据指针	3	2	90
MOVC A，@A+DPTR	DPTR 相对地址单元的代码字节传送给 A	1	2	93
MOVC A，@A+PC	PC 相对地址单元的代码字节传送给 A	1	2	94
MOVX A，@Ri	外部数据（A8）传送给 A	1	2	E2～E3
MOVX A，@DPTR	外部数据（A16）传送给 A	1	2	E0
MOVX @Ri，A	A 的内容传送到外部数据单元（A8）	1	2	F2～F3

（续）

助　记　符	描　　述	字节	周期	HEX 码
	数据传送指令			
MOVX @DPTR，A	A 的内容传送到外部数据单元（A8）	1	2	F0
PUSH dir	直接寻址单元的内容压栈	2	2	C0
POP dir	直接寻址单元的内容出栈	2	2	D0
XCH A，Rn	交换 A 和寄存器的内容	1	1	C8 ~ CF
XCH A，dir	交换 A 和直接寻址单元的内容	2	1	C5
XCH A，@Ri	交换 A 和间接寻址存储单元的内容	1	1	C6 ~ C7
XCHD A，Ri	交换 A 和间接寻址存储单元半字节的内容	1	1	D6 ~ D7
	位处理指令			
CLR C	进位位清零	1	1	C3
CLR bit	直接寻址位清零	2	1	C2
SETB C	进位位置位	1	1	D3
SETB bit	直接寻址位置位	2	1	D2
CPL C	进位位取反	1	1	B3
CPL bit	直接寻址位取反	2	1	B2
ANL C，bit	直接寻址位与进位位相与，结果放在进位位中	2	2	82
ANL C，/bit	直接寻址位取反后与进位位相与，结果放在进位位中	2	2	B0
ORL C，bit	直接寻址位与进位位相或，结果放在进位位中	2	2	72
ORL C，/bit	直接寻址位取反后与进位位相或，结果放在进位位中	2	2	A0
MOV C，bit	直接寻址位的值传送给进位位	2	1	A2
MOV bit，C	进位位传送给直接寻址位	2	2	92
ACALL addr11	子程序的绝对调用	2	2	11
LCALL addr16	长调用到子程序	3	2	12
RET	子程序返回	1	2	22
RETI	中断返回	1	2	32
AJMP addr11	无条件绝对跳转	2	2	01
LJMP addr16	无条件长跳转	3	2	02
SJMP rel	短跳转（相对地址）	2	2	80
JC rel	进位位为 1 时跳转	2	2	40
JNC rel	进位位为 0 时跳转	2	2	50
JB bit，rel	直接寻址位为 1 时跳转	3	2	20
JNB bit，rel	直接寻址位为 0 时跳转	3	2	30
JBC bit，rel	直接寻址位为 1 时跳转，然后清零	3	2	10
JMP @A + DPTR	跳转到 DPTR 相对地址指向的地址	1	2	73
JZ rel	累加器为 0 时跳转	2	2	60
JNZ rel	累加器不为 0 时跳转	2	2	70
CJNE A，dir，rel	比较 A 和直接寻址单元的内容，不等时转移到相对地址	3	2	B5
CJNE A，#d，rel	比较 A 和立即数，不等时转移到相对地址	3	2	B4
CJNE Rn，#d，rel	比较寄存器和立即数，不等时转移到相对地址	3	2	B8 ~ BF
CJNE @Ri，#d，rel	比较间接寻址单元和立即数，不等时转移到相对地址	3	2	B6 ~ B7
DJNZ Rn，rel	寄存器减 1，不为零时转移到相对地址	2	2	D8 ~ DF
DJNZ dir，rel	直接寻址单元减 1，不为零时转移到相对地址	3	2	D5
	其他指令			
NOP	空操作	1	1	00

附录 B ASCII（美国标准信息交换码）表

	列	0③	1③	2③	3	4	5	6	7③
行	位 654→ ↓3210	000	001	010	011	100	101	110	111
0	0000	NUL	DLE	SP	0	@	P	、	p
1	0001	SOH	DC_1	!	1	A	Q	a	q
2	0010	STX	DC_2	”	2	B	R	b	r
3	0011	ETX	DC_3	#	3	C	S	c	s
4	0100	EOT	DC_4	$	4	D	T	d	t
5	0101	ENG	NAK	%	5	E	U	e	u
6	0110	ACK	SYN	&	6	F	V	f	v
7	0111	BEL	ETB	,	7	G	W	g	w
8	1000	BS	CAN	(	8	H	X	h	x
9	1001	HT	EM	)	9	I	Y	i	y
A	1010	LF	SUB	*	:	J	Z	j	z
B	1011	VT	ESC	+	;	K	[	k	{
C	1100	FF	FS	,	<	L	\	l	/
D	1101	CR	GS	–	=	M	]	m	}
E	1110	SO	RS	.	>	N	Ω①	n	~
F	1111	SI	US	/	?	O	_②	o	DEL

① 取决于使用这种代码的机器，它的符号可以是弯曲符号，向上箭头，或（-）标记。

② 取决于使用这种代码的机器，它的符号可以是在下面画线，向下箭头，或心形。

③ 第 0、1、2 和 7 列特殊控制功能的解释如下：

NUL 空
SOH 标题开始
STX 正文结束
ETX 本文结束
EOT 传输结果
ENG 询问
ACK 承认
BEL 报警符（可听见的信号）
BS 退一格
HT 横向列表（穿孔卡片指令）
LF 换行
VT 垂直制表
FF 走纸控制
CR 回车
SO 移位输出
SI 移位输入
DLE 数据链换码
DC_1 设备控制 1
DC_2 设备控制 2
DC_3 设备控制 3
DC_4 设备控制 4
NAK 否定
SYN 空转同步
ETB 信息组传送结束
CAN 作废
EM 纸尽
SUB 减
ESC 换码
FS 文字分隔符
GS 组分隔符
RS 记录分隔符
US 单元分隔符
SP 空间
DEL 作废

参 考 文 献

[1] 徐爱钧，彭秀华．单片机高级语言 C51 Windows 环境编程与应用［M］．北京：电子工业出版社，2003.

[2] 尹勇，李宇．μVision2 单片机应用程序开发指南［M］．北京：科学出版社，2005.

[3] 赖麒文．8051 单片机 C 语言彻底应用［M］．北京：科学出版社，2002.

[4] 曹巧媛．单片机原理及应用［M］．2 版．北京：电子工业出版社，2002.

[5] 李全利，迟荣强．单片机原理及接口技术［M］．北京：高等教育出版社，2004.

[6] 徐泳龙．单片机原理及应用［M］．北京：机械工业出版社，2004.

[7] 鲍可进．C8051F 单片机原理及应用［M］．北京：中国电力出版社，2006.

[8] 徐玮．单片机与物联网技术应用实战教程［M］．北京：机械工业出版社，2018.

[9] 王贤辰．单片机应用技术［M］．北京：机械工业出版社，2017.